全国二级造价工程师（湖北地区）职业资格考试培训教材

建设工程计量与计价实务
（土木建筑工程）

本书编委会　组织编写

中国建筑工业出版社

图书在版编目（CIP）数据

建设工程计量与计价实务. 土木建筑工程/《建设工程计量与计价实务》编委会组织编写. — 北京：中国建筑工业出版社，2019.10（2021.10重印）
全国二级造价工程师（湖北地区）职业资格考试培训教材
ISBN 978-7-112-24312-9

Ⅰ. ①建… Ⅱ. ①建… Ⅲ. ①土木工程-建筑造价管理-资格考试-教材 Ⅳ. ①TU723.3

中国版本图书馆CIP数据核字（2019）第215461号

本书为全国二级造价工程师（湖北地区）职业资格考试培训教材之一，其主要内容包括土木建筑工程专业基础知识、土木建筑工程计量和土木建筑工程计价。

本书主要作为湖北地区二级造价工程师职业资格考试培训用书，也可作为建设工程造价及造价管理人员、项目经理、监理工程师以及与工程造价相关的从业人员参考用书。

责任编辑：朱首明　李　明　赵云波
责任校对：焦　乐

全国二级造价工程师（湖北地区）职业资格考试培训教材
建设工程计量与计价实务
（土木建筑工程）
本书编委会　组织编写

*

中国建筑工业出版社出版、发行（北京海淀三里河路9号）
各地新华书店、建筑书店经销
北京红光制版公司制版
北京圣夫亚美印刷有限公司印刷

*

开本：787×1092毫米　1/16　印张：17¼　字数：432千字
2019年11月第一版　2021年10月第三次印刷
定价：**75.00**元
ISBN 978-7-112-24312-9
（34809）

版权所有　翻印必究
如有印装质量问题，可寄本社退换
（邮政编码 100037）

全国二级造价工程师（湖北地区）职业资格考试培训教材

编 审 委 员 会

主 编 审：危道军

副 编 审：王延该　华　均

本 书 编 委 会

主　　编：顾　娟　危道军

副 主 编：叶晓容　程红艳

参编人员：李　超　安　娜　贾莲英　刘　杰　杨淑华　张　蕾

　　　　　郭晓松　郭　漫　许大茂　刘剑英

前　言

根据《造价工程师职业资格制度规定》和《造价工程师职业资格考试实施办法》，造价工程师分为一级造价工程师和二级造价工程师。二级造价工程师主要协助一级造价工程师开展相关工作，可独立开展建设工料分析、计划、组织与成本管理、施工图预算、设计概算、建设工程量清单、最高投标限价、投标报价、建设工程合同价款、结算价款和竣工决算价款的编制等工作。

为更好地贯彻国家工程造价管理有关方针政策，帮助造价从业人员学习、掌握二级造价工程师职业资格考试的内容和要求，教材编写委员会依据《全国建设工程二级造价工程师职业资格考试大纲》，编写了二级造价工程师职业资格考试培训教材。在教材编写中，本教材内容上力求反映最新政策法规和规范性文件，执行 2013 年 7 月 1 日实施的《建设工程工程量清单计价规范》GB 50500—2013、《房屋建筑与装饰工程工程量计算规范》GB 50854—2013 和 2018 年实施的《房屋建筑与装饰工程消耗量定额及全费用基价表》，力求前沿性、规范性和实用性。同时，本教材注重理论与实践相结合，对参考人员应当掌握的工程造价基本理论、法律法规政策、专业技术知识以及计量与计价实务操作进行了系统全面地介绍，以帮助参考人员深入理解相关知识，通过二级造价工程师职业资格考试。同时，本教材还能用作工程造价专业高职学生综合实训教材。

本教材共分为三章，第一章专业基础知识，主要介绍与工程造价相关的建筑构造、建筑材料、施工工艺和方法、施工机械和施工组织等；第二章工程计量，主要介绍了建筑制图、建筑面积计算、工程量计算规则和方法、工程量清单编制和计算机辅助工程量计算等；第三章工程计价，主要介绍了预算定额、费用定额、施工图预算法、工程量清单计价法和工程结（决）算等。

《建设工程计量与计价实务》分为两个分册，即 A—土木建筑工程、D—安装工程。本套教材由湖北城市建设职业技术学院主持编写，并吸纳相关行业企业专家参加编写。全书由危道军教授主编审并统稿。王延该、华均为副编审。

A—土木建筑工程计量与计价实务由顾娟、危道军主编，叶晓容、程红艳副主编。具体编写分工如下：第 1 章第 1 节由李超编写，第 1 章第 2 节由安娜编写，第 1 章第 3 节中 1.3.1~1.3.5、第 4 节、第 5 节和第 2 章第 1 节由危道军编写，第 1 章第 3 节中 1.3.6~1.3.8 由程红艳编写，第 2 章第 2 节和第 4 节由顾娟编写，第 2 章第 3 节中 2.3.1~2.3.6 由贾莲英编写，第 2 章第 3 节中 2.3.7~2.3.11 由刘杰编写，第 2 章第 3 节中 2.3.12~2.3.18 由杨淑华编写，第 2 章第 5 节由张蕾编写，第 3 章第 1 节和第 2 节由叶晓容编写，第 3 章第 3 节由郭晓松编写，第 3 章第 4 节和第 5 节由郭漫编写，第 3 章第 6 节由许大茂和郭晓松共同编写，第 3 章第 7 节由刘剑英编写。

本教材在编写过程中，参阅和引用了不少专家学者的著作，在此一并表示衷心的感谢。

由于本书涉及内容较广，加之新的定额内容推行时间不长，书中难免存在错漏和失误之处，真诚欢迎广大读者提出批评和建议。

编者
2019 年 9 月

目 录

第1章 专业基础知识 ··· 1

第1节 工业与民用建筑工程的分类、组成及构造 ··· 1
- 1.1.1 概述 ··· 1
- 1.1.2 工业建筑构造 ··· 6
- 1.1.3 民用建筑构造 ··· 8

第2节 土建工程常用工程材料的分类、基本性能及用途 ··· 22
- 1.2.1 分类 ··· 22
- 1.2.2 建筑结构材料 ··· 22
- 1.2.3 建筑墙体材料 ··· 29
- 1.2.4 建筑功能材料 ··· 35

第3节 土建工程主要施工工艺与方法 ··· 40
- 1.3.1 土石方工程施工工艺与方法 ··· 40
- 1.3.2 地基与基础工程施工工艺与方法 ··· 47
- 1.3.3 砌体结构工程施工工艺与方法 ··· 53
- 1.3.4 混凝土结构工程施工工艺与方法 ··· 56
- 1.3.5 预应力混凝土工程施工工艺与方法 ··· 63
- 1.3.6 装配式构造吊装工程施工工艺与方法 ··· 64
- 1.3.7 建筑装饰装修工程施工工艺与方法 ··· 69
- 1.3.8 建筑防水、保温工程施工工艺与方法 ··· 76

第4节 土建工程常用施工机械的类型及应用 ··· 81
- 1.4.1 土方工程施工机械 ··· 81
- 1.4.2 起重机械 ··· 82
- 1.4.3 混凝土运输机械 ··· 86
- 1.4.4 混凝土密实成型机械 ··· 87
- 1.4.5 沉桩机械 ··· 87

第5节 土建工程施工组织设计的编制原理、内容及方法 ··· 88
- 1.5.1 施工组织设计概述 ··· 88
- 1.5.2 施工组织总设计 ··· 90
- 1.5.3 单位工程施工组织设计 ··· 91
- 1.5.4 施工方案 ··· 95
- 1.5.5 土建工程施工组织设计技术经济分析 ··· 97

第2章 工程计量 ··· 98

第1节 建筑工程识图基本原理与方法 ··· 98
- 2.1.1 概述 ··· 98

2.1.2	建筑总平面图	100
2.1.3	建筑平面图	100
2.1.4	建筑立面图	101
2.1.5	建筑剖面图	101
2.1.6	建筑详图	102
2.1.7	结构施工图	103
2.1.8	建筑装饰施工图	105

第2节 建筑面积计算规则及应用 … 107
    2.2.1 概述 … 107
    2.2.2 建筑面积计算规则 … 108
    2.2.3 建筑面积计算规则的应用 … 115

第3节 土建工程工程量计算规则与方法 … 116
    2.3.1 概述 … 116
    2.3.2 土石方工程（编码0101） … 117
    2.3.3 地基处理与边坡支护工程（编码0102） … 122
    2.3.4 桩基础工程（编码0103） … 128
    2.3.5 砌筑工程（编码0104） … 130
    2.3.6 混凝土及钢筋混凝土工程（编码0105） … 138
    2.3.7 金属结构工程（编码0106） … 158
    2.3.8 木结构工程（编码0107） … 161
    2.3.9 门窗工程（编码0108） … 162
    2.3.10 屋面及防水工程（编码0109） … 166
    2.3.11 保温、隔热、防腐工程（编码0110） … 169
    2.3.12 楼地面装饰工程（编码：0111） … 170
    2.3.13 墙柱面装饰工程（编码：0112） … 174
    2.3.14 天棚装饰工程（编码：0113） … 177
    2.3.15 油漆、涂料、裱糊工程（编码：0114） … 179
    2.3.16 其他装饰工程（编码：0115） … 181
    2.3.17 拆除工程（编码：0116） … 183
    2.3.18 措施项目（编码：0117） … 185

第4节 土建工程工程量清单编制 … 187
    2.4.1 概述 … 187
    2.4.2 分部分项工程项目清单的编制 … 190
    2.4.3 措施项目清单的编制 … 194
    2.4.4 其他项目清单的编制 … 196
    2.4.5 规费、税金项目清单的编制 … 200
    2.4.6 工程量清单编制实例 … 201

第5节 计算机辅助工程量计算 … 211
    2.5.1 概述 … 211

2.5.2　计算机技术在工程计量中的应用 ·· 212
　　2.5.3　计算机技术在工程计价中的应用 ·· 216

第3章　工程计价 ··· 220
第1节　施工图预算编制的常用方法 ·· 220
　　3.1.1　概述 ·· 220
　　3.1.2　施工图预算编制的常用方法 ··· 220
第2节　预算定额的分类、适用范围、调整与应用 ···················· 223
　　3.2.1　概述 ·· 223
　　3.2.2　预算定额分类和适用范围 ·· 223
　　3.2.3　预算定额的调整与应用 ··· 224
第3节　建筑工程费用定额的适用范围及应用 ··························· 237
　　3.3.1　建筑工程费用定额的适用范围 ··· 237
　　3.3.2　建筑工程费用定额的应用 ·· 240
　　3.3.3　案例 ·· 245
第4节　土建工程最高投标限价的编制 ··· 249
　　3.4.1　概述 ·· 249
　　3.4.2　土建工程最高投标限价的编制 ··· 250
第5节　土建工程投标报价的编制 ·· 252
　　3.5.1　概述 ·· 252
　　3.5.2　土建工程投标报价的编制 ·· 252
第6节　土建工程价款结算和合同价款的调整 ···························· 255
　　3.6.1　概述 ·· 255
　　3.6.2　工程竣工结算内容 ·· 255
　　3.6.3　合同价款的调整 ·· 256
第7节　建筑工程竣工决算价款的编制 ··· 262
　　3.7.1　概述 ·· 262
　　3.7.2　工程竣工决算的内容和编制 ·· 262

参考文献 ·· 269

第1章 专业基础知识

第1节 工业与民用建筑工程的分类、组成及构造

建筑物常按其使用性质分为工业建筑和民用建筑两大类。工业建筑是供工业生产使用的建筑，民用建筑是供人们从事非生产性活动使用的建筑。工业建筑按照厂房层数、建筑用途、结构形式有不同的分类方法；民用建筑按照使用功能、层数或高度、结构类型、施工方法有不同的分类方法。不同类型的建筑有不同的构造设计特点和要求。

1.1.1 概 述

1. 建筑的构造组成

建筑物一般由承重结构、围护结构、饰面装修和附属部件组合构成。承重结构可分为基础、承重墙体（柱、梁）、楼板、屋盖等。围护结构可分为外围护墙、内墙（填充墙、轻质隔墙）等。饰面装修一般分为内外墙面、楼地面、顶棚、屋面。附属部件主要有楼梯电梯、门窗、阳台栏杆、台阶坡道、雨篷等，如图1-1-1所示。

建筑物按其所处部位和功能的不同，可分为基础、墙和柱、楼地层、楼梯和电梯、屋盖、门窗、饰面装修等。

（1）基础

建筑在地下的延伸部分称为基础。它的作用是承受建筑上部的全部荷载，然后将这些荷载传给基础下面的土层（地基），起承上传下的作用。因此，基础必须坚固、稳定且可靠。

（2）墙或柱

墙或柱承受屋盖、楼层传给它的荷载，同时也承受自然界给它的风荷载，然后将上部的荷载传给基础。墙或柱是建筑中的垂直构件，起承重、围护和分隔作用。

（3）楼地层

楼地层是建筑中的水平构件，楼板在房屋中起承重、分隔和水平支撑作用。梁在房屋中起承重和水平支撑作用。地面在房屋中起满足使用要求和装饰作用。

（4）楼梯和电梯

楼梯和电梯是建筑中上、下层之间交通联系的设施。在建筑中起垂直交通作用。

（5）屋盖

屋盖是建筑中最高的水平构件，它在建筑中起承重和围护作用。

（6）门和窗

门、窗是建筑中两个重要的围护配件。门在建筑中起围护、交通、通风作用。窗在建筑中起采光、通风、眺望等作用。

（7）饰面装修

第1章 专业基础知识

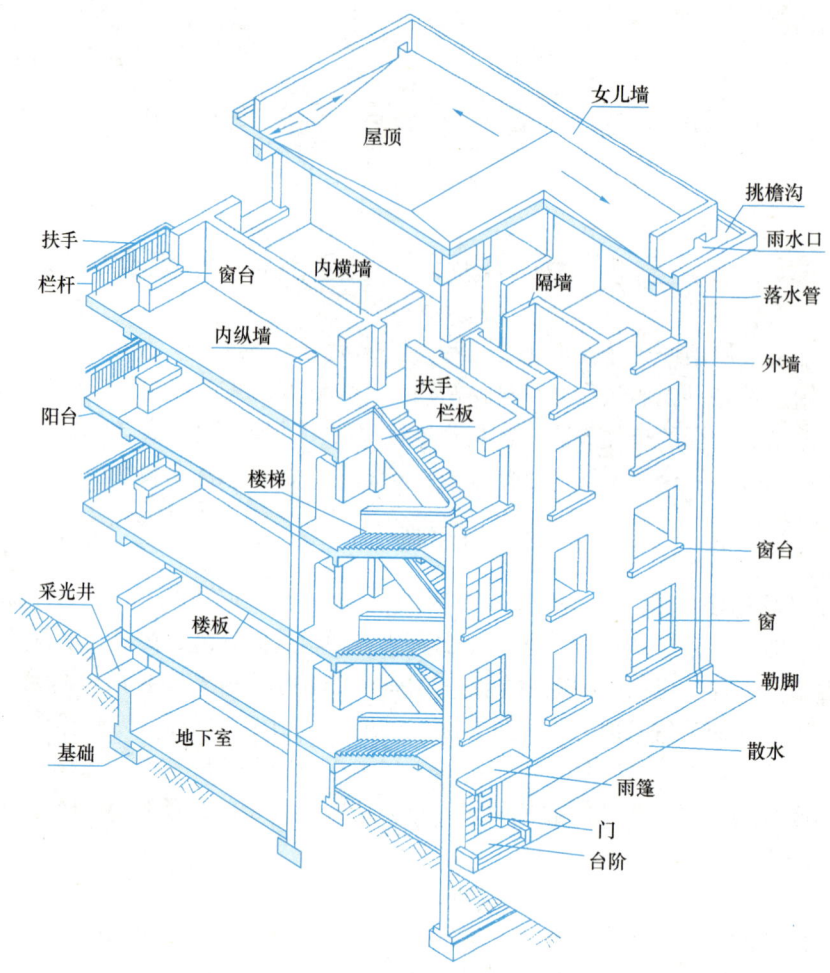

图 1-1-1　建筑的构造组成

饰面装修是依附于墙和柱、顶棚、楼板、地坪等之上的面层装饰或附加表皮，其主要作用是美化建筑表面、保护结构构件、改善建筑物理性能等。

除以上主要组成部分以外，建筑中还有许多其他构配件，如阳台、雨篷、散水、台阶等。

2. 工业建筑的分类

（1）按层数分

1）单层厂房：指层数仅为一层的工业厂房。适用于有大型机器设备或有重型起重运输设备的生产厂房。

2）多层厂房：指层数在二层及以上的厂房。适用于生产设备和产品较轻，可沿垂直方向组织生产的厂房，如食品、电子仪器工业等的生产厂房。

3）混合层数厂房：同一厂房内单层和多层混合的厂房。

（2）按用途分

1）主要生产厂房：是进行备料、加工、制造及装配等主要工艺流程的厂房，如机械制造厂的铸造车间，钢铁厂的炼钢车间等。

2）辅助生产厂房：是为生产厂房服务的辅助厂房，如机械制造厂房的机修车间、工具车间及原材料、成品贮存仓库等。

3）公用设施厂房：是为全厂服务的公用设施厂房，如变电所、锅炉房、水泵房及污水处理站等。

4）办公生活设施房屋：是为全厂办公、生活服务的设施，如厂区办公楼、食堂、职工宿舍、浴室及停车库等。

(3) 按主要承重结构的形式分

1）桁架结构

桁架常用来作为屋盖承重结构，称为屋架。屋架或屋面梁与承重柱的柱顶进行连接，柱下端则嵌固于基础中，构成平面排架；各平面排架再经纵向结构件连接组成为一个空间结构。它是目前单层厂房中最基本、应用最普遍的一种结构形式。

2）刚架结构

刚架结构的基本特点是柱和屋架合并为同一个刚性构件，柱与基础的连接通常为铰接，如果起重机吨位较大，也可做成刚接。一般重型单层厂房多采用刚架结构。

3）拱结构

拱是以受轴向压力为主的结构，可充分利用混凝土、石、砖等材料抗压强度高的特点，避免它们抗拉强度低的缺点。拱广泛应用于大跨度厂房建筑中。

4）框架结构

框架结构是由水平横梁、竖直的柱组成纵横两个方向框架的结构体系，同时承受竖向荷载和水平荷载。其建筑平面布置灵活，可形成较大的空间。一般用于多层厂房。

5）空间结构

空间结构是一种屋面体系为空间结构的结构体系，使结构由单向受力的平面结构成为多向受力的空间结构体系，充分发挥了建筑材料的特性，提高了结构的稳定性。一般常见的有网架结构、悬索结构等，空间网架结构已经发展到采用预应力钢桁架大跨度结构体系。

3. 民用建筑的分类

建筑物可以从多方面进行分类，常见的分类方法有以下四种。

(1) 按建筑的使用功能分

1）居住建筑：是供人们居住、生活的房屋。如：住宅、集体宿舍等。

2）公共建筑：是供人们学习、工作、文化娱乐和生活服务用的房屋。如：办公建筑、文教建筑、医疗建筑、商业建筑、观演建筑、展览建筑、体育建筑、交通建筑、旅馆建筑、园林建筑、纪念性建筑等。

(2) 按建筑的层数和高度分

根据《民用建筑设计通则》GB 50352—2017，民用建筑按地上层数或高度分类划分应符合下列规定：

1）住宅建筑按层数分类：1～3层为低层住宅，4～6层为多层住宅，7～9层为中高层住宅，10层以上为高层住宅。

2）除住宅建筑之外的民用建筑高度不大于24m者为单层和多层建筑，大于24m者为高层建筑（不包括建筑高度大于24m的单层公共建筑）。

3) 建筑高度大于100m的民用建筑为超高层建筑。

根据《建筑设计防火规范》GB 50016—2014，民用建筑根据其高度和层数可分为单、多层民用建筑和高层民用建筑。高层民用建筑根据其建筑高度、使用功能和楼层的建筑面积可分为一类和二类。民用建筑的分类应符合表1-1-1规定。

民用建筑的分类　　　　　　　　　　　表 1-1-1

名称	高层民用建筑		单、多层民用建筑
	一类	二类	
住宅建筑	建筑高度大于54m的居住建筑（包括设置商业服务网点的居住建筑）	建筑高度大于27m，但不大于54m的住宅建筑（包括设置商业服务网点的住宅建筑）	建筑高度不大于27m住宅建筑（包括设置商业服务网点的住宅建筑）
公共建筑	1. 建筑高度大于50m的公共建筑； 2. 建筑高度24m以上部分任一楼层建筑面积大于$1000m^2$的商店、展览、电信、邮政、财贸金融建筑和其他多种功能组合的建筑； 3. 医疗建筑、重要公共建筑； 4. 省级及以上的广播电视和防灾指挥调度建筑、网局级和省级电力调度建筑； 5. 藏书超过100万册的图书馆	除一类高层公共建筑外的其他高层公共建筑	1. 建筑高度大于24m的单层公共建筑； 2. 建筑高度不大于24m的其他公共建筑

（3）按主要承重结构的形式分

1) 混合结构体系

混合结构建筑一般指楼盖和屋顶采用钢筋混凝土或钢木结构，而墙和柱采用砌体结构建造的建筑。大多用在住宅、教学楼、办公楼建筑中。因砌体的抗压强度高而抗拉强度很低，所以住宅建筑最常用的是混合结构，一般在6层以下。混合结构根据承重墙所在的位置，常分为纵墙承重和横墙承重两种。纵墙承重的优点是房屋开间相对大些，使用灵活；横墙承重的优点是横向刚度大、整体性好。

2) 框架结构体系

框架结构是利用梁、柱组成的纵横两个方向的框架形成的结构体系，它同时承受竖向荷载和水平荷载。框架结构主要优点是平面布置灵活，可形成较大的建筑空间。一般用于多层办公建筑及其他公共建筑用房，如图1-1-2所示。

3) 剪力墙结构体系

剪力墙结构体系是利用建筑物的墙体位置布置钢筋混凝土承重墙的结构，剪力墙既承受竖向荷载，也承受水平力。高层建筑的主要荷载为水平荷载，墙体既受剪又受弯，所以称为剪力墙。剪力墙有时也称为抗震墙。剪力墙结构常被用于高层住宅和旅馆建筑。

4) 框架-剪力墙结构体系

框架-剪力墙结构体系是在框架结构中适当设置剪力墙的结构。它既可使建筑平面灵活布置，又能对常见的30层以下高层建筑提供足够的抗侧刚度，在实际工程中被广泛应用。

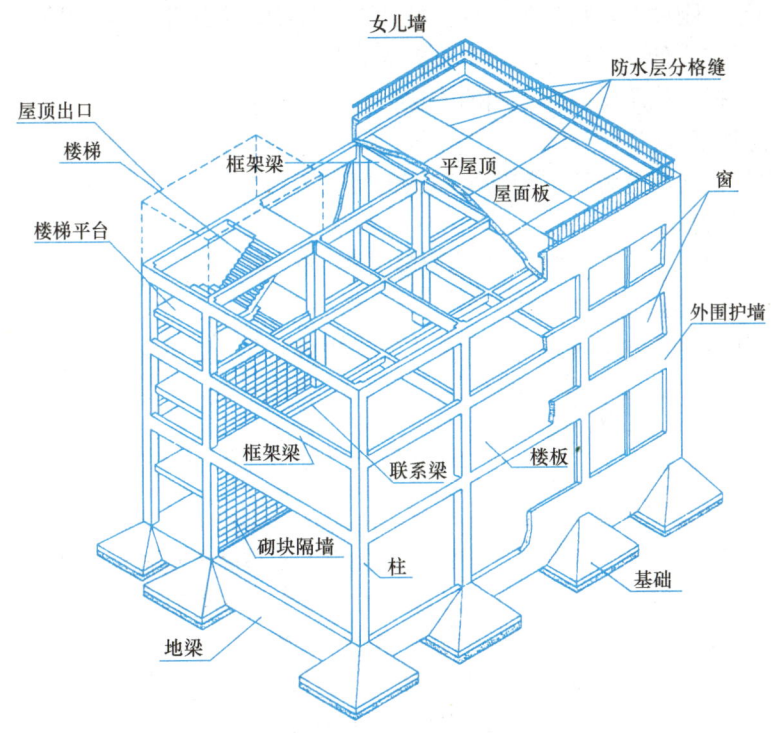

图 1-1-2 钢筋混凝土框架结构

5) 筒体结构体系

在高层建筑中，特别是在超高层建筑中，筒体结构是抵抗水平荷载最有效的结构体系。它的受力特点是，整个建筑犹如一个固定于基础上的封闭空心筒式悬臂梁，可以抵抗水平荷载。筒体结构体系可分为框架-核心筒结构、筒中筒结构束筒结构和多重筒结构。

6) 桁架结构体系

桁架是由杆件组成的结构体系。桁架结构的优点是可利用截面较小的杆件组成截面较大的构件，充分发挥材料的强度。

7) 拱式结构体系

拱是一种有推力的结构，其主要内力是轴向压力，因此常利用抗压性能良好的混凝土建造大跨度的拱式结构。由于拱式结构受力合理，在建筑和桥梁中被广泛应用。它常见于体育馆、展览馆等建筑中。按结构的组成和支承方式，拱可分为三铰拱、两铰拱和无铰拱。

8) 悬索结构体系

悬索结构是大跨度结构形式之一。主要用于体育馆、展览及大跨度桥梁中。悬索结构的主要承重构件是受拉的钢索，钢索是用高强度钢绞线或钢丝绳制成。悬索由承重索和稳定索两部分组成，而其刚性支承结构可以有多种，如框架、拱等。

9) 网架结构体系

网架是由杆件按照一定规律组成的网状结构。网架结构可分为平板网架和曲面网架。平板网架采用较多，其特点是空间受力体系，杆件主要承受轴向力，受力合理，节约材料；整体性能好，刚度大，抗震性能好。杆件类型较少，适用于工业化生产。

（4）按施工方法分

施工方法是指建造房屋时所采用的方法，它分为以下几类：

1）现浇、现砌式

房屋的主要构件均在施工现场砌筑和浇筑而成。

2）预制、装配式

房屋的主要构件在工厂预制，施工现场进行装配。

3）部分现浇现砌、部分装配式

一部分构件在现场浇筑或砌筑（大多为竖向构件），一部分构件为预制吊装（大多为水平构件）。

1.1.2 工业建筑构造

1. 单层厂房的结构组成

在传统制造加工工业中，单层厂房的框架结构主要是由支承各竖向和水平荷载作用的构件组成。厂房依靠各结构构件连接为一体，组成一个完整而稳定的厂房空间结构。

（1）承重结构

1）横向排架：主要由基础、柱和屋架组成，承受厂房的各种竖向荷载。

2）纵向连系构件：主要由吊车梁、圈梁、基础梁和连系梁组成，与横向排架共同构成空间骨架，保证厂房的整体性与稳定性。

3）支撑系统构件：主要包括柱间支撑和屋顶支撑两大部分。设置在屋架之间的支撑构件称为屋架支撑；设置在纵向柱列之间的支撑构件称为柱间支撑。支撑系统构件主要用于传递水平荷载，起到保证厂房空间刚度与稳定性的作用。

（2）围护结构

单层厂房的围护结构主要包括外墙、门窗及天窗、屋顶、地面等。

2. 单层厂房承重结构构造

（1）基础

基础是厂房的主要承重构件。承担着厂房上部的全部荷载，并将其传送给地基，起着承上传下的重要作用。

基础类型的选择主要取决于建筑上部结构荷载的大小、性质以及工程地质条件等。单层厂房常采用预制装配式钢筋混凝土排架结构，厂房的柱距和跨度较大，单层厂房的基础多采用独立式钢筋混凝土杯形基础，如图1-1-3所示。

（2）柱

厂房中的柱由柱身、牛腿及柱上预埋铁件组成。柱是厂房中的主要承重构件之一，柱顶支承屋架，在牛腿上支承吊车梁。柱子的类型很多种，按材料可分为钢筋混凝土预制柱和钢柱等。

1）钢筋混凝土预制柱

钢筋混凝土预制柱按截面构造尺寸可分为矩形柱、工字形柱、管柱和双肢柱等，如图1-1-4所示。矩形柱截面多采用长方形；工字形柱截面柱多采用工字形；管柱有单肢管柱和双肢管柱之分；双肢柱是由两根承受轴向力的肢杆及联系两肢的腹杆组成。

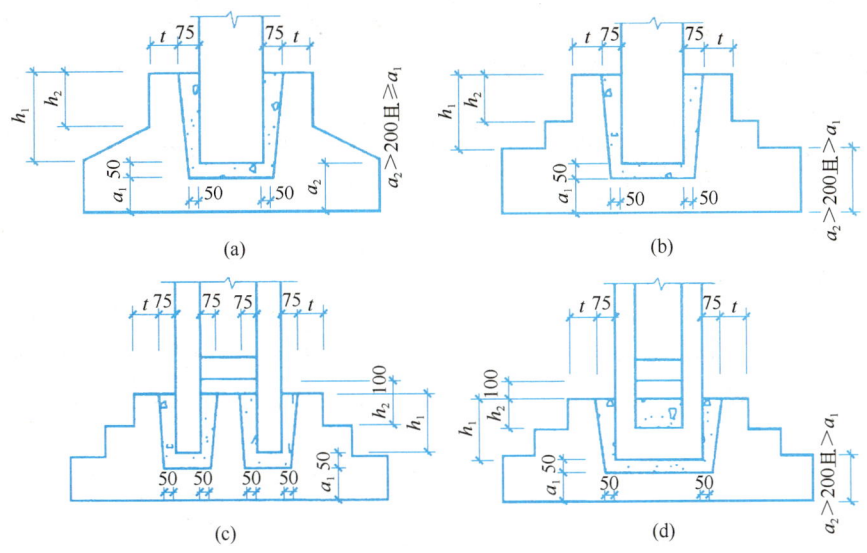

图 1-1-3 独立式钢筋混凝土杯形基础
(a)、(b) 矩形及工字形柱单杯口;(c) 双肢柱双杯口;(d) 双肢柱单杯口

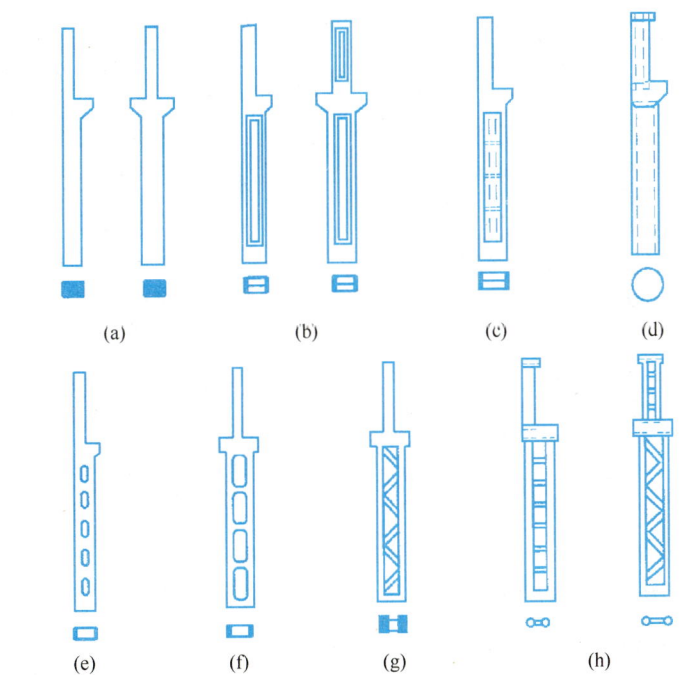

图 1-1-4 钢筋混凝土预制柱的类型
(a) 矩形柱;(b) 工字形柱;(c) 预制空腹板工字形柱;(d) 单肢管柱;(e) 双肢柱;
(f) 平腹杆双肢柱;(g) 斜腹杆双肢柱;(h) 双肢管柱

2) 钢柱

钢柱有等截面和变截面两种形式。它们可以是实腹式的,也可以是格构式的。

3) 牛腿

单层厂房结构中的吊车梁、托梁和连系梁等构件,由设置在柱上的牛腿支承。

(3) 吊车梁

吊车梁是设有起重机的单层厂房的重要构件之一。吊车梁按材料可分为钢筋混凝土吊车梁和钢吊车梁等。

钢筋混凝土吊车梁按截面形式分类，有等截面的"T"形吊车梁、工字形吊车梁和鱼腹式吊车梁等。吊车梁基本上是在工厂预制，有非预应力与预应力之分。

(4) 屋顶

1) 屋顶结构类型

屋顶结构根据构造不同可分为有檩体系屋顶和无檩体系屋顶。有檩体系屋顶屋面板刚度差，但屋顶重量较轻，适用于中小型厂房；无檩体系屋顶是将预应力钢筋混凝土屋面板直接搁置在屋架或梁上。无檩体系屋顶整体性好、刚度大，大中型厂房多采用此种屋顶结构形式。

2) 屋架是屋顶结构的主要承重构件，直接承受屋面荷载。按制作材料可分为钢筋混凝土屋架、钢屋架。

① 钢筋混凝土屋架。屋架按外形有三角形、梯形、拱形和折线形等，如图 1-1-5 所示。

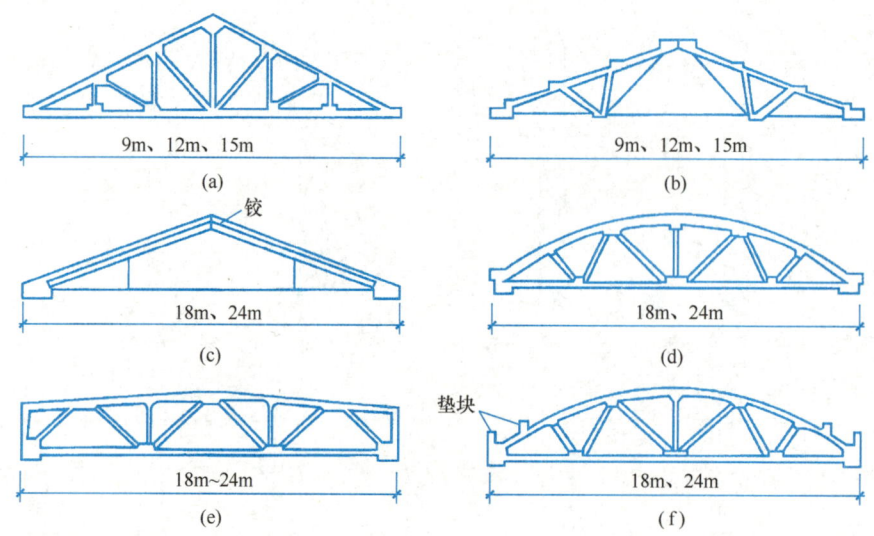

图 1-1-5 钢筋混凝土屋架类型

(a) 三角形；(b) 组合式三角形；(c) 预应力三角拱；(d) 拱形；(e) 预应力梯形；(f) 折线形

② 钢屋架。包括有檩钢屋架和无檩钢屋架两种。无檩钢屋架是将大型屋面板直接支承在钢屋架上，屋架间距就是大型屋面板的跨度。

(5) 支撑系统

单层厂房的支撑系统使厂房形成整体的空间骨架，保证厂房的空间刚度。在施工和使用时，保证结构体系的安全和稳定。单层厂房的支撑系统有屋架支撑系统和柱间支撑系统两种。

1.1.3 民用建筑构造

建筑物一般都由基础、墙或柱、楼地层、楼梯和电梯、屋盖、门窗、饰面装修部分组成。建筑物还有一些附属部分,如阳台、雨篷、散水、勒脚及防潮层等。

1. 基础

(1) 地基与基础的基本概念

基础是建筑地下的承重构件,承受建筑物的全部荷载,并将这些荷载连同本身的重量一起传给地基。基础是建筑的重要组成部分。地基指支承基础的土层,承受由基础传来的建筑物的荷载,地基不是建筑物的组成部分。地基及基础的设计使用年限不应小于建筑结构的设计使用年限。从工程造价上看,一般4层、5层民用建筑的基础工程的造价约占工程总造价的10%~20%。

地基可分为天然地基和人工地基两大类。天然地基指天然土层具有足够承载力,不需经过人工加固便可作为建筑的承载层。作为天然地基的土层有岩石、碎石土、砂土和黏土等;人工地基指天然地层的承载力不能满足荷载要求,经过人工处理的土层。

(2) 基础的类型

民用建筑的基础可以按材料和传力特点、构造形式、基础的深浅进行分类,应经济合理的选择基础的形式和材料,确定其构造。

1) 按基础的材料和传力特点分类

按基础材料不同可分为砖基础、石基础、混凝土基础、毛石混凝土基础、钢筋混凝土基础等。

按基础的传力特点可分为刚性基础和柔性基础两种。

① 刚性基础

刚性基础所用的材料有砖、石、混凝土、灰土等。它们的抗压强度好,但抗弯、抗剪强度低,基础底宽应根据材料的刚性角来决定。凡受刚性角限制的为刚性基础。

② 柔性基础

钢筋混凝土建造的基础称为柔性基础。它不仅能承受压应力,还能承受较大的拉应力,不受材料的刚性角限制。

2) 按基础的构造形式分类

按基础的构造形式分类可分为独立基础、带形基础、筏板基础、箱形基础、桩基础等,如图1-1-6所示。

① 独立基础

基础呈独立的块状,有柱下独立基础和墙下独立基础。

② 带形基础

基础为连续的条形。有墙下带形基础和柱下钢筋混凝土带形基础。

③ 筏板基础

筏板基础按构造不同分为平板式和梁式。

④ 箱形基础

箱形基础一般由钢筋混凝土建造,适用于地基弱、土层厚、荷载大和设有地下室(钢筋混凝土结构地下室形成箱形基础)的建筑物。

⑤ 桩基础

桩基础由桩柱和承台两部分组成。桩基础是按设计的点位将桩柱置入土中,桩柱的上端设钢筋混凝土承台。承台将建筑荷载均匀地传递给桩基础。

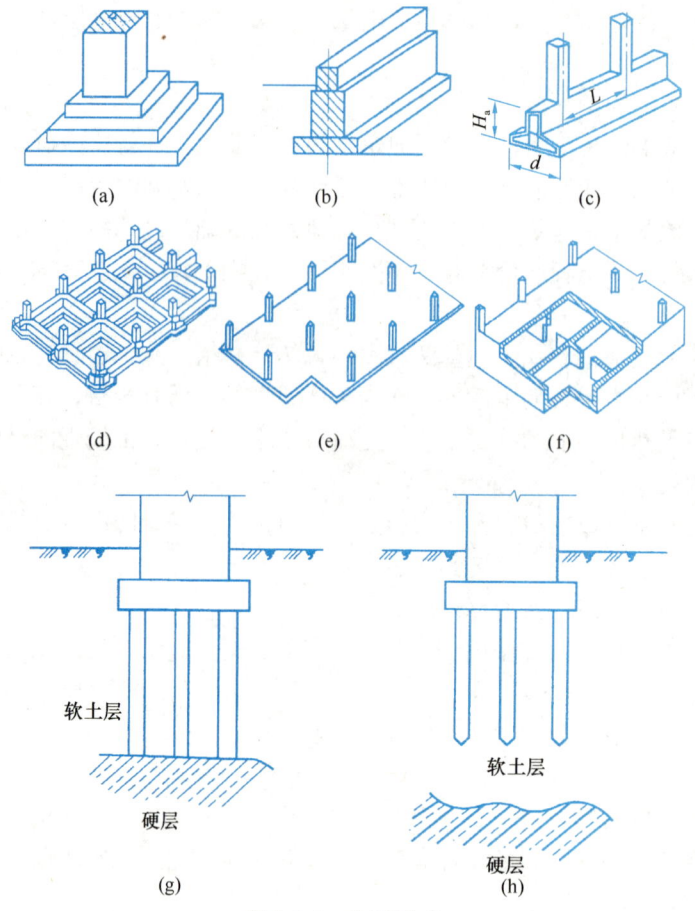

图 1-1-6 基础形式

(a) 柱下独立基础；(b) 墙下带形基础；(c) 柱下带形基础；(d) 柱下十字交叉基础；(e) 筏板基础；(f) 箱形基础；(g) 端承桩；(h) 摩擦桩

3) 按基础的深浅分类

从室外设计地面至基础底面的垂直距离称为基础的埋深。按基础的埋深深浅分为浅基础、深基础。浅基础包括扩展基础、无筋扩展基础、柱下条形基础、筏板基础、岩层锚杆基础、壳体基础。深基础主要为桩基。

2. 墙体

(1) 墙体类型

墙体在建筑物中主要起承重、围护及分隔作用。按墙体的材料、墙体位置、受力情况、构造方式可分不同类型。

1) 按材料分类

墙体按所用材料不同，可分为砖墙、加气混凝土砌块墙、板材等。

① 砖墙

用作墙体的砖有烧结砖（普通砖、多孔砖）、蒸压砖（灰砂砖、粉煤灰砖）。

② 加气混凝土砌块墙

加气混凝土是一种轻质材料，多用于非承重的隔墙和框架结构的填充墙。有砌块、外墙板和隔墙板多种类型。

③ 混凝土空心小型砌块墙

有普通混凝土空心小型砌块墙和轻骨料混凝土小型空心砌块墙等。

④ 其他材料墙体

用于墙体的材料还有预制刚劲混凝土板材、压型金属板材、石膏板材等。

2）按墙体位置分类

墙体按所处位置，可分为内墙和外墙；按布置方向又可分为横墙和纵墙。

3）按受力情况分类

墙体按结构竖向的受力情况，墙可分为承重墙和非承重墙。砖混结构建筑的结构布置方案有横墙承重、纵墙承重、纵横墙承重、半框架承重几种方式，如图 1-1-7 所示。

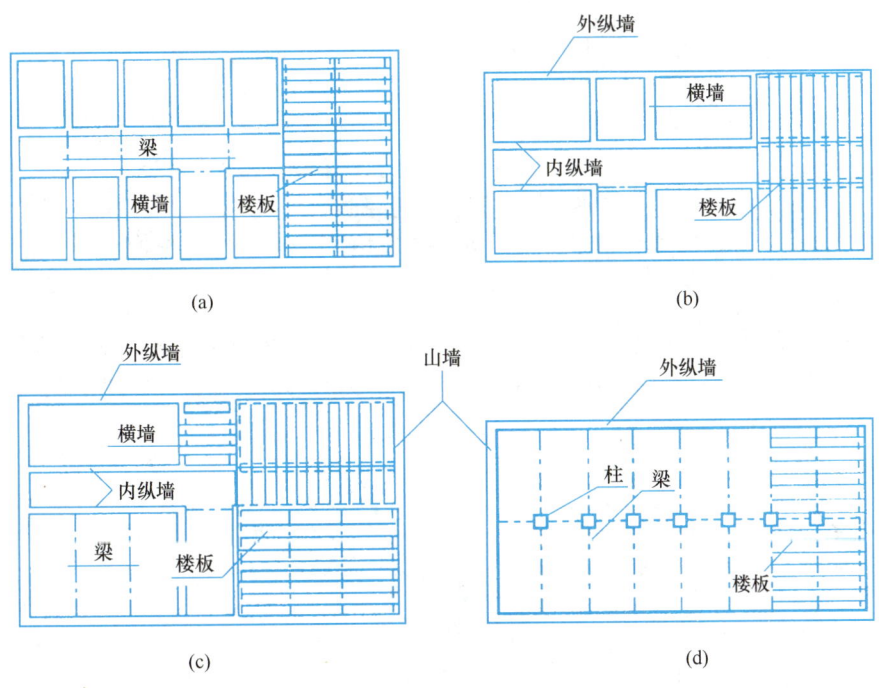

图 1-1-7　墙体承重结构布置方案

（a）横墙承重；（b）纵墙承重；（c）纵横墙承重；（d）半框架承重

在建筑物内部起分隔作用的非承重墙称为隔墙。隔墙按其构造方式可分为块材隔墙、骨架（又称龙骨）隔墙和板材隔墙三大类。块材隔墙是用普通砖、空心砖或多孔砖、加气混凝土块材等砌筑而成的；骨架隔墙由骨架和面层两部分组成；板材隔墙指单板高度相当房间净高，直接装配而成的隔墙。

4）按构造方式分类

墙体按构造方式可分为实体墙、空体墙和组合墙三种类型。实体墙是由单一材料组成，如普通砖墙、砌块墙；空体墙也是由单一材料组成，但墙内留有空腔，如空斗砖墙、空心砌块墙等；组合墙则是由两种以上材料组合而成的墙。

（2）墙体的细部构造处理

为保证墙体的耐久性和墙体与其他构件的连接，应在相应的位置进行构造处理。墙体的细部构造处理主要包括：

1）墙身防潮

墙身防潮的方法是在墙脚铺设防潮层，以防止土壤和地面水渗入砖墙体。防潮层的位置：当室内地面垫层为混凝土等密实材料时，防潮层设在垫层范围内，低于室内地坪60mm处。当室内地面垫层为透水材料时，防潮层应高于室内地面处。当内墙两侧地面出现高差时，还应设竖向防潮层，如图1-1-8所示。墙身防潮层的构造做法常有3种：刚性防水砂浆防潮层、细石混凝土防潮层和油毡防潮层。

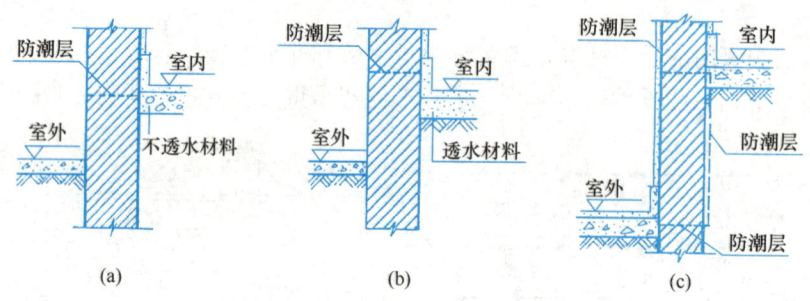

图 1-1-8　墙身防潮层的位置
（a）地面垫层为密实材料；（b）面垫层为透水材料；（c）室内地面有高差

2）勒脚构造

勒脚是外墙的墙脚，即建筑物的外墙与室外地坪接触墙体处的加厚部分。勒脚常采用抹水泥砂浆，贴面砖或石材块料，用坚固材料如石块、天然石板来砌筑，如图1-1-9所示。

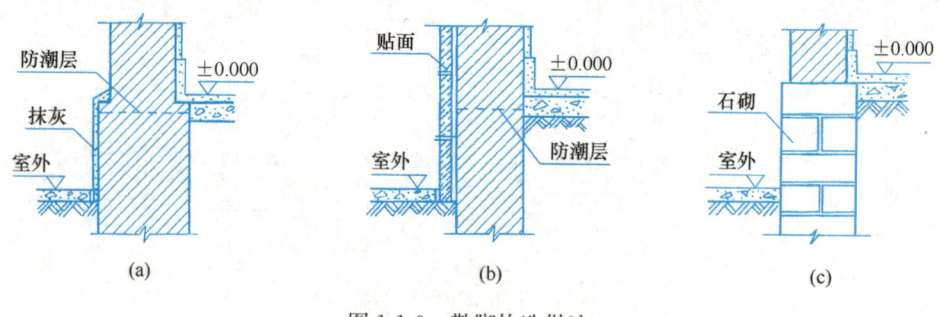

图 1-1-9　勒脚构造做法
（a）抹灰；（b）贴面；（c）石材

3）散水

为了防止地表水对建筑基础的侵蚀，在建筑的四周地面上设置散水。散水构造做法如图1-1-10所示。

4）过梁

过梁是在门、窗等洞口上设置的横梁。根据材料和构造方式不同，常用过梁有钢筋混凝土过梁和平拱砖过梁。钢筋混凝土过梁承载能力强，用于较宽的门窗洞口上，广泛应用的是预制钢筋混凝土过梁。当过梁洞口较小时，直接用砖加构造钢筋砌筑成平拱砖过梁。

5）圈梁

圈梁是在房屋的檐口、窗顶、楼层或基础顶面标高处，沿砌体墙水平方向设置封闭状的按构造配筋的混凝土梁式构件。其作用是增加房屋的整体刚度和稳定性。

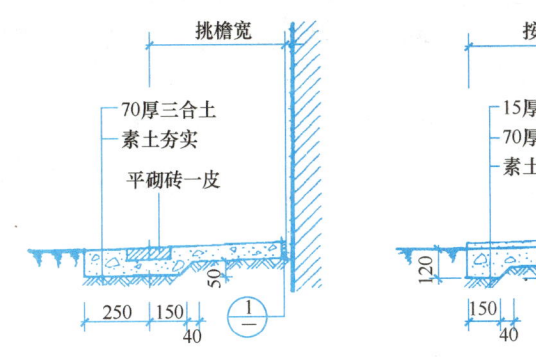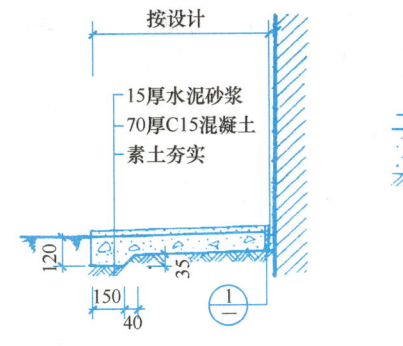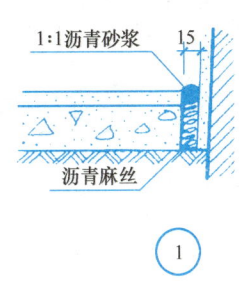

图 1-1-10 散水构造做法

6）构造柱

为了提高建筑物的整体刚度和稳定性，在砌体墙承重的墙体中，按构造配筋，先砌墙后浇灌混凝土柱的施工顺序，设置钢筋混凝土构造柱，与墙体紧密结合、并与圈梁和地梁连接成一体，形成空间骨架。构造柱和圈梁一同增强砌体墙的整体性，是墙体的主要抗震措施。

7）变形缝

变形缝包括伸缩缝、沉降缝和防震缝，其作用是保证建筑在温度变化、基础不均匀沉降或地震时能有一定的自由伸缩，以防止墙体开裂和结构破坏。

① 伸缩缝

又称温度缝，主要作用是防止建筑因温度变化而产生裂缝。

② 沉降缝

当建筑相邻部分的高度、荷载和结构形式差别很大，房屋有可能产生不均匀沉降引起房屋破坏，在适当位置，如复杂的平面或体形转折处、高度变化处以及荷载明显不同处设置沉降缝。

③ 防震缝

为防止地震使建筑破坏，应利用防震缝将建筑分成若干个形体简单、结构刚度均匀的独立部分。防震缝一般从基础顶面开始，沿建筑全高设置。

（3）墙体的保温隔热

外墙的保温构造按保温层所在的位置不同可分为外墙单一保温、外墙外保温、外墙内保温和外墙夹芯保温四种类型。

1）外墙外保温

外墙外保温指在建筑物外墙主体围护结构的外侧设置保温层。其构造由外墙、保温层、保温层的固定和面层等部分组成。外墙外保温常用五种做法有：EPS 板薄抹灰系统、胶粉 EPS 颗粒保温浆料系统、EPS 板现浇混凝土系统、EPS 钢丝网现浇混凝土系统、机械固定 EPS 钢丝网架板系统。

2）外墙内保温

外墙内保温由建筑主体结构和保温结构两部分组成，保温结构由保温板和空气层组成。常用的内保温板有 P-GRC 外墙内保温板、GRC 内保温板、玻璃纤维增强石膏外墙内保温板等，空气层既能防止保温材料变潮，也能提高墙体的保温能力。

3. 楼地层

楼地层包括楼盖层和地坪层。是建筑中水平方向分隔上下楼层空间的承重构件。楼盖层主要由楼板结构层、楼面面层和板底顶棚三个部分组成。地坪层的结构层为垫层,垫层将荷载及自重传给地基,如图 1-1-11 所示。

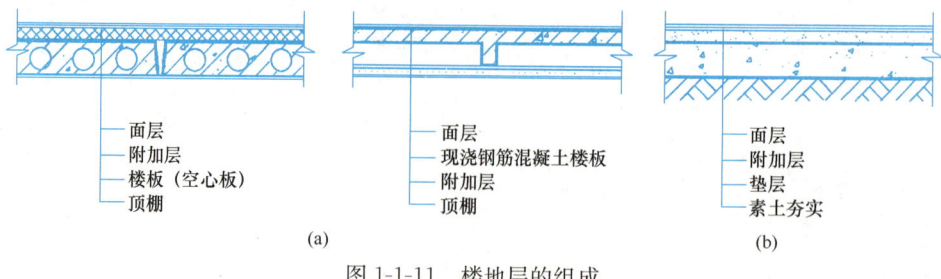

图 1-1-11 楼地层的组成

(1) 楼板的类型及选用

根据使用材料的不同,楼板分为木楼板、钢筋混凝土楼板、压型钢板组合楼板等。钢筋混凝土楼板形式多样,是我国应用最广泛的一种楼板。钢筋混凝土楼板按施工方式的不同可分为预制装配式、现浇式和装配整体式。

1) 预制装配式钢筋混凝土楼板

预制装配式钢筋混凝土楼板是将在工厂或现场预制好的楼板,通过机械吊装到房屋上,经坐浆灌缝而形成的楼板。

预制装配式钢筋混凝土板按其截面形式可分实心平板、槽形板、空心板三种类型。

2) 现浇式钢筋混凝土楼板

现浇式钢筋混凝土楼板指在施工现场浇筑并养护形成的楼板。主要分为现浇肋梁楼板、井式楼板和无梁楼板三种。

① 现浇肋梁楼板:由主梁、次梁(肋)和板组成,如图 1-1-12 所示。

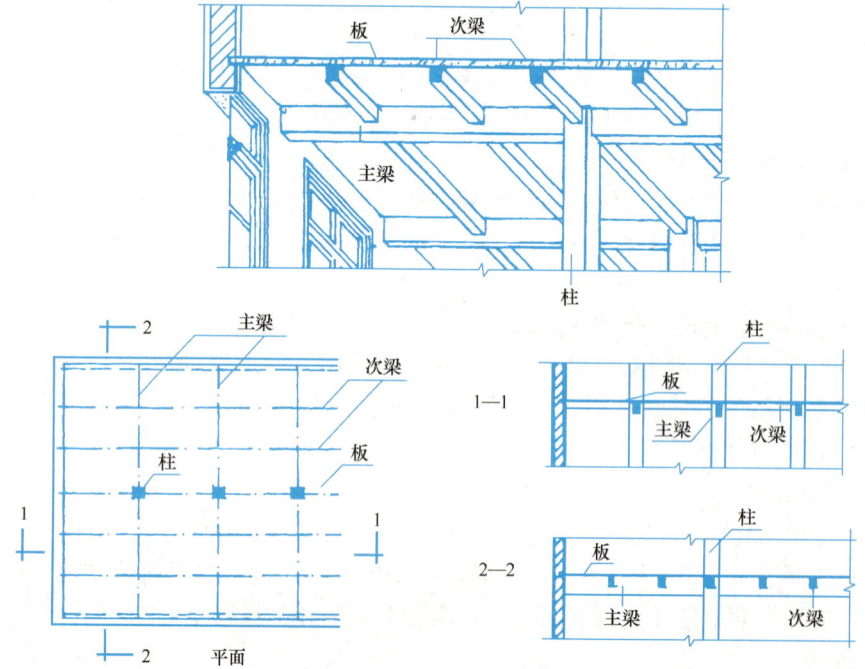

图 1-1-12 现浇肋梁楼板

② 井字楼板：井字形密肋式楼板没有主梁，都是次梁（肋），肋与肋间的跨距较小。当房间的平面形状近似正方形且跨度在 10m 以内时，常采用这种楼板。

③ 无梁楼板：直接将板支承于柱上，这种楼板称为无梁式楼板。无梁楼板分无柱帽和有柱帽两种类型。

3）装配整体式钢筋混凝土楼板

装配整体式钢筋混凝土楼板是将楼板中的部分构件预制安装后，再通过现浇部分连接成整体。主要有密肋填充块楼板和叠合式楼板。

① 密肋填充块楼板：有现浇和预制两种。现浇密肋填充块楼板以陶土空心砖、矿渣空心块等作为肋间填充块，然后现浇密肋和面板。

② 叠合式楼板：是由预制板和现浇钢筋混凝土层叠合而成的装配整体式楼板。叠合楼板的预制部分可采用预应力实心薄板和钢筋混凝土空心板。

(2) 地坪层

地坪层主要由面层、垫层和素土夯实层三部分组成，根据设计要求，可增设结合层、找平层、防水层、隔离层、隔声层及保温层等附加层。

1）面层

面层是地面上表面的铺筑层，与楼盖层一样是室内空间的装修层。

2）垫层

垫层是位于面层下用来承受并传递荷载的部分。根据垫层材料的性能，垫层可分为刚性垫层和柔性垫层。

3）素土夯实层

素土夯实层是地坪的基层，也称地基。基层为地表回填土，分层夯实。

(3) 阳台及雨篷

1）阳台

阳台是建筑中不可缺少的人们与室外接触的场所。阳台主要由承重结构（梁、板）和栏杆扶手组成。

阳台按使用要求不同可分为生活阳台和服务阳台。阳台按其封闭情况分为封闭阳台（设有阳台窗）和开敞式阳台。阳台按其与外墙的关系，可分为挑（凸）阳台、凹阳台（凹廊）、半凹半挑阳。

2）雨篷

雨篷是设置在建筑出入口的上方用以挡雨并有一定装饰作用的水平构件。根据支承方式不同，有悬挑式和立柱式。其中最简单的是过梁悬挑式雨棚；当雨篷外伸尺寸较大时，可采用立柱式，即在入口两侧设柱或墙支承雨篷，形成门廊。

4. 楼梯

建筑空间的竖向交通联系主要依靠楼梯、电梯、台阶、坡道以及爬梯等交通设施。其中，楼梯作为主要竖向交通和人员紧急疏散的交通设施，使用最为普遍。

(1) 楼梯的组成

楼梯一般由梯段、楼梯平台、栏杆扶手三部分组成，如图 1-1-13 所示。

(2) 楼梯的形式

按所在位置，楼梯可分为室内楼梯和室外楼梯两种。

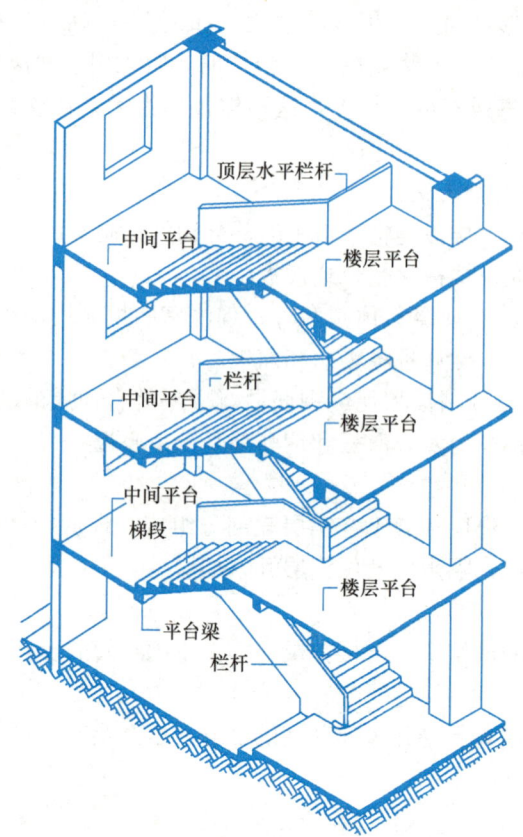

图 1-1-13　楼梯的组成

按使用性质，楼梯可分为主要楼梯、辅助楼梯、疏散楼梯和消防楼梯等。

按所用材料，楼梯可分为木楼梯、钢楼梯和钢筋混凝土楼梯等。

按楼梯形式，楼梯可分为直行单跑楼梯、直行多跑楼梯、平行双跑楼梯（最常用的楼梯形式）、平行双分双合楼梯、折行多跑楼梯、螺旋形楼梯、弧形楼梯等。

楼梯形式的选择取决于楼梯间的平面形状与大小、楼梯所处位置、楼层高低与楼层数、人流大小与缓急等因素。平行双跑楼梯是最常用的楼梯形式，如图 1-1-14 所示。

(3) 钢筋混凝土楼梯

钢筋混凝土楼梯按施工方法不同，主要有预制装配式和现浇整体式两类。

1) 预制装配式钢筋混凝土楼梯

预制装配式钢筋混凝土楼梯按构造方式可分为墙悬臂式、墙承式和梁承式等。

2) 现浇钢筋混凝土楼梯

现浇钢筋混凝土楼梯是在施工现场完成浇筑的整体楼梯。有梁悬臂式、梁承式和扭板式等类型。

(4) 室外台阶与坡道

室外台阶和坡道是建筑出入口处的高差之间的交通连接部件。

1) 室外台阶：一般包括踏步和平台两部分。

2) 坡道：是指考虑车辆通行或进行无障碍设计的建筑物所设置具有一定坡度的

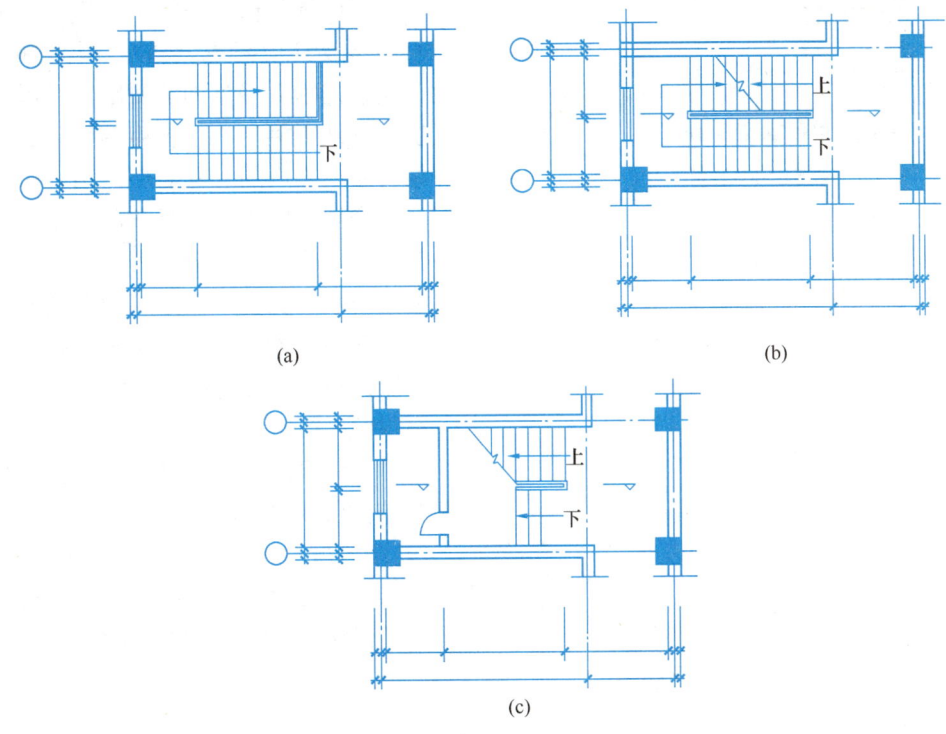

图 1-1-14　楼梯各层平面图
（a）顶层平面图；（b）标准层平面图；（c）底层平面图

过道。

5. 屋顶

屋顶是建筑物最上部的围护结构，应满足使用功能要求。其主要作用：①承受自重及外部荷载以及屋顶的动荷载；②防御自然界的风、雨、雪、太阳辐射热和冬季低温等；③屋顶是建筑体量的一部分，对建筑形象的美观起着重要的作用。

（1）屋顶的形式

因自然环境不同、屋面材料不同及承重结构不同，屋顶的类型很多样。按屋顶的外形和结构形式，可分为平屋顶、坡屋顶和曲面屋顶。

1）平屋顶

大量民用建筑常采用与楼盖基本相同的屋顶结构，就形成了平屋顶。平屋顶最常用的排水坡度为 2%～3%。平屋顶构造简便，较为经济合理，并可供多种利用，如设屋顶花园、屋顶游泳池等。是广泛采用的一种屋顶形式。

2）坡屋顶

坡屋顶的常见形式有：单坡、双坡屋顶，硬山、悬山屋顶，四坡歇山、庑殿屋顶，圆形或多角形攒尖屋顶等多种形式。坡屋顶的屋面坡度大，屋面排水速度快。屋顶防水可以采用构件自防水（如平瓦、铝合金或彩钢等）的形式。

3）曲面屋顶

屋顶建筑设计也采用曲面或折面等其他形状，如拱屋顶、折板屋顶、桁架屋顶、薄壳屋顶、悬索屋顶、网架屋顶等。

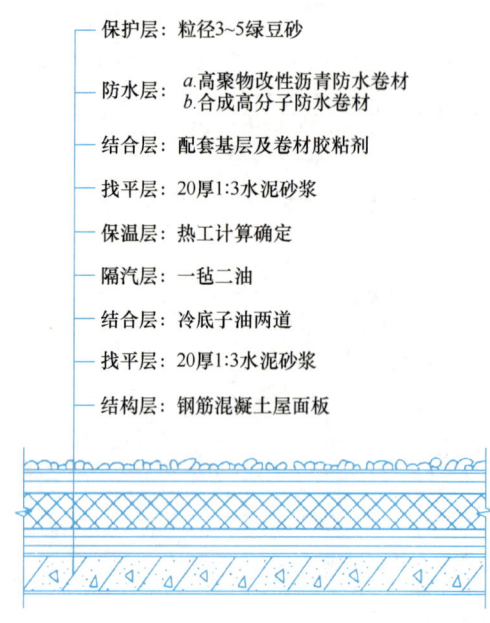

图 1-1-15　平屋面构造做法

(2) 平屋顶的构造

平屋顶设计应考虑其防水、保温隔热、结构、建筑艺术等多方面的要求。平屋顶的构造层次（从下到上）主要由结构层、找平层、结合层、隔汽层、保温层、结合层、找平层、结合层、防水层、保护层等组成，如图 1-1-15 所示。

屋面防水工程应根据建筑物的类别、重要程度及使用功能要求确定防水等级，并按相应等级进行防水设防。

1) 找平层

卷材、涂膜的基层宜设找平层，找平层设置在结构层或保温层上。

2) 结合层

当采用水泥砂浆及细石混凝土为找平层时，为了保证防水层与找平层能更好地粘结，可采用沥青为基材的结合层。

3) 防水层

卷材防水层，防水卷材应铺设在表面平整的找平层上，应按设计使用相应的卷材；涂膜防水层，是在屋面基层上涂刷防水涂料，经固化后形成有一定厚度和弹性的整体防水涂膜，从而达到防水目的；复合防水层，是由相容的卷材和涂料组合而成的防水层。

4) 保护层

保护层常用块体材料、水泥砂浆或细石混凝土。

5) 保温层

为减少屋面热交换作用，在结构层上铺一定厚度的保温材料。

(3) 坡屋顶的构造

坡屋顶主要由屋顶顶棚、承重结构层及屋面面层组成。

1) 坡屋顶的承重结构层

① 砖墙承重层：是将房屋的内、外横墙砌成尖顶状，在上面直接搁置檩条来支承屋面。

② 屋架承重层：屋顶上搁置屋架，用来搁置檩条以支承屋面荷载。屋架的形式较多，有三角形、梯形、矩形和多边形。

③ 梁架结构层：民间传统建筑多采用由木柱、木梁及木枋构成的结构，又称为穿斗式结构。

④ 钢筋混凝土梁板承重层：钢筋混凝土承重结构层按施工方法分为两种：一种是现浇钢筋混凝土梁、屋面板，另一种是预制钢筋混凝土屋面板直接搁置在山墙或屋架上。

2) 坡屋顶的顶棚

为美观及保温隔热的需要，坡屋顶多设有顶棚（吊顶），把屋顶结构层隐藏起来，以满足室内使用要求。按材质，顶棚骨架又可分为木骨架和轻钢骨架等。坡屋顶常设保温隔热层,当结构层为钢筋混凝土板时,保温层宜设在结构层上部。

6. 门和窗

门和窗是建筑的围护构件。门的主要功能是交通联系和防护;窗的主要作用是采光和通风。

(1) 门窗的类型

1) 门窗按其制作的材料可分为木门窗、钢门窗、铝合金门窗、塑钢或塑铝门窗、彩板门窗等。

2) 门窗按开启方式可分为平开门、推拉门、弹簧门、转门、折叠门、卷门和自动门等,窗分为平开窗、推拉窗、悬窗及固定窗等几种形式。

3) 按窗扇镶嵌材可分为玻璃窗、纱窗、百叶窗、防火窗、防爆窗、保温窗和隔声窗。按门板的材料,门可分为镶板门、玻璃门、拼板门、纤维板门、胶合板门、百叶门和纱门等。

4) 按特殊用途门可分为防火门、隔声门、保温绝热门、放射线门和人防密闭门等。

(2) 门窗的构造组成

1) 门的构造组成

门一般由门樘和门扇两部分组成。为了通风采光,可在门的上部设腰窗,俗称上亮子。门上还有五金件,常见的有门锁(含拉手)、铰链、门吸和闭门器等。门框与墙间的缝隙常用木条盖缝,称门头线,俗称贴脸。

2) 窗的构造组成

窗一般由窗樘(又称窗框)和窗扇两部分组成。窗扇与窗框用五金件连接。窗框与墙的连接处,为满足不同的要求,附加有窗台板、贴脸和窗帘盒等。

7. 饰面装修

建筑饰面装修可以起到保护建筑物、改善建筑物的环境条件,美化环境、提高建筑艺术效果的作用。

(1) 饰面装修类别

饰面装修构造的分类方法很多,按装修位置不同进行分类:

1) 墙面装修

墙面指使用不同的建筑材料,按设计要求对墙面进行装修,也称为饰面装修。墙面装修是建筑装饰设计的重要环节,内墙装修对改善建筑物的功能、室内空间质量及美化环境等都有重要作用。外墙装饰目的在于提高墙体抵抗自然界中各种因素,如灰尘、冰冻、雨雪和日晒等侵袭破坏的能力,并与墙体结构一起满足防水、保温、隔热、隔声及美化等功能要求。

2) 楼地面装修

楼地面是人们日常生活、工作学习接触最多的部分,也是建筑中直接承受荷载,经常受到摩擦和清洗的部分。

3) 顶棚装修

顶棚的装修对人们的空间感受具有相当重要的影响。顶棚本身往往具有保温、隔热、隔声和吸声等作用,人们还经常利用顶棚来处理照明、空调、音响及防火等相关技术问题。

(2) 墙面装修

按材料和施工方式不同，外墙体装修可分为抹灰类、贴面类、涂料类；内墙面装修可分为抹灰类、贴面类、裱糊类和铺钉类等。

墙面装修一般由基层和面层组成，基层即支托面层的结构构件或骨架，其表面应平整，有一定的强度和刚度；面层附着于基层表面，起美观和保护作用，应与基层牢固结合，表面需平整均匀。通常将面层最外表面的构造做法，作为饰面装修构造类型的命名。

1) 抹灰类

抹灰类指用水泥砂浆、聚合物水泥砂浆、水泥石灰混合砂浆或膨胀珍珠岩水泥砂浆等作为面层的饰面装修做法。普通标准的抹灰一般由底层和面层组成；中级或高级抹灰还要在面层与基层之间贴玻璃纤维网格布或挂钢丝网。

2) 贴面类

贴面类指利用各种天然石材或人造板，直接粘贴于基层表面的饰面装修做法。这类装修具有耐久性好、装饰性强、施工方便、质量高及易于清洗等优点。内墙装修常用质地细腻的材料，如玻化面砖、大理石板等，陶瓷面砖及花岗岩板等多用于外墙装修。

3) 涂料类

涂料类指将涂料涂敷于基层表面，形成完整牢固的膜层，起到保护墙面和美观的一种饰面装修做法。

4) 裱糊类

裱糊类是将装饰性墙纸、墙布裱糊在墙面上的一种饰面装修做法。根据面层材料的不同，有塑料面墙纸（PVC墙纸）、天然木纹面墙纸和纺织物面墙纸等。墙纸或墙布的裱贴是在抹灰基层上进行的，要求基层表面平整、阴阳角顺直。

5) 铺钉类

铺钉类指利用天然板条或人造薄板，借助于钉、胶粘剂等固定方式对墙面进行饰面装修的做法。铺钉类装修主要由骨架和面板两部分组成，骨架有木骨架和金属骨架，面板有硬木条（板）、钙塑板、石膏板、铝合金或不锈钢金属板及各种复合材料墙板等。

6) 干挂类

目前墙面装修中一种常用的施工工艺。是利用金属挂件将大块饰面材料（主要为天然石材和人造石材）直接吊挂于墙面或空挂于钢龙骨之上，形成石材等装饰幕墙。

(3) 楼地面装修

楼地面装饰按所用材料和施工方式可分为四大类：整体浇注楼地面、卷材楼地面、板块楼地面和涂料楼地面。

1) 整体浇注楼地面

整体浇注楼地面是利用现场浇注的方法做成整片的地面。按所使用材料的不同有水泥砂浆楼地面、混凝土楼地面和水磨石楼地面等。

① 水泥砂浆楼地面：通常是采用水泥砂浆抹压而成。

② 混凝土楼地面：常用的材料有普通混凝土、细石混凝土及耐磨混凝土，经浇筑、找平和打磨而成。

③ 水磨石楼地面：是以水泥为胶结材料，大理石或白云石的石屑为料形成的水泥石屑浆，硬结后，经磨光打蜡而成。

2) 卷材楼地面

卷材楼地面是用卷材铺贴而成。常用的卷材有化纤地毯和天然毛织物地毯。常规做法是将地毯用粘结材料直接粘贴在找平后的基层上。

3) 板块楼地面

板块楼地面是利用板材或块材铺贴而成的地面。按所用材料的不同有陶瓷板块楼地面、塑料板块楼地面、石板楼地面、木楼地面和涂料楼地面等。

① 陶瓷板块楼地面：是指利用陶瓷板块如陶瓷彩釉砖、陶瓷锦砖、陶瓷玻化砖或瓷质无釉砖等陶瓷地砖铺设的楼地面。

② 塑料板块楼地面：常用的有聚氯乙烯塑料，添加增塑剂、填充料、润滑剂、稳定剂和颜料等经塑化热压而成。

③ 石材楼地面：指利用石材铺设的楼地面，包括天然石和人造石楼地面。天然石常用大理石和花岗石等，人造石有预制水磨石和人造大理石等。

④ 木楼地面：按构造方式分有空铺式和实铺式两种。空铺式是将支承木地板的木龙骨架空设置，实铺式木楼地面有铺钉式和粘贴式两种做法。

⑤ 涂料楼地面：是利用涂料涂刷而成。地面涂料品种较多，有溶剂型、水溶性和水乳型等，目前应用较多的是环氧自流平、聚氨酯自流平地面。

(4) 顶棚装修

根据构造方式不同，顶棚装修有直接式顶棚和悬吊式顶棚两种。

1) 直接式顶棚

直接式顶棚指直接在楼板下喷、刷或粘贴装修材料的一种构造方式。在工业与民用建筑中得到广泛应用。直接式顶棚装饰常用的方法有直接喷刷式、直接粘贴式和直接抹灰式。

2) 悬吊式顶棚

悬吊式顶棚简称吊顶。为提高建筑物的使用功能，空调管、灭火喷淋、探测器和各种弱电设备等管线及其装置，均需安装在顶棚上。吊顶龙骨所用材料根据防火要求和装修标准的不同有木质龙骨和金属龙骨之分，如图 1-1-16 所示。

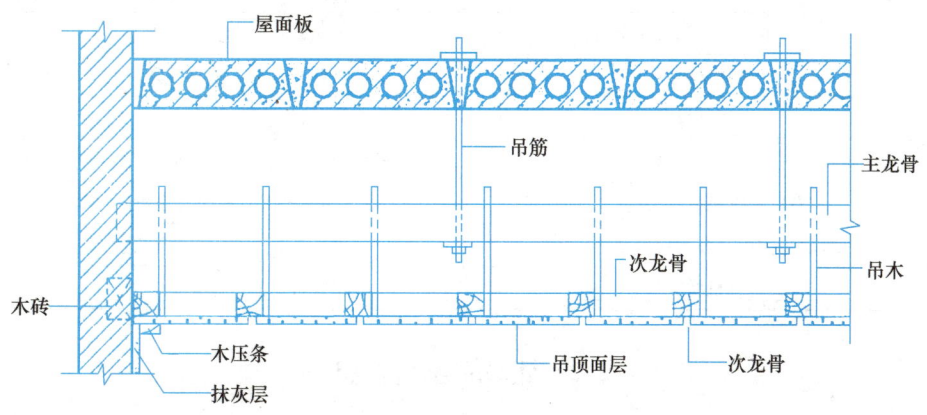

图 1-1-16　木基层吊顶的构造组成

第2节 土建工程常用工程材料的分类、基本性能及用途

1.2.1 分 类

土建工程常用工程材料种类繁多，通常按材料的化学成分和使用功能进行分类。按使用功能分类可分为结构材料、墙体材料及功能材料三大类。

1. 结构材料

主要指建筑工程中承受荷载作用的材料，如梁、板、柱、基础和其他受力构件所用的材料。常用有钢材、混凝土、木材等。

2. 墙体材料（非承重）

主要包括框架结构的填充墙、内隔墙和其他围护结构用材料等，常用的有各种砖、砌块、墙板等。

3. 功能材料

主要指以材料力学性能以外的功能为特征的材料，赋予建筑物防火、防水、绝热、吸声、隔声、装饰等材料。

根据组成物质的种类及化学成分，将工程材料分为无机材料、有机材料和复合材料三大类，见表1-2-1。

工程材料按化学成分分类　　　　表1-2-1

分 类			实 例
无机材料	金属材料	黑色金属	钢、铁及其合金
		有色金属	铜、铝及其合金
	非金属材料	天然石材	砂、石及石材制品
		烧土制品	粘土砖、瓦、陶瓷制品
		胶凝材料及其制品	石灰、石膏及其制品，水泥及混凝土制品、硅酸盐制品
		玻璃	普通平板玻璃、特种玻璃等
		无机保温材料	玻璃棉、矿棉、膨胀珍珠岩等
有机材料	植物材料		木材、竹材、苇材及其制品等
	沥青材料		煤沥青、石油沥青极其卷材、密封膏等
	合成高分子材料		塑料、橡胶制品及涂料、胶粘剂等
复合材料	有机与无机材料复合		聚合物混凝土、玻璃纤维增强塑料等
	金属与无机非金属材料复合		钢筋混凝土、钢纤维混凝土等
	金属与有机材料复合		EPS板、有机涂层铝合金板等

1.2.2 建筑结构材料

1. 钢材

（1）钢材的分类

1）按化学成分分类

① 碳素钢。碳素钢的化学成分主要是铁和碳，故也称铁-碳合金。含碳量为低于 2.06%。此外尚含有极少量的硅、锰和微量的硫、磷等元素。碳素钢按含碳量又可分为：低碳钢（含碳量小于 0.25%）、中碳钢（含碳量为 0.25%～0.60%）、高碳钢（含碳量大于 0.60%）。

② 合金钢。是指在炼钢过程中，有意识地加入一种或多种能改善钢材性能的合金元素而制得的钢种。常用合金元素有：硅、锰、钛、钒、铌、铬等。按合金元素总含量的不同，合金钢可分为：低合金钢（合金元素总含量小于 5%）、中合金钢（合金元素总含量为 5%～10%）、高合金钢（合金元素总含量大于 10%）。

2）按冶炼时脱氧程度分类

① 沸腾钢。炼钢时仅加入锰铁进行脱氧，则脱氧不完全。这种钢水浇入锭模时，会有大量的 CO 气体从钢水中外逸，引起钢水呈沸腾状，故称沸腾钢，代号为"F"。沸腾钢组织不够致密，成分不太均匀，硫、磷等杂质偏析较严重，故质量较差。但因其成本低、产量高，故被广泛用于一般建筑工程。

② 镇静钢。炼钢时采用锰铁、硅铁和铝锭等作脱氧剂，脱氧完全，且同时能起去硫作用。这种钢水铸锭时能平静地充满锭模并冷却凝固，故称镇静钢，代号为"Z"。镇静钢虽成本较高，但其组织致密，成分均匀，性能稳定，故质量好。适用于预应力混凝土等重要的结构工程。

③ 特殊镇静钢。比镇静钢脱氧程度还要充分彻底的钢，故其质量最好，适用于特别重要的结构工程，代号为"TZ"。

(2) 钢材的技术性质

1) 抗拉性能

抗拉性能是建筑钢材最重要的技术性质。其技术指标为屈服点、抗拉强度和伸长率。

2) 冷弯性能

冷弯性能是指钢材在常温下承受弯曲变形的能力，是钢材的重要工艺性能。

3) 冲击韧性

冲击韧性是指钢材抵抗冲击荷载的能力。冲击韧性指标是通过标准试件的弯曲冲击韧性试验确定的。

4) 硬度

钢材的硬度是指其表面局部体积内抵抗外物压入产生塑性变形的能力。常用的测定硬度的方法有布氏法和洛氏法。

5) 耐疲劳性

在反复荷载作用下的结构构件，钢材往往在应力远小于抗拉强度时发生断裂，这种现象称为钢材的疲劳破坏。

6) 焊接性能

钢材的可焊性是指焊接后在焊缝处的性质与母材性质的一致程度。影响钢材可焊性的主要因素是化学成分及含量。如硫产生热脆性，使焊缝处产生硬脆及热裂纹。

(3) 建筑钢材的技术标准

1) 建筑钢材的主要钢种

① 碳素结构钢

按《碳素结构钢》GB/T 700—2006 规定,我国碳素结构钢分 4 个牌号,即 Q195、Q215、Q235 和 Q275。各牌号钢又按其硫、磷含量由多至少分为 A、B、C、D 四个质量等级。

碳素结构钢的牌号表示按顺序由代表屈服点的字母(Q)、屈服点数值(N/mm^2)、质量等级符号(A、B、C、D)、脱氧程度符号(F、B、Z、TZ)等四部分组成。例如 Q235-AF,它表示:屈服强度为 235MPa 的 A 级沸腾碳素结构钢。当为镇静钢或特殊镇静钢时,则牌号中"Z"与"TZ"符号可予以省略。

② 低合金结构钢

与碳素钢相比,冶炼时多加入总量小于 5%的合金元素炼成的钢,称为低合金高强度结构钢,简称低合金结构钢。常用的合金元素有硅、锰、钛、钒、铬、镍、铜等。

按照《低合金高强度结构钢》GB/T 1591—2008 规定共分 8 个牌号:Q345、Q390、Q420、Q460、Q500、Q550、Q620、Q690。牌号由代表钢材屈服强度的字母"Q"、屈服强度数值、质量等级符号(A、B、C、D、E)三个部分按顺序组成。

例如:Q295A,表示屈服强度为不小于 295MPa,质量等级为 A 级的低合金结构钢。

2)混凝土结构常用钢材品种

① 热轧光圆钢筋

光圆钢筋低碳素结构钢热轧而成,其强度较低,但塑性好,伸长率高,便于弯曲成型、且可焊性好;一般用作中、小型钢筋混凝土结构的受力钢筋或箍筋和冷加工的原料。H、P、B 分别为热轧(Hot rolled)、带肋(Plain)、钢筋(Bars)三个词的英文首位字母。

② 钢筋混凝土用热轧带肋钢筋

热轧带肋钢筋的牌号由 HRB 和牌号的屈服点最小值构成。H、R、B 分别为热轧(Hot rolled)、带肋(Ribbed)、钢筋(Bars)三个词的英文首位字母。

③ 钢筋混凝土用冷拉钢筋

为了提高钢筋的强度及节约钢筋,工地上常按施工规程,控制一定的冷拉应力或冷拉率,对热轧钢筋进行冷拉。冷拉钢筋的力学性能应符合规范规定的要求。冷拉后不得有裂纹、起层等现象。

④ 预应力混凝土用热处理钢筋

预应力混凝土用热处理钢筋是用 $\phi 8$、$\phi 10$(mm)的热轧带肋钢筋经淬火和回火等调质处理而成。主要用于预应力钢筋混凝土轨枕,也用于预应力梁、板结构及吊车梁等。

⑤ 冷轧带肋钢筋

冷轧带肋钢筋是采用由普通低碳钢或低合金钢热轧的圆盘条为母材,经冷轧减径后在其表面冷轧成二面或三面有肋的钢筋。冷轧带肋钢筋是热轧圆盘钢筋的深加工产品,是一种新型高效建筑钢材。

冷轧带肋钢筋按抗拉强度分为 6 级,C、R、B、H 分别为热轧(Cold rolled)、带肋(Ribbed)、钢筋(Bars)、高延性(High elongation)四个词的英文首位字母,后面的数字表示钢筋抗拉强度等级数值。冷轧带肋钢筋的公称直径范围为 4~12mm。

⑥ 冷拔低碳钢丝

冷拔低碳钢丝是将直径为 6.5~8mm 的 Q235 热轧盘条钢筋经冷拔加工而成。冷拔低碳钢丝分为甲、乙两级,甲级丝适用于作预应力筋,乙级丝适用于作焊接网、焊接骨架、箍筋和构造钢筋。

⑦ 预应力混凝土用钢丝及钢绞线

预应力高强度钢丝是用优质碳素结构钢盘条,经酸洗、冷拉或再经回火处理等工艺制成,钢绞线是由7根直径为2.5～5.0mm的高强度钢丝,铰捻后经一定热处理清除内应力而制成。铰捻方向一般为左捻。

3) 钢结构常用型钢

① 普通钢结构常用的型钢

普通钢结构常用的型钢有"H"型钢、"T"型钢、工字钢、槽钢、角钢、"Z"型钢、"U"型钢等,截面形式如图1-2-1所示。其中最为常用的是H型钢,截面形式合理,材料在截面上分布对受力最为有利,且构件间连接方便,所以它是钢结构中采用的主要钢材。

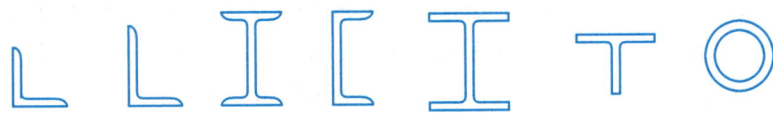

图1-2-1 热轧型钢的截面形式

H型钢的标记采用:高度 $H×$宽度 $B×$腹板宽度 $t_1×$翼缘厚度 t_2 表示。如:H340×250×9×14。

② 冷弯薄壁型钢

通常是用2～6mm薄钢板冷弯或模压而成,有角钢、槽钢等开口薄壁型钢及方形、矩形等空心薄壁型钢,截面形式如图1-2-2所示。主要用于轻型钢结构,其表示方法与热轧型钢相同。

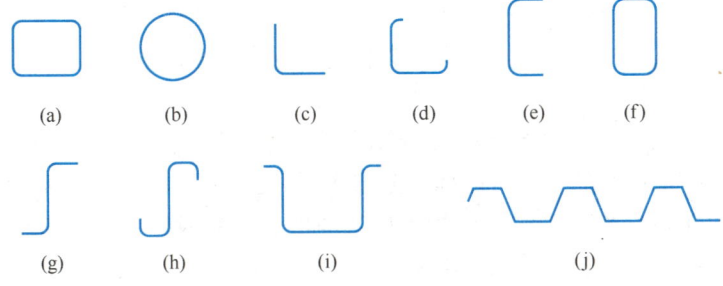

图1-2-2 冷弯薄壁型钢的截面形式
(a)～(i) 冷弯薄壁型钢;(j) 压型钢板

2. 混凝土

(1) 概述

混凝土是由胶凝材料(水泥)、骨料(砂或石)、水按适当比例均匀拌合而成的混合物,经一定时间硬化而成的一种人造石材。

混凝土常见分类方法如下:

1) 重混凝土:干密度大于2800kg/m³,是采用密度很大的钡水泥、锶水泥等重水泥和重晶石、铁矿石、钢屑等重骨料配制而成。重混凝土具有防射线的功能,又称防辐射混凝土,主要用作核能工程的屏蔽结构材料。

2) 普通混凝土：干密度 2000~2800kg/m³，以普通的天然砂石为骨料配制而成，广泛用于各种建筑的承重结构。

3) 轻混凝土：干密度小于 2000kg/m³，可采用轻骨料配制，或者不用骨料而掺入引气剂或泡沫剂，使混凝土变成多孔结构。主要用作轻质结构材料和绝热材料。

(2) 混凝土组成材料

1) 水泥

建筑工程通常采用的水泥主要有：硅酸盐水泥、普通硅酸盐水泥、矿渣硅酸盐水泥、火山灰质硅酸盐水泥、粉煤灰硅酸盐水泥等品种。

① 硅酸盐水泥

凡由硅酸盐水泥熟料、0%~5%石灰石或粒化高炉矿渣、适量石膏磨细制成的水硬性胶凝材料，称为硅酸盐水泥。

硅酸盐水泥在国际上分为两种类型：不掺混合材的称Ⅰ型硅酸盐水泥，其代号为P.Ⅰ；在硅酸盐水泥熟料粉磨时掺入不超过水泥质量5%的石灰石或粒化高炉矿渣混合材料的称Ⅱ型硅酸盐水泥，其代号为P.Ⅱ。硅酸盐水泥分为 42.5、42.5R、52.5、52.5R、62.5、62.5R 六个强度等级。

硅酸盐水泥熟料的矿物组成为四大组分：硅酸三钙（$3CaO \cdot SiO_2$，简写为 C_3S）。硅酸二钙（$2CaO \cdot SiO_2$，简写为 C_2S），铝酸三钙的（$3CaO \cdot Al_2O_3$，简写为 C_3A），铁铝酸四钙（$4CaO \cdot Al_2O_3 \cdot Fe_2O_3$，简写为 C_4AF）。

② 掺混合材料的硅酸盐水泥

掺混合材料的硅酸盐水泥按混合材料类别可分为普通硅酸盐水泥、矿渣硅酸盐水泥、火山灰质硅酸盐水泥、粉煤灰硅酸盐水泥、复合硅酸盐水泥；按强度可分为 32.5、32.5R、42.5、42.5R、52.5、52.5R 六个强度等级。

凡以适当成分的生料烧至部分熔融，所得以硅酸钙为主的水泥熟料加入 6%~15%的混合材料和适量石膏磨细制成的水硬性胶凝材料，称为普通硅酸盐水泥（简称普通水泥），代号 P.O。

由硅酸盐水泥熟料和20%~70%的粒化高炉矿渣及适量石膏混合磨细而成的水硬性胶凝材料，称为矿渣硅酸盐水泥（简称矿渣水泥），代号 P.S。

由硅酸盐水泥熟料和20%~50%的火山灰质混合材料及适量石膏混合磨细而成的水硬性胶凝材料，称为火山灰质硅酸盐水泥（简称火山灰水泥），代号 P.P。

由硅酸盐水泥熟料和20%~40%的粉煤灰及适量石膏混合磨细而成的水硬性胶凝材料称为粉煤灰硅酸盐水泥（简称粉煤灰水泥），代号 P.F。

由硅酸盐水泥熟料、两种或两种以上规定的混合材料、适量石膏混合磨细而成的水硬性胶凝材料称为复合硅酸盐水泥（简称复合水泥），代号 P.C。

③水泥强度等级选择

水泥强度等级应与混凝土强度相适应，过高水泥用量偏少，过低水泥用量偏多，一般为混凝土强度的1.1~1.2倍。

2) 砂

混凝土可采用河砂、海砂、山砂来配制。河砂相对来说杂质较少，是目前使用量最大的一种砂；由于海砂中含有多种盐分，可能与混凝土中的水泥或其他成分发生反应，影响到混凝土的某些性能，所以使用较少；而山砂中常含有泥土等杂质，所以仅在一些无河砂供应的地区使用；一般混凝土用砂优先选用二区的中砂，一区和三区的砂使用时，需对混凝土作一定调整。

3) 石子

混凝土用石可分为碎石与卵石，由于用碎石拌制的混凝土具有较高的强度，所以在普通混凝土中用量大一些；而用卵石拌制的混凝土具有更好的流动性，在水工混凝土中用得较多。

石子的各项技术指标参见第二章介绍，应符合国家标准的规定。

4) 水

混凝土拌合用水按水源可分为饮用水、地表水、地下水、海水以及经适当处理或处置后的业废水。一般来说，饮用水均可满足混凝土要求。

5) 外加剂和掺和料

由于外加剂和掺和料加入混凝土中，可以改善混凝土某些方面的性能，所以又被称为第五组分。

混凝土外加剂按其主要功能分为四类：改善混凝土拌合物流变性能的外加剂，包括各种减水剂、引气剂和泵送剂等；调节混凝土凝结时间、硬化性能的外加剂，包括缓凝剂、早强剂和速凝剂等；改善混凝土耐久性的外加剂，包括引气剂、防水剂和阻锈剂等；改善混凝土其他性能的外加剂，包括加气剂、膨胀剂、防冻剂、着色剂、防水剂等。

在混凝土中掺入火山灰、粉煤灰、粒化高炉矿渣、硅粉等活性掺和料，可取代一部分水泥，能够获得一定的经济效益，而且对混凝土的某些性能有所改善。

外加剂和掺合料的掺量应通过试验来确定，并应符合现行国家标准《混凝土外加剂应用技术规范》GBJ 119、《粉煤灰在混凝土和砂浆中应用技术规程》JGJ 28、《用于水泥与混凝土中粒化高炉矿渣粉》GB/T 18046 等的规定。

(3) 混凝土的技术性能

混凝土的技术性能可分为硬化前和硬化后的技术性能两大部分。硬化前的混凝土常被称为混凝土拌合物或湿混凝土，其性能主要是和易性；硬化后的混凝土性能可分为强度与耐久性两部分。

1) 和易性

和易性是指混凝土拌合物易于施工操作（拌合、运输、浇灌、捣实）并能获得质量均匀、成型密实的性能。和易性是一项综合的技术性质，可分为流动性、粘聚性和保水性三方面。流动性可用坍落度实验或维勃稠度实验进行测定。

影响和易性的主要因素有：水泥浆的数量和水灰比；砂率；组成材料的性质；时间和温度。

2) 混凝土强度

强度是混凝土最重要的性质，而且混凝土强度与混凝土的其他性能关系密切，一般来说，混凝土的强度越高，其抗渗性、耐水性、抗冻性、抗侵蚀性也越强，通常用混凝土强度来评定和控制混凝土的质量。

混凝土的强度包括抗压强度、抗拉强度、抗弯强度、抗剪强度和与钢筋的粘结强度等。

①混凝土的抗压强度与强度等级

为了正确进行设计和控制工程质量,根据混凝土立方体抗压强度标准值(以 $f_{cu,k}$ 表示),将混凝土划分为 C15、C20、C25、C30、C35、C40、C45、C50、C55、C60、C65、C70、C75、C80 等十四个强度等级。例如,C40 表示混凝土立方体抗压强度标准值为 40MPa。

②混凝土的轴心抗压强度(f_{cp})

混凝土强度等级测定采用立方体试件,但实际工程中钢筋混凝土结构形式很少是立方体的,大部分是棱柱体或圆柱体。为了使测得的混凝土强度接近于混凝土结构的实际情况,在钢筋混凝土结构计算中,计算轴心受压构件(如柱子)时,都采用混凝土的轴心抗压强度值作为设计依据。

根据国家标准的规定,轴心抗压强度采用 150mm×150mm×300mm 的棱柱体作为标准试件,一般来说,f_{cp}=(0.70~0.80)f_{cu}。

3)耐久性

混凝土结构耐久性设计的目标,是使混凝土结构在规定的使用年限即设计使用寿命内,在常规的维修条件下,不出现混凝土劣化、钢筋腐蚀等影响结构正常使用和影响外观的损坏。

混凝土耐久性能主要包括抗渗、抗冻、抗侵蚀、碳化、碱骨料反应及混凝土中的钢筋锈蚀等性能。

(4)普通混凝土配合比

混凝土配合比是指混凝土中各组成材料数量之间的比例关系。常用的表示方法有两种:一种是 1m³ 混凝土中各项材料的质量表示,如水泥(m_c)310kg、水(m_w)175kg、砂(m_s)620kg、石子(m_g)1200kg;另一种表示方法是以各项材料相互间的质量比来表示(以水泥质量为1),将上例换算成质量比为:

$$m_c : m_s : m_g : m_w = 1 : 2 : 3.9 : 0.57$$

混凝土的配合比设计就是根据原材料的技术性能及施工条件,合理选择原材料,并确定出能满足工程所要求的技术经济指标的各组成材料的用量。

1)设计的基本要求:满足混凝土结构设计要求的强度等级;满足施工所要求的混凝土拌合物的和易性;满足与使用环境相适应的耐久性;在满足以上三项技术性质的前提下,尽量做到节约水泥和降低混凝土成本,符合经济性原则。

2)三个重要参数:水胶比、单位用水量和砂率。

3)普通混凝土配合比设计的方法和步骤

① 初步配合比计算

初步配合比计算步骤包括:确定配制强度($f_{cu,o}$)→初步确定水胶比值(W/B)→确定 1m³ 混凝土的用水量(m_{wo})→计算混凝土的单位水泥用量(m_{co})→确定砂率(β_s)→计算 1m³ 混凝土的砂、石用量(m_{so},m_{go})。

② 实验室配合比的确定

实验室配合比的确定包括:和易性调整、强度复核、混凝土表观密度的校正。

③ 混凝土施工配合比的确定

按工地上砂、石的实际含水情况进行修正后的混凝土配合比。

3. 木材

（1）木材料的分类

1）按树种分：分为针叶树材（如松木、柏木等）和阔叶树材（如榆木、桦木、杨木等）。

2）按用途分：分为原条、原木、锯材三类。

3）按材质分：原木分为一、二、三等；锯材分为特等、一等、二等、三等。

4）按表观密度分，可分为轻材——表观密度小于 $400kg/m^3$；中等材——表观密度在 $500\sim800kg/m^3$；重材——表观密度大于 $800kg/m^3$。

（2）木材的物理力学性质

木材的物理力学性质主要有含水率、湿胀干缩、强度等性能，其中含水率对木材的湿胀干缩性和强度影响很大。

1）木材的含水率

木材的含水率是指木材中所含水的质量占干燥木材质量的百分数。木材中主要有三种水，即自由水、吸附水和结合水。自由水是存在于木材细胞腔和细胞间隙中的水分，吸附水是被吸附在细胞壁内细纤维之间的水分。

① 木材的纤维饱和点

当木材中无自由水，而细胞壁内吸附水达到饱和时，这时的木材含水率称为纤维饱和点。

② 木材的平衡含水率

木材中所含的水分是随着环境的温度和湿度的变化而改变的，当木材长时间处于一定温度和湿度的环境中时，木材中的含水量最后会达到与周围环境湿度相平衡，这时木材的含水率称为平衡含水率。

③ 木材的湿胀与干缩变形

木材具有很显著的湿胀干缩性，其规律是：当木材的含水率在纤维饱和点以下时，随着含水率的增大，木材体积产生膨胀，随着含水率减小，木材体积收缩；而当木材含水率在纤维饱和点以上，只是自由水增减变化时，木材的体积不发生变化。纤维饱和点是木材发生湿胀干缩的转折点。

由于木材为非匀质构造，故其胀缩变形各向不同，其中以弦向最大，径向次之，纵向（即顺纤维方向）最小。

2）木材的力学强度

在建筑结构中，木材常用的强度有抗拉、抗压、抗弯和抗剪强度。由于木材的构造各向不同，致使各向强度有差异，为此木材的强度有顺纹强度和横纹强度之分。

1.2.3 建筑墙体材料

1. 砖

凡是由黏土、工业废料或其他地方资源为主要原料，以不同工艺制成的，在建筑中用于砌筑承重和非承重墙体的砖，统称砌墙砖。

砌墙砖按生产工艺可分为烧结砖和非烧结砖两大类。

烧结砖是以黏土为主要原料经焙烧而制成的砖；由于会对环境产生不良影响，国家限制使用。

非烧结砖是经蒸压或蒸养而制成的砖。可用于耐久性要求不高的一般工业和民用建筑的围护结构和基础，但不适用于有酸性介质侵蚀、长期受高温影响和经受较大振动影响的建筑物。

砖按孔洞率可分为：实心砖、微孔砖、多孔砖和空心砖。

实心砖一般无孔洞或孔洞率小于5%，多孔砖的孔洞率等于或大于15%，孔的尺寸小而数量多；空心砖的孔洞率等于或大于25%，孔的尺寸大而数量少。

（1）烧结砖

1）烧结普通砖

烧结普通砖是以黏土、页岩、煤矸石、粉煤灰为主要原材料，经焙烧而成的尺寸为240mm×115mm×53mm直角六面体块材。

烧结普通砖根据抗压强度分为MU30、MU25、MU20、MU15、MU10五个强度等级。强度和抗风化性能合格的砖，根据尺寸偏差、外观质量、泛霜和石灰爆裂等分为优等品（A）、一等品（B）和合格品（C）三个质量等级。

2）烧结多孔砖

烧结多孔砖通常指砖内孔径不大于22mm，孔洞率不小于15%的烧结砖。外形尺寸可为长度（L）290、240、190mm，宽度（B）240mm、190mm、180mm、175mm、140mm、115mm，高度（H）90mm的不同组合而成。

烧结多孔砖内的孔洞尺寸小而数量多，孔洞分布在大面尚且均匀合理，非孔部分砖体较密实，所以强度较高。工程中使用时常以孔洞垂直于承压面，以充分利用砖的抗压强度。烧结多孔砖根据10块的抗压强度分为MU30、MU25、MU20、MU15、MU10五个强度等级。

3）烧结空心砖

烧结空心砖是指孔洞率大于15%，孔尺寸大而孔数量少的砖。烧结空心砖的尺寸一般较大，空洞通常平行于承压面，抗压强度较低。依据抗压强度可划分为MU5.0、MU3.0和MU2.0三种强度等级。

根据空心砖（含空洞）的表观密度划分为800kg/m³、900kg/m³、1100kg/m³三个等级的空心砖。每个密度级别根据外观质量、强度等级、尺寸偏差和物理性能，又分为优等品（A）、一等品（B）与合格品（C）三个等级。

（2）蒸压（养）砖

蒸压（养）砖是以含钙材料（石灰、电石渣等）和含硅材料（砂子、粉煤灰、煤矸石、灰渣、炉渣等）与水拌合，经压制成型，在自然条件下或人工热合成条件下（常压或高压蒸汽养护）反应生成以水化硅酸钙、水化铝酸钙为主要胶结料的硅酸盐建筑制品。尺寸为240mm×115mm×53mm，主要品种有灰砂砖、粉煤灰砖、煤渣砖等。

根据尺寸偏差和外观质量、强度及抗冻性分为优等品（A）、一等品（B）和合格品（C）三个质量等级。

2. 砌块

砌块是用于砌筑的，形体大于砌墙砖的人造块材。一般为直角六面体。按产品主规格的尺寸，可分为大型砌块（高度大于980mm）、中型砌块（高度为380～980mm）和小型砌块（高度大于 115mm，小于 380mm）。砌块高度一般不大于长度或宽度的 6 倍，长度不超过高度的 3 倍。根据需要也可生产各种异型砌块。

砌块的分类方法很多，若按用途可分为承重砌块和非承重砌块；按有无孔洞可分为实心砌块（无孔洞或空心率小于 25%）和空心砌块（空心率大于 25%）；按材质又可分为硅酸盐砌块、轻骨料混凝土砌块、加气混凝土砌块、混凝土砌块等。

（1）混凝土空心砌块

工程中常用的混凝土空心砌块尺寸一般为 390mm×190mm×190mm、290mm×190mm×190mm 和 190mm×190mm×190mm，孔洞率一般为 35%～60%。强度等级分别为 MU3.5、MU5.0、MU7.5、MU10、MU15.0 和 MU20.0 六个等级。按其尺寸偏差和外观质量分为优等品（A）、一等品（B）及合格品（C）三个等级。

混凝土砌块使用前，应首先检验外观质量和尺寸偏差，合格后再检验其抗压强度及相对含水率。必要时检验其抗渗性和抗冻性。其中相对含水率是指砌块的实际含水率与其最大吸水率之比。

当混凝土砌块使用轻集料时，空心砌块的重量大为减轻，按其表观密度（含孔洞）有 500～1000 kg/m^3 不等。常用的轻集料有陶粒、煤渣、自燃煤矸石和膨胀珍珠岩等。

（2）蒸压加气混凝土砌块（ACB）

蒸压加气混凝土砌块是用钙质材料（如水泥、石灰）和硅质材料（如砂子、粉煤灰、矿渣）的配料中加入铝粉作加气剂，经加水搅拌、浇注成型、发气膨胀、预养切割，再经高压蒸汽养护而成的多孔硅酸盐砌块。《蒸压加气混凝土砌块》GB/T 11968—2006 规定，加气混凝土砌块一般有 a、b 两个系列，其公称尺寸见表 1-2-2。

蒸压加气混凝土砌块公称尺寸　　　　　表 1-2-2

	a 系列	b 系列
长度（mm）	600	600
高度（mm）	200、250、300	200、250、300
宽度（mm）	100、125、150、200、250、300	120、180、240

（3）工程砌筑石材

天然石材是指从天然岩石中采得的毛石，或经加工制成的石块、石板及其定型制品等。天然石材具有抗压强度高、耐久性好、生产成本低等优点，是古今土木建筑工程的主要工程材料。工程对砌筑石材的要求有：

1）石材尺寸规格

常用的砌筑石材有毛石和料石。毛石为不规则形，但毛石的中间厚度不小于 15cm，至少有一个方向的长度不小于 30cm，平毛石应有两个大致平行的面。料石的宽度和厚度均不宜小于 20cm，长度不宜大于厚度的 4 倍，形状应大致呈六面体。

2）石材抗压强度

根据边长 70mm 立方体试件的抗压强度，砌筑石材的强度等级分为 MU10、MU15、MU20、MU30、MU40、MU50、MU60、MU80、MU100 共九个等级。

3）石材耐水性

石材的耐水性用软化系数 K 表示。高耐水性石材，其软化系数为 $K>0.90$，中耐水性石材，其软化系数为 0.7～0.9，低耐水性石材，其软化系数为 $K=0.6～0.7$。

4) 石材抗冻性

试件在规定的冻融循环次数内无（穿过试件两棱角的）贯穿裂纹，质量损失不超过 5%，强度降低不大于 25% 的石材方为合格。

对于有特殊要求的工程，还可能要求石材的耐磨性、吸水性或抗冲击性。决定石材上述技术性质的因素有：矿物组成、结构特征、构造特点、受风化作用的程度等。

常用砌筑石材有花岗岩、石灰岩、砂岩、片麻岩等。

3. 墙板

我国目前可用于墙体的板材品种主要有岩棉复合外墙板、彩色压型板聚苯乙烯（或岩棉）复合墙板和钢丝网架水泥夹芯板等。大力发展优质板材既是框轻结构、轻钢框架结构等新型建筑结构体系发展的需要，也是我国墙体材料改革的需要。

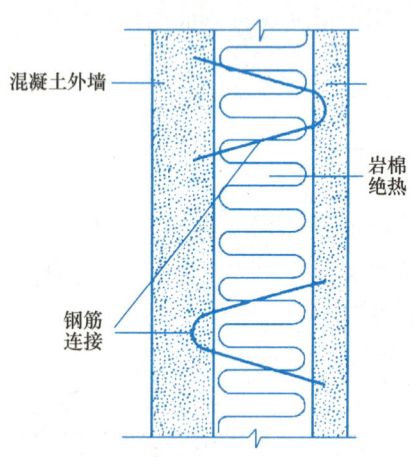

图 1-2-3　混凝土岩棉复合外墙板

（1）金属面夹芯板

金属面夹芯板按面板材料分为彩钢夹芯板和铝合金夹芯板两大类，目前主要产品为彩钢夹芯板。

彩钢夹芯板是以隔热材料（岩棉、聚苯乙烯、聚氨酯）作芯材，以彩色涂层钢板为面材，用粘结剂复合而成的，一般厚度为 50～250mm，宽度为 1150mm 或 1200mm，长度≤12000mm，有一些大型厂家可连续压制，所以长度可根据需要调整。

（2）混凝土岩棉复合外墙板

混凝土岩棉复合外墙板的内外表面用 20～30mm 厚的钢筋混凝土，中间填以岩棉，内外两层面板用钢筋连接，如图 1-2-3 所示。混凝土岩棉复合板按构造分，有承重混凝土岩棉复合外墙板和非承重薄壁混凝土岩棉复合外墙板。承重混凝土岩棉复合外墙板主要用于大模和大板高层建筑，非承重薄壁混凝土岩棉复合外墙板可用于框架轻板体系和高层大模体系建筑的外墙工程。其夹层厚度应根据热工计算确定。

（3）钢丝网架水泥夹芯板

钢丝网架水泥夹芯板的最典型产品是"泰柏板"。它是以直径为 $\phi2.06mm\pm0.03mm$，屈服强度为 390～490MPa 的钢丝焊接成的三维钢丝网架为骨架，中间填充聚苯乙烯泡沫保温芯材，在现场拼装后，两面涂抹聚合物水泥砂浆面层材料而成的一种建筑板材，其构造示如图 1-2-4 所示。

该类板轻质高强，隔热隔声，防火、防潮、防震，耐久性好，易加工，施工方便。适用于自承重外墙、内隔墙、屋面板、3m 跨内的楼板等。

（4）轻钢龙骨面板复合墙板

轻钢龙骨面板复合墙板是以 9～18mm 薄板为面层材料，以轻钢龙骨为骨架，中间填充或不填充保温材料，在现场拼装而

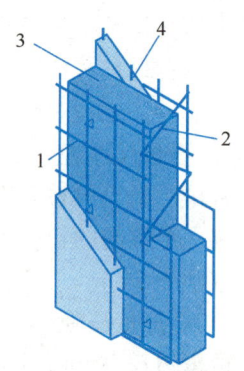

图 1-2-4　泰柏板的构造图
1—方格钢丝网；2—斜插短钢丝；3—聚苯乙烯泡沫或岩棉整板芯材；4—水泥砂浆

成的轻质复合隔墙板。

龙骨面板复合墙体有保温或隔声要求时，可在复合墙板中间填充岩棉板、聚苯泡沫板或珍珠岩保温芯板。面层材料，常用的有纸面石膏板、玻纤增强水泥板、纤维增强水泥板（TK 板）、纤维水泥加压板（FC 板）、纤维水泥平板（埃特利特板）、纤维增强硬石膏压力板（AP 板）、石棉水泥平板等。

1）石膏类墙用板材

石膏类板材在轻质墙体材料中占有很大比例，主要有纸面石膏板、石膏纤维板、石膏空心板和石膏刨花板等。

① 面石膏板

该板材是以石膏芯材及与其牢固结合在一起的护面纸组成，分普通型、耐水型和耐火型三种。以建筑石膏及适量纤维类增强材料和外加剂为芯材，与具有一定强度的护面纸组成的石膏板为普通纸面石膏板；若在芯材配料中加入防水、防潮外加剂，并用耐水护面纸，即可制成耐水纸面石膏板；若在配料中加入无机耐火纤维和阻燃剂等，即可制成耐火纸面石膏板。纸面石膏板常用规格见表 1-2-3。

纸面石膏板常用规格 表 1-2-3

	普通纸面石膏板	耐水纸面石膏板	耐火纸面石膏板
厚度（mm）	9、12、15、18	9、12、15	9、12、15、18、21、25
长度（mm）	1800、2100、2400、2700、3000、3300、3600		
宽度（mm）	900、1200		

普通纸面石膏板可作为室内隔墙板、复合外墙板的内壁板、天花板等。耐水型板可用于相对湿度较大（≥75%）的环境，如厕所、厨房等。耐火型纸面石膏板主要用于对防火要求较高的房屋建筑中。

② 石膏纤维板

该板材是以纤维增强石膏为基材的无面纸石膏板。用无机纤维或有机纤维与建筑石膏、缓凝剂等经打浆、铺装、脱水、成型、烘干而制成。可节省护面纸，具有质轻、高强、耐火、隔声、韧性高的性能，可加工性好。其尺寸规格和用途与纸面石膏板相同。

2）纤维水泥平板

① 纤维增强水泥平板（TK 板）

该板是以低碱水泥、耐碱玻璃纤维为主要原料，加水混合成浆，经圆网机抄取制坯、压制、蒸养而成的薄型平板。其长度为 1200~3000mm，宽度为 800~900mm，厚度为 4mm、5mm、6mm 和 8mm。

TK 板的表观密度约为 1750kg/m^3，抗折强度可达 15MPa，抗冲击强度 0.25J/cm^2。其质量轻、强度高、防潮、防火、不易变形，可加工性（锯、钻、钉及表面装饰等）好。适用于各类建筑物的复合外墙和内隔墙，特别是高层建筑有防火、防潮要求的隔墙。

② 其他水泥类板材

除上述水泥类墙板外，还有钢丝网水泥板、纤维增强硅酸钙板、玻璃纤维增强水泥轻质多孔隔墙条板、维纶纤维增强水泥平板等。

4. 建筑砂浆

建筑砂浆是由胶凝材料、细骨料和水按适当比例配制而成的材料。根据用途，建筑砂浆分为砌筑砂浆、抹面砂浆、装饰砂浆及特种砂浆。根据胶结材料不同可分为水泥砂浆、石灰砂浆和混合砂浆。混合砂浆有水泥石灰砂浆、水泥黏土砂浆及石灰黏土砂浆等。

（1）砌筑砂浆

用于砌筑砖、石等各种砌块的砂浆称为砌筑砂浆。它起着粘结砌块、传递荷载的作用，是砌体的重要组成部分。

1）砌筑砂浆的和易性

新拌砂浆应具有良好的和易性。和易性良好的砂浆容易在粗糙的砖石基面上铺抹成均匀的薄层，而且能够和底面紧密粘结，既便于施工操作，提高生产效率，又能保证工程质量。砂浆的和易性包括流动性和保水性两个方面。

2）砂浆的强度

砂浆的强度等级是以 70.7mm×70.7mm×70.7mm 的立方体，按标准条件下养护 28d 的抗压强度的平均值，并考虑具有 95% 强度保证率而确定。砂浆的强度等级共分 M2.5、M5、M7.5、M10、M15、M20 六个等级。

3）粘结力

砖石砌体是靠砂浆把块状的砖石材料粘结成为坚固的整体。因此，为保证砌体的强度、耐久性及抗震性等，要求砂浆与基层材料之间应有足够的粘结力。一般情况下，砂浆的抗压强度越高，它与基层的粘结力也越大。此外，砖石表面状况、清洁程度、湿润状况以及施工养护条件等都直接影响砂浆的粘结力。

4）砂浆的抗冻性

具有抗冻性要求的砌筑砂浆，经规定冻融循环次数后，质量损失不大于 5%，抗压强度损失不大于 25%。

（2）抹面砂浆

凡涂抹在建筑物或建筑构件表面的砂浆，统称为抹面砂浆。根据其功能的不同，可分为普通抹面砂浆、装饰砂浆、防水砂浆及其他特种砂浆（如绝热、耐酸、防射线砂浆等）。

抹面砂浆的组成材料与砌筑砂浆基本相同。但为了防止砂浆层的开裂，有时需要加入一些纤维材料，有时为了使其具有某些功能需加入特殊骨料或掺合料。

抹面砂浆通常分为两层或三层进行施工。底层抹灰的作用是使砂浆与底面能牢固地粘结，因此要求砂浆具有良好的和易性和粘结力，基层也要求粗糙以提高与砂浆的粘结力。中层抹灰主要是为了抹平，有时可省去不用。面层抹灰要求平整光洁，达到规定的饰面要求。

底层及中层多用水泥混合砂浆，面层多用水泥混合砂浆或接麻刀、纸筋的石灰砂浆。在潮湿房间或地下建筑及容易碰撞的部位，应采用水泥砂浆。普通抹面砂浆配合比可参考表1-2-4。

普通抹面砂浆配合比　　　　　　表 1-2-4

材料	体积配合比	材料	体积配合比
水泥：砂	(1:2)～(1:3)	石灰：石膏：砂	(1:0.4:2)～(1:2:4)
石灰：砂	(1:2)～(1:4)	石灰：黏土：砂	(1:1:4)～(1:1:8)
水泥：石灰：砂	(1:1:6)～(1:2:9)	石灰膏：麻刀	(质量比)(100:1.3)～(100:2.5)

1.2.4 建筑功能材料

建筑功能材料主要为建筑提供材料力学性能以外的功能为特征的材料，赋予建筑物防火、防水、绝热、吸声、隔声、装饰等功能，提高居住的舒适度。

1. 建筑装饰材料

（1）陶瓷装饰材料

陶瓷是由黏土类及其他天然矿物原料经过粉碎加工、成型、焙烧等过程制成的。陶瓷可分为陶器、瓷器、炻器。陶器以陶土为原料，所含杂质较多，烧成温度较低，断面粗糙无光，不透明，吸水率较高。瓷器以纯的高岭土为原料，焙烧温度较高，坯体致密，几乎不吸水，有一定的半透明性。介于陶器和瓷器二者之间的产品为炻器，也称为石胎瓷、半瓷。炻器坯体比陶器致密，吸水率较低，但与瓷器相比，断面多数带有颜色而无半透明性，吸水率也高于瓷器。

釉是附着于陶瓷坯体表面的连续玻璃质层。施釉的目的在于改善坯体的表面性能并提高力学强度，使坯体表面变得平滑、光亮，由于封闭了坯体孔隙而减小了吸水率，使耐久性提高。

1）外墙面砖

外墙面砖俗称无光面砖，是用难熔黏土压制成型后焙烧而成。通常做成矩形，尺寸有100mm×100mm×10mm 和 150mm×150mm×10mm 等。它具有质地坚实、强度高、吸水率低（小于4%）等特点。一般为浅黄色，用作外墙饰面。

2）釉面砖

釉面砖是用瓷土压制成坯，干燥后上釉焙烧而成，釉面砖过去习称"瓷砖"，由于其正面挂釉，又称为"釉面砖"。通常做成152mm×152mm×5mm 和 108mm×108mm×5mm 等正方形体，配件砖包括阳角条、阴角条、阳三角、阴三角等，用于铺贴一些特殊部位。

釉面砖由于釉料颜色多样，故有白瓷砖、彩釉面砖、印花砖、图案砖等多种品种，各种釉面砖色泽鲜艳，美观耐用，热稳定性好，吸水率小于18%，表面光滑，易于清洗，多用于浴室、厨房和厕所的台度，以及实验室桌面等处。

3）地砖

地砖又名缸砖，由难熔黏土烧成，一般做成 100mm×100mm×10mm 和 150mm×150mm×10mm 等正方形，也有做成矩形、六角形等，棕红色或黄色，质坚耐磨，抗折强度高（15MPa 以上），有防潮作用。适于铺筑室外平台、阳台、平屋顶等的地坪，以及公共建筑的地面。

4）陶瓷锦砖

陶瓷锦砖又名马赛克，它是用优质瓷土烧成，一般做成 18.5mm×18.5mm×5mm、39mm×39mm×5mm 的小方块，或边长为25mm 的六角形等。这种制品出厂前已按各种图案反贴在牛皮纸上，每张大小约30cm 见方，称作一联，其面积约 $0.093m^2$，每40联为一箱，每箱约 $3.7m^2$。施工时将每联纸面向上，贴在半凝固的水泥砂浆面上，用长木板压面，使之粘贴平实，待砂浆硬化后洗去皮纸，即显出美丽的图案。

（2）玻璃

玻璃是以石英砂、纯碱、石灰石和长石等为原料，于1550～1600℃高温下烧至熔融。

成型、急冷而形成的一种无定形非晶态硅酸盐物质。其主要化学成分为 SiO_2、Na_2O、CaO 及 MgO，有时还有 K_2O。

1) 玻璃的制造工艺

建筑玻璃制造工艺有引上法、压延法、浮法等，目前应用最广泛的是浮法。

浮法工艺制造的平板玻璃表面平整，光学性能优越，不经过辊子成型，而是将高温液体玻璃经锡槽浮抛，玻璃液回流到锡液表面上，在重力及表面张力的作用下，摊成玻璃带，向锡槽尾部拉引，经抛光、拉薄、硬化和冷却后退火而成。

2) 常用的建筑玻璃

建筑玻璃的品种很多，总的来说，可以分为普通玻璃、安全玻璃、装饰玻璃三大类。

① 普通平板玻璃

由引拉法生产的平板玻璃分为特等品、一等品和二等品三个等级，浮法玻璃分为优等品、一级品与合格品三个等级。普通平板玻璃产量以重量箱计量，即以 50kg 为一重量箱，即相当于 2mm 厚的平板玻璃 $10m^2$ 的重量，其他规格厚度的玻璃应换算成重量箱。

② 安全玻璃

安全玻璃主要有钢化玻璃、防火玻璃、夹丝玻璃、夹层玻璃等品种。

钢化玻璃是将平板玻璃加热到一定温度后迅速冷却（即淬火）而制成。其特点是机械强度比平板玻璃高 4~6 倍，且耐冲击、安全、破碎时碎片小且无锐角，不易伤人，能耐急热急冷，耐一般酸碱，透光率大于 82%。主要用于高层建筑门窗、车间天窗及高温车间等处。

夹层玻璃系在两片或多片平板玻璃、钢化玻璃、磨光玻璃或其他玻璃之间嵌夹透明的塑料薄片，经热压粘合而成。衬片多用聚乙烯醇缩丁醛、聚氨酯等塑料胶片。有平面夹层玻璃和曲面夹层玻璃两种。这种玻璃受到剧烈振动或撞击破坏时，由于衬片的粘合作用，玻璃裂而不碎，具有防弹、防震、防爆性能。

夹丝玻璃也称防碎玻璃。系以压延法生产的玻璃，当玻璃经过两个压延辊的间隙成型时，加入预先加热处理的金属丝或金属网，使之压于玻璃板中加工而成。夹丝玻璃强度大，不易破碎，即使破碎，碎片附着在金属丝网上，不易脱落，使用比较安全。夹丝玻璃受热炸裂后，仍能保持原形。发生火灾时能起到隔绝火势的作用，故又称防火玻璃。

③ 装饰玻璃

常见装饰玻璃有：压花玻璃、磨砂玻璃、有色玻璃、热反射玻璃、釉面玻璃、水晶玻璃、玻璃空心砖、玻璃锦砖、泡沫玻璃、微晶玻璃、艺术装饰玻璃等。

在无色透明的平板玻璃上，镀一层金属（如金、银、铜、铝、镍、铬、铁等）或金属氧化物薄膜或有机物薄膜，使其具有较高的热反射性，又保持良好的透光性能，这种玻璃称热反射玻璃，亦称镀膜玻璃。

中空玻璃是以同尺寸两片或多片平板玻璃、镀膜玻璃、彩色玻璃、压花玻璃、钢化玻璃等，四周用高强、高气密性粘结剂将其与铝合金框或橡皮条、玻璃条胶结密封而成，是一种很有发展前途的新型节能建筑装饰材料。具有优良的保温、隔热和降噪性能。

釉面玻璃是在玻璃表面上冷敷一层彩色易溶性色釉，然后加热到彩釉熔融温度，使釉层与玻璃牢固粘合在一起，经退火或钢化等不同热处理方法制成。玻璃基体可用平板玻璃、磨光玻璃及玻璃砖等。釉面玻璃有各种色彩和尺寸。釉面玻璃耐化学腐蚀，耐磨，富有光泽，可用于建筑物内外墙贴面。

空心玻璃砖是把两块经模压成凹形的玻璃加热熔接成整体的空心砖，中间充以约2/3个大气压的干燥空气。空心玻璃砖有单腔和双腔两种，双腔玻璃砖除保持良好的透光性能外，具有更好的隔热、隔声效果。空心玻璃砖可在内侧面做出各种花纹及图案。空心玻璃砖透光不透视，抗压强度较高，保温隔热、隔声、防火、装饰性能好。

(3) 装饰水泥制品

由于装饰水泥制品价格较低，性能稳定，近年来发展迅速。其主要原材料为水泥、砂子、无机颜料、防水剂等，此外，还可利用粉煤灰、煤渣等作为辅助材料。目前的主要产品为彩色步道砖及彩色水泥瓦、装饰混凝土。

1) 彩色步道砖

彩色步道砖又称路面砖，主要用于人行道、广场、庭院、和住宅小区的环境美化，还可用于停车场和车行道。

彩色步道砖可分为彩色面料层及混凝土内层两部分。彩色面料层由白水泥、颜料粉、细砂经计量后入球磨机磨细而成；混凝土内层由水泥、砂子、石子及外加剂，有的还加入粉煤灰等外掺料搅拌而成；成型时将两层分两次装入砖模，用液压制砖机高压复合成型，再自然养护或蒸汽养护即得成品。

由于采用高压成型，其表面花纹清晰而且品种繁多，同时也有很好的防滑效果，其抗压强度可达40MPa、25MPa，远高于普通的大块混凝土路面砖。

2) 彩色水泥瓦

彩色水泥瓦在国外已使用多年，近年开始进入国内市场，是一种新型屋面覆盖材料。其主要原料为水泥、砂、颜料、水，经计量、搅拌、辊压成型、干热养护、脱模、丙烯酸喷涂、自然养护等工艺生产而成。

由于采用挤压成型工艺及平模流水作业法，彩色水泥瓦的产量高、抗折强度高、外观质量好。改变挤压辊、板形状和模板形状可生产出不同形状的产品，如屋面瓦形式有：双罗马式、平板式、法国式、海波纹式、威尼斯式、飞行式、凸滚式等多种瓦型。此外，还有屋脊瓦、屋缘瓦。彩色水泥瓦适用于各种建筑造型，其色彩绚丽，从纯土色到明快的甚至闪光的颜色（包括琉璃瓦色效果）一应俱全。而且抗风暴、雨雪，甚至满足抗台风规范要求。

3) 装饰混凝土

装饰混凝土是混凝土在预制或现浇的同时，完成自身的饰面处理的产物。与在混凝土表面加做饰面材料（面砖、锦砖等）相比不仅成本低，而且耐久性高。利用新拌混凝土的塑性可在立面上形成各种线型，利用组成材料中的粗细骨料，表面加工成露骨料，可获得不同的质感，如采用白水泥或掺加颜料则可具有各种色彩。预制构件（大型墙板）的饰面常依靠模具、压印、挠刮等方法制得。

4) 装饰砂浆

涂抹在建筑物内外墙表面，具有美观装饰效果的抹面砂浆统称为装饰砂浆。装饰砂浆的底层和中层与普通抹面砂浆基本相同。主要是装饰的面层，要选用具有一定颜色的胶凝材料和骨料以及采用某些特殊的操作工艺，使表面呈现出不同的色彩、线条与花纹等装饰效果。

装饰砂浆所采用的胶凝材料有普通水泥、白水泥和彩色水泥，以及石灰、石膏等。骨料常采用大理石、花岗岩等带颜色的碎石渣或玻璃、陶瓷碎粒。

(4) 木地板

木地板，分为天然木地板和人造木质地板、强化实木地板和强化复合地板。

木材在建筑装饰中应用十分广泛，可以做吊顶、墙裙、门窗等，但目前主要产品为木地板。木地板根据材质可分为实木地板、复合木地板两大类。

1) 实木地板

实木地板按木材种类可分为柚木、枫木、榉木、梨木、橡木、樱桃木、松木、红木等品种；按表面质地可分为素板和带漆地板两类。

① 带漆地板：实木地板在最后生产过程中，经过细磨及上漆等处理工序，使产品具有光亮的保护层。

② 素板：生产时未细磨及局油，待用户铺设地板后，才加以打磨，并涂上水晶油，使地板表面产生光亮的保护层。

2) 复合木地板

复合木地板一般分为三层，也有两层的。按基材的不同可分为两类：纤维板基材和实木基材木地板。

① 纤维板基材复合木地板（超耐磨地板）

强化复合地板，以中密度板为主要原料。中密板是用木材的边角废料纤维制成的。因此它既不受木板种类的限制，也不受原木尺寸的限制，是一种成本较低容易制造的新产品。它分为三层：表面层是高耐磨复合材料，常装饰薄木以获得天然木地板纹理；中间层是中密度纤维板，可承受较大的冲击及重量；底层是高强度、防水、防潮材料。

② 实木基材复合木地板

这种复合木地板用优质硬阔叶材（如红木）作表层，杨木作芯材和底板，表面装饰用紫外线固化的耐磨漆，既保持了木材的天然特性，又克服了实木地板随湿度、温度变化产生胀缩的问题。

(5) 建筑涂料

涂料是一类能涂覆于物体表面并在一定条件下形成连续和完整涂膜的材料的总称。

涂料的主要组成包括主要成膜物质、次要成膜物质、溶剂、辅助材料四种成分。

1) 常用建筑涂料分类

按涂层使用的部位分：常分为外墙涂料、内墙涂料、地面涂料、顶棚涂料。

按涂膜厚度分：常分为薄涂料、厚涂料、砂粒状涂料（彩砂涂料）。

按主要成膜物质分：可分为有机涂料、无机高分子涂料、有机无机复合涂料。

涂料按主要成膜物质分主要分为溶剂型涂料、乳液型涂料、水溶性涂料三大类。按涂料使用的功能分：防火涂料、防水涂料、防霉涂料、防结露涂料。

内墙装饰涂料主要功能是用来装饰及保护室内墙面。要求涂料便于涂刷，涂层应质地平滑、色彩丰富，并具有良好的透气性、耐碱、耐水、耐污染等性能。

2) 常见涂料

① 内墙涂料

合成树脂乳液内墙涂料为薄型内墙装饰涂料，即内墙乳胶漆。水溶性内墙涂料是以水溶性化合物为基料（如聚乙烯醇），加一定量填料、颜料和助剂，经过研磨、分散后而制成的，可分为Ⅰ类和Ⅱ类两大类。

常用的内墙装饰涂料还有聚乙烯醇系内墙涂料、聚醋酸乙烯乳液涂料、多彩和幻彩内墙涂料、纤维状涂料、仿瓷涂料等。

② 地面涂料

地面涂料主要功能是保护地面，使其清洁、美观。地面涂料应具有良好的耐碱、耐水、耐磨性能。

常用的地面装饰涂料有过氧乙烯地面涂料、聚氨酯-丙烯酸酯地面涂料、丙烯酸硅树脂地面涂料、环氧树脂厚质地面涂料、聚氨酯地面涂料等。

（6）装饰石材

1）天然大理石

天然大理石是石灰岩或白云岩在地壳内经过高温高压作用形成的变质岩，多为层状结构，有明显的结晶，纹理有斑纹、条纹之分，是一种富有装饰性的天然石材。天然大理石化学成分为碳酸盐（如碳酸钙或碳酸镁），矿物成分为方解石或白云石，纯大理石为白色，当含有部分其他深色矿物时，便产生多种色彩与优美花纹。从色彩上来说，有纯黑、纯白、纯灰、墨绿等数种。从纹理上说，有晚霞、云雾、山水、海浪等山水图案、自然景观。

大理石抗压强度较高，但硬度并不太高，易于加工雕刻与抛光。由于这些优点，使其在工程装饰中得以广泛应用。当大理石长期受雨水冲刷，特别是受酸性雨水冲刷时，可能使大理石表面的某些物质被侵蚀，从而失去原貌和光泽，影响装饰效果，因此大理石多用于室内装饰。

2）天然花岗石

建筑用天然花岗石是由天然花岗石加工成板材、块材用于建筑装饰工程中。花岗岩是典型的火成岩，是全晶质岩石，其主要成分是石英、长石和少量的暗色矿物和云母。按结晶颗粒大小，分为细粒、中粒和斑状等。颜色呈灰色、黄色、蔷薇色、红花等。优质花岗岩石英含量多（20%～40%），云母含量少，晶粒细而匀，结构紧密，不含其他杂质，抛光后光泽明亮，不易风化，色调鲜明，花色丰富，庄重大方。

花岗岩比大理石密度大，密度为 2300～2800kg/m³，抗压强度高达 120～250MPa。孔隙率吸水率极低，材质硬度高，其耐磨、耐久、耐腐蚀性能均优于其他石材。经抛光后，是室内外地面、墙面、踏步、柱石、勒脚等处首选装饰材料。

2. 防水材料

建筑防水材料是用于防止建筑物渗漏的一大类功能材料，被广泛用于建筑物的屋面、地下室及水利、地铁、隧道、道路和桥梁等工程。可分为刚性防水材料和柔性防水材料两大类。刚性防水材料，是以水泥混凝土或砂浆自防水为主，外掺各种防水剂、膨胀剂等共同组成的防水结构。柔性防水材料，具有适应建筑变形而不断裂，保持防水能力的特点，如防水卷材、防水涂料、防水密封材料和沥青混合料等。

（1）防水砂浆

防水砂浆可用普通水泥砂浆以特定施工工艺制作，也可以在水泥砂浆中掺入防水剂、高分子材料制得，通过提高砂浆的密实性或改善砂浆的抗裂性，使硬化后的砂浆层具有防水、抗渗的性能。

防水砂浆一般可分为四类：多层抹面水泥砂浆（抹四层或五层砂浆）、掺防水剂防水砂浆、膨胀水泥防水砂浆和掺聚合物防水砂浆。

(2) 沥青

沥青是一种有机胶凝材料,在常温下呈固体、半固体或黏性液体状态。颜色为褐色或黑褐色。它是由许多高分子碳氢化合物及其非金属(如氧、硫、氮等)衍生物组成的复杂混合物。在建筑工程中应用最广泛的是石油沥青。

我国石油沥青产品按用途分为道路石油沥青、建筑石油沥青及普通石油沥青等。石油沥青的牌号主要根据其针入度、延度和软化点等质量指标划分,以针入度值表示。同一品种的石油沥青,牌号越高,则其针入度越大,脆性越小;延度越大,塑性越好;软化点越低,温度敏感性越大。

在选用沥青材料时,应根据工程性质、当地气候条件及所处工作环境来选用不同品种和牌号的沥青。选用的基本原则是:在满足粘性、塑性和温度敏感性等主要性质的前提下,尽量选用牌号较大的沥青。牌号较大的沥青,耐老化能力强,从而保证沥青有较长的使用年限。

(3) 新型防水卷材

1) 高聚物改性沥青防水卷材:是指以合成高分子聚合物改性沥青为涂盖层,纤维织物或纤维毡为胎体,粉状、粒状、片状或薄膜材料为防粘隔离层制成的可卷曲的片状防水材料。其中 SBS 改性沥青防水卷材卷材适用于工业与民用建筑的屋面及地下防水工程,尤其适用于较低气温环境的建筑防水。APP 改性沥青防水卷材 APP 卷材适用于工业与民用建筑的屋面和地下防水工程,以及道路、桥梁等建筑物的防水,尤其适用于较高气温环境的建筑防水。

2) 合成高分子防水卷材:三元乙丙(EPDM)橡胶防水卷材、聚氯乙烯(PVC)塑料防水卷材、氯化聚乙烯-橡胶共混防水卷材。

(4) 新型防水涂料

1) 高聚物改性沥青防水涂料:再生橡胶改性沥青防水涂料、水乳型氯丁橡胶沥青防水涂料和 SBS 橡胶沥青防水涂料。

2) 合成高分子防水涂料:聚氨酯防水涂料、石油沥青聚氨酯防水涂料、硅橡胶防水涂料。

(5) 新型建筑密封材料

建筑密封材料是能承受位移以达到气密、水密目的而嵌入建筑接缝中的材料。按性能分为弹性密封材料和塑性密封材料;按使用时的组分分为单组分密封材料和多组分密封材料;按组成材料分为改性沥青密封材料和合成高分子密封材料。品种有丙烯酸酯密封膏、聚氨酯密封膏、聚硫密封膏、硅酮密封膏。

第3节 土建工程主要施工工艺与方法

1.3.1 土石方工程施工工艺与方法

1. 土方工程概述

(1) 土方工程的种类

常见土方工程的种类有平整场地、挖基坑、挖基槽、挖土方、回填土等。

1）平整场地：指工程破土开工前，对施工现场厚度 300mm 以内的挖填和找平工作。

2）挖基槽：指挖土宽度在 3m 以内，且长度大于宽度 3 倍时设计室外地坪以下的挖土。

3）挖基坑：指挖土底面积在 20㎡ 以内，且长度小于或等于宽度 3 倍时设计室外地坪以下的挖土。

4）挖土方：凡不满足上述平整场地、基槽、基坑条件的土方开挖，均为挖土方。

5）回填土：分夯填和松填。基础回填土和室内回填土通常都采用夯填。

（2）土的工程分类与现场鉴别方法

土的分类方法较多，如根据土的颗粒级配或塑性指数分类；根据土的沉积年代分类和根据土的工程特点分类等。在土方工程施工中，根据土开挖的难易程度（坚硬程度），将土分为松软土、普通土、坚土、砂砾坚土、软石、次坚石、坚石、特坚石共八类土。前四类属一般土，后四类属岩石，其分类和现场鉴别方法见表 1-3-1。

土的工程分类与现场鉴别方法 表 1-3-1

土的分类	土的名称	坚实系数 f	密度 /（t/m³）	开挖方法及工具
一类土（松软土）	砂土、粉土、冲积砂土层、疏松的种植土、淤泥（泥炭）	0.5～0.6	0.6～1.5	用锹、锄头挖掘，少许用脚蹬
二类土（普通土）	粉质黏土；潮湿的黄土；夹有碎石、卵石的砂；粉土混卵（碎）石；种植土、填土	0.6～0.8	1.1～1.6	用锹、锄头挖掘，少许用镐翻松
三类土（坚土）	软及中等密实黏土；重粉质黏土；砾石土；干黄土；含有碎石卵石的黄土、粉质黏土；压实的填土	0.8～1.0	1.75～1.9	主要用镐，少许用锹、锄头挖掘，部分用撬棍
四类土（砂砾坚土）	坚硬密实的黏性土或黄土；含碎石卵石的中等密实的黏性土或黄土；粗卵石；天然级配砂石；软泥灰岩	1.0～1.5	1.9	整个先用镐、撬棍，后用锹挖掘，部分用楔子及大锤
五类土（软石）	硬质黏土；中密的页岩、泥灰岩、白垩土；胶结不紧的砾岩；软石灰及贝壳石灰石	1.5～4.0	1.1～2.7	用镐或撬棍、大锤挖掘，部分使用爆破方法
六类土（次坚石）	泥岩、砂岩、砾岩；坚实的页岩、泥灰岩；密实的石灰岩；风化花岗岩、片麻岩及正长岩	4.0～10.0	2.2～2.9	用爆破方法开挖，部分用风镐
七类土（坚石）	大理石；辉绿岩；玢岩；粗、中粒花岗岩；坚实的白云岩、砂岩、砾岩、片麻岩、石灰岩；微风化安山岩；玄武岩	10.0～18.0	2.5～3.1	用爆破方法开挖
八类土（特坚石）	安山岩；玄武岩；花岗片麻岩；坚实的细粒花岗岩、闪长岩、石英岩、辉长岩、辉绿岩、玢岩、角闪岩	18.0～25.0 以上	2.7～3.3	用爆破方法开挖

注：坚实系数 f 为相当于普氏岩石强度系数。

2. 土方调配

(1) 土方调配原则

1) 应力求达到挖方与填方基本平衡和就近调配、运距最短;

2) 土方调配应考虑近期施工与后期利用相结合的原则;

3) 应考虑分区与全场相结合的原则;

4) 合理布置挖、填方分区线,选择恰当的调配方向、运输线路;

5) 好土用在回填质量要求高的地区;

6) 土方调配还应尽可能与大型地下建筑物的施工相结合。

(2) 土方调配区的划分

在划分调配区时应注意下列几点:

1) 调配区的划分应与房屋或构筑物的位置相协调,满足工程施工顺序和分期分批施工的要求,使近期施工与后期利用相结合。

2) 调配区的大小应该满足土方施工用主导机械的技术要求,使土方机械和运输车辆的功效得到充分发挥。

3) 当土方运距较大或场区内土方不平衡时,可根据附近地形,考虑就近借土或就近弃土,这时每一个借土区或弃土区均可作为一个独立的调配区。

4) 调配区的范围应该和土方的工程量计算用的方格网协调,通常可有若干个方格组成一个调配区。

(3) 土方调配图表的编制

场地土方调配,需作成相应的土方调配图表,编制的方法如下:

1) 划分调配区

在场地平面图上先划出零线,确定挖填方区;根据地形及地理条件,把挖方区和填方区再适当地划分为若干个调配区,其大小应满足土方机械的操作要求。

2) 计算土方量

计算各调配区的挖填方量,并标写在图上。

3) 计算调配区之间的平均运距

调配区的大小及位置确定后,便可计算各挖填调配区之间的平均运距。当用铲运机或推土机平土时,挖方调配区和填方调配区土方重心之间的距离,通常就是该挖填调配区之间的平均运距。为了简化计算,可用作图法近似地求出形心位置来代替重心位置。

4) 进行土方调配

常用"表上作业法"求得。

5) 绘制土方调配图

根据表上作业法求得的最优调配方案,在场地地形图上绘出土方调配图,图上应标出土方调配方向,土方数量及平均运距。

3. 常见的土方边坡与深基坑支护方法

(1) 土方边坡及其稳定

土方边坡用边坡坡度和边坡系数表示,两者互为倒数,工程中常以 $1:m$ 表示放坡。边坡坡度是以土方挖土深度 h 与边坡底宽 b 之比表示。即:

$$\text{土方边坡坡度} = \frac{h}{b} = 1 : m \qquad (1\text{-}3\text{-}1)$$

边坡系数是以土方边坡底宽 b 与挖土深度 h 之比表示，用 m 表示。即：

$$\text{土方边坡系数} \; m = \frac{b}{h} \qquad (1\text{-}3\text{-}2)$$

土方边坡的大小应根据土质条件、开挖深度、地下水位、施工方法及附近堆土及机械荷载、相邻建筑物的情况等因素确定。

开挖基坑（槽）时，当土质为天然湿度、构造均匀、水文地质条件良好（即不会发生坍滑、移动、松散或不均匀下沉），且无地下水时，开挖基坑也可不必放坡，采取直立开挖不加支护，但挖方深度应按表1-3-2的规定。

基坑（槽）和管沟不放坡也不加支撑时的容许深度　　表1-3-2

项次	土 的 种 类	容许深度/m
1	密实、中密的砂子和碎石类土（充填物为砂土）	1.0
2	硬塑、可塑的粉质黏土及粉土	1.25
3	硬塑、可塑的黏土和碎石类土（充填物为黏性土）	1.5
4	坚硬的黏土	2.0

对使用时间较长的临时性挖方边坡坡度，应根据工程地质和边坡高度，结合当地实践经验确定。在山坡整体稳定的情况下，如地质条件良好，土质较均匀，高度在5m内不加支撑的边坡最陡坡度可按表1-3-3确定。

深度在5m内的基坑（槽）、管沟边坡的最陡坡度（不加支撑）　　表1-3-3

土 的 类 别	边坡坡度（高：宽）		
	坡顶无荷载	坡顶有静载	坡顶有动载
中密的砂土	1:1.00	1:1.25	1:1.50
中密的碎石类土（充填物为砂土）	1:0.75	1:1.00	1:1.25
硬塑的粉土	1:0.67	1:0.75	1:1.00
中密的碎石类土（充填物为黏性土）	1:0.50	1:0.67	1:0.75
硬塑的粉质黏土、黏土	1:0.33	1:0.50	1:0.67
老黄土	1:0.10	1:0.25	1:0.33
软土（经井点降水后）	1:1.00	—	—

注：1. 静载指堆土或材料等，动载指机械挖土或汽车运输作业等。静载或动载距挖方边缘的距离应保证边坡和直立壁的稳定，堆土或材料应距挖方边缘0.8m以外，高度不超过1.5m。

2. 当有成熟施工经验时，可不受本表限制。

（2）深基坑支护结构

1）深层搅拌水泥土桩挡墙

深层搅拌水泥土桩挡墙是以深层搅拌机就地将边坡土和压入的水泥浆强力搅拌形式连续搭接的水泥土柱桩挡墙，水泥土与其包围的天然土形成重力式挡墙支挡周围土体，使边坡保持稳定，这种桩墙是依靠自重和刚度进行挡土和保护坑壁，一般不设支撑，或特殊情况下局部加设支撑。水泥搅拌桩重力式支护结构常应用于软黏土地区开挖深度约在6m左右的基坑工程。

深层搅拌土桩挡墙应采取切割搭接法施工，应在前桩水泥土尚未固化时进行后序搭接桩施工。相邻桩的搭接长度不宜小于200mm。相邻桩喷浆工艺的施工时间间隔不宜大于10h。施工开始和结束的头尾搭接处应采取加强措施，消除搭接沟缝。

2）桩墙（地下连续墙）式支护结构

地下连续墙是指在基础工程土方开挖之前，预先在地面以下浇筑的钢筋混凝土墙体。

现浇钢筋混凝土板式地下连续墙施工工艺过程如图1-3-1所示，其中修筑导墙、泥浆制备与处理、深槽挖掘、钢筋笼制备与吊装以及混凝土浇筑，是地下连续墙施工中主要的工序。

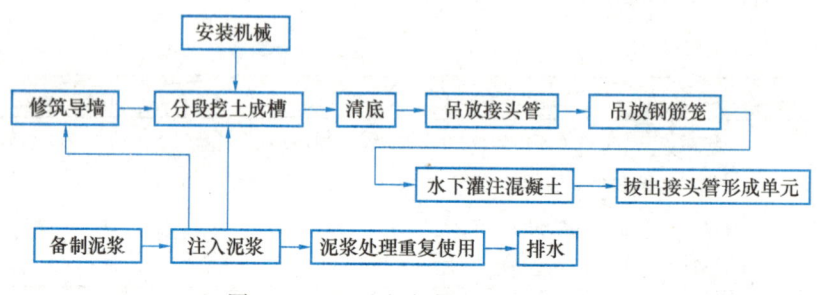

图1-3-1 地下连续墙施工工艺过程

修筑导墙：深槽开挖前，沿着地下连续墙的轴线位置开挖导沟，浇筑混凝土做导墙。导墙的施工顺序为：平整场地→测量定位→挖槽→绑钢筋→支模板→浇混凝土→拆模并设置横撑→回填外侧空隙并压实。

泥浆：泥浆的主导作用是护壁，泥浆通常使用膨润土，还添加掺合物和水。

挖深槽：挖槽是地下连续墙施工中的关键工序。主要工作包括：单元槽段划分、挖槽机械的选择与正确使用、制订防止槽壁坍塌的措施和特殊情况的处理等。

清底：挖槽结束后，悬浮在泥浆中的颗粒将渐渐沉淀到槽底，此外，在挖槽过程中被排出而残留在槽内的土渣，以及吊放钢筋笼时从槽壁上刮落的泥皮都堆积在槽底。在挖槽结束后清除以沉渣为代表的槽底沉淀物的工作称为清底。清除槽底沉渣的方法一般采用吸力泵法、压缩空气法和潜水泥浆泵法排渣。

接头：常用的施工接头有接头管接头、接头箱接头、结构接头等。

钢筋笼加工和吊放：钢筋笼根据地下连续墙墙体配筋图和单元槽段的划分来制作。钢筋笼最好按单元槽段做成一个整体。如果地下连续墙很深或受起重设备能力的限制，需要分段制作。地下连续墙钢筋笼一般应在平台上放样成型，主筋接头应对焊。在现场平卧组装，要求平整度误差不大于50mm。

混凝土浇筑：地下连续墙混凝土用导管法进行浇筑，导管间距一般在3m以下，最大不得超过4m，在混凝土浇筑过程中，导管下口总是埋在混凝土内1.5m以上。混凝土浇筑高度应保证凿除浮浆后，墙顶标高符合设计要求，其他要求与一般施工方相同。

3）土层锚杆支护结构

土层锚杆一端插入土层中，另一端与挡土结构拉结，借助锚杆与土层的摩擦阻力产生的水平抗力来抵抗土的侧压力来维护挡土结构的稳定。土层锚杆的施工是在深基坑侧壁的土层钻孔至要求深度，或再扩大孔的端部形成柱状或球状扩大头，在孔内放入钢筋、钢管或钢丝束、钢绞线，灌入水泥浆或化学浆液，使与土层结合成为抗拉（拔）力强的锚杆。在锚杆的端部通过横撑（钢横梁）借螺母联结或再张拉施加预应力将挡土结构受到的侧压力，通过拉杆传给稳定土层，以达到控制基坑支护的变形，保持基坑土体和坑外建筑物稳定的目的。

土层锚杆的种类形式较多，有一般灌浆锚杆、扩孔灌浆锚杆、压力灌浆锚杆、预应力锚杆、重复灌浆锚杆、二次高压灌浆锚杆等多种，最常用的是前四种。土层锚杆根据支护深度和土质条件可设置一层或多层。当土质较好时，可采用单层锚杆；当基坑深度较大、土质较差时，单层锚杆不能完全保证挡土结构的稳定，需要设置多层锚杆，如图1-3-2所示。

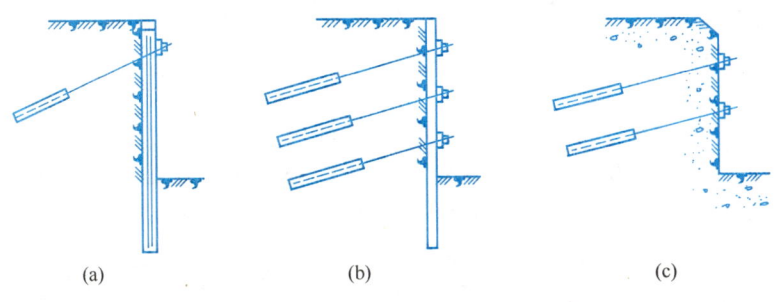

图 1-3-2　土层锚杆的类型

土层锚杆施工一般先将支护结构施工完成，开挖基坑至土层锚杆标高，随挖随设置一层土层锚杆，逐层向下设置，直至完成。

4. 土方施工排水与降水

（1）地面排水

地面水的排除通常采用设置排水沟、截水沟或修筑土堤等设施来进行。应尽量利用自然地形来设置排水沟，以便将水直接排至场外，或流入低洼处再用水泵抽走。

主排水沟最好设置在施工区域或道路的两旁，其横断面和纵向坡度根据最大流量确定。一般排水沟的横断面不小于0.5m×0.5m，纵向坡度根据地形确定，一般不小于3‰。在山坡地区施工，应在较高一面的坡上，先做好永久性截水沟，或设置临时截水沟，阻止山坡水流入施工现场。在低洼地区施工时，除开挖排水沟外，必要时还需修筑土堤，以防止场外水流入施工场地。出水口应设置在远离建筑物或构筑物的低洼地点，并保证排水通畅。

（2）集水井降水

降低地下水位的方法有集水井降水法和井点降水法两种。集水井降水法一般宜用于降水深度较小且地层为粗粒土层或黏性土时；井点降水法一般宜用于降水深度较大，或土层为细砂和粉砂，或是软土地区时。

1）集水井的设置。在基坑（槽）开挖时，沿坑底周围或中央开挖排水沟，在沟底设置集水井（图1-3-3），使坑（槽）内的水

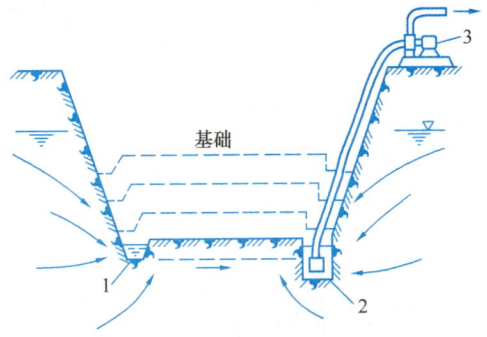

图 1-3-3　集水井降水
1—排水沟；2—集水坑；3—水泵

经排水沟流向集水井,然后用水泵抽走。抽出的水应引开,以防倒流。

排水沟和集水井应设置在基础范围以外,一般排水沟的横断面不小于 0.5m×0.5m,纵向坡度宜为 1‰~2‰;集水井每隔 20~40m 设置一个,其直径和宽度一般为 0.6~0.8m,其深度随着挖土的加深而加深,要始终低于挖土面 0.7~1.0m。井壁可用竹、木等简易加固。当基坑挖至设计标高后,集水井底应低于坑底 1~2m,并铺设 0.3m 左右的碎石滤水层,以免抽水时将泥砂抽走,并防止集水井底的土被扰动。

2) 流砂产生及防治。当基坑(槽)挖土至地下水水位以下时,土质又是细砂或粉砂,若采用集水井法降水,坑底的土就受到动水压力的作用。如果动水压力等于或大于土的浸水重度时,土粒失去自重处于悬浮状态,能随着渗流的水一起流动,带入基坑边发生流砂现象。流砂防治的具体措施有抢挖法、打板桩法、水下挖土法、人工降低地下水位、地下连续墙法等。

(3) 井点降水

井点降水法也称为人工降低地下水位法,就是在基坑开挖前,预先在基坑四周埋设一定数量的滤水管(井),利用抽水设备从中抽水,使地下水位降落在坑底以下,直至施工结束为止。这样,可使所挖的土始终保持干燥状态,改善施工条件,同时还使动水压力方向向下,从根本上防止流砂发生,并增加土中有效应力,提高土的强度或密实度。

井点降水法有:轻型井点、喷射井点、电渗井点、管井井点及深井泵等。其中以轻型井点采用较广。

(4) 土方填筑与压实

土方填筑的基本要求是:填方土料应符合设计要求,保证填方的强度和稳定性;应分层回填;土方回填时,透水性大的土应在透水性小的土层之下。

填土压实的方法:填土压实可采用人工压实,也可采用机械压实,当压实量较大,或工期要求比较紧时一般采用机械压实。常用的机械压实方法有碾压法、夯实法和振动压实法等。

5. 土方开挖

(1) 基坑(槽)开挖

土方开挖应遵循"开槽支撑,先撑后挖,分层开挖,严禁超挖"的原则。基坑(槽)开挖有人工开挖和机械开挖,对于大型基坑应优先考虑选用机械化施工,以加快施工进度。开挖基坑(槽)按规定的尺寸合理确定开挖顺序和分层开挖深度,连续地进行施工,尽快地完成。

(2) 深基坑土方开挖

深基坑一般采用"分层开挖,先撑后挖"的开挖原则。深基坑土方开挖方法主要有分层挖土、分段挖土、盆式挖土、中心岛式挖土等几种,应根据基坑面积大小、开挖深度、支护结构形式、环境条件等因素选用。

1) 分层挖土

分层挖土是将基坑按深度分为多层进行逐层开挖。分层厚度,软土地基应控制在 2m 以内;硬质土可控制在 5m 以内为宜。

2) 分段挖土

分段挖土是将基坑分成几段或几块分别进行开挖。分段与分块的大小、位置和开挖顺序，根据开挖场地、工作面条件、地下室平面与深浅和施工工期而定。

3) 盆式挖土

盆式挖土是先分层开挖基坑中间部分的土方，基坑周边一定范围内的土暂不开挖，可视土质情况按 1∶1～1∶1.25 放坡，使之形成对四周围护结构的被动土反压力区，以增强围护结构的稳定性，待中间部分的混凝土垫层、基础或地下室结构施工完成之后，再用水平支撑或斜撑对四周围护结构进行支撑，并突击开挖周边支护结构内部分被动土区的土，每挖一层支一层水平横顶撑，直至坑底，最后浇筑该部分结构混凝土。

4) 中心岛式挖土

中心岛式挖土是先开挖基坑周边土方，在中间留土墩作为支点搭设栈桥，挖土机可利用栈桥下到基坑挖土，运土的汽车亦可利用栈桥进入基坑运土，可有效加快挖土和运土的速度。

1.3.2 地基与基础工程施工工艺与方法

1. 地基处理

地基处理是指为了提高地基承载力，改善其变形性质或渗透性质而采取的人工处理地基的方法。地基处理不仅应满足工程设计要求，还应做到因地制宜、就地取材、保护环境和节约资源等。

地基处理的方法很多，主要有以下几种：

(1) 换土垫层法。挖除地表浅层软弱土层或不均匀土层，回填坚硬、较大粒径的材料，并夯压密实形成垫层，作为人工填筑的持力层的地基处理方法。

(2) 强夯法。反复将夯锤提到高处使其自由落下，给地基以冲击和振动能量，将地基土夯实的地基处理方法。

(3) 强夯置换法。将重锤提到高处使其自由落下形成夯坑，并不断夯击坑内回填的砂石、钢渣等硬粒料，使其形成密实的墩体的地基处理方法。

(4) 振冲法。在振冲器水平振动和高压水的共同作用下，使松砂土层振密，或在软弱土层中成孔，然后回填碎石等粗粒料形成桩柱，并和原地基土组成复合地基的地基处理方法。

(5) 砂石桩法。采用振动、冲击或水冲等方式在地基中成孔后，再将碎石、砂或砂石挤压入已成的孔中，形成砂石所构成的密实桩体，并和原桩周土组成复合地基的地基处理方法。

(6) 水泥粉煤灰碎石桩法。由水泥、粉煤灰、碎石、石屑或砂等混合料加水拌合形成高黏结强度桩，并由桩、桩间土和褥垫层一起组成复合地基的地基处理方法。

(7) 夯实水泥土桩法。将水泥和土按设计的比例拌和均匀，在孔内夯实至设计要求的密实度而形成的加固体，并与桩间土组成复合地基的地基处理方法。

(8) 水泥土搅拌法。以水泥作为固化剂的主剂，通过特制的深层搅拌机械，将固化剂和地基土强制搅拌，使软土硬结成具有整体性、水稳定性和一定强度的桩体的地基处理方法。分为深层搅拌法和粉体喷搅法。

深层搅拌法是使用水泥浆作为固化剂的水泥土搅拌法，简称湿法。粉体喷搅法是使用干水泥粉作为固化剂的水泥土搅拌法，简称干法。

(9) 高压喷射注浆法。过去此法叫旋喷桩，即用高压水泥浆通过钻杆由水平方向的喷嘴喷出，形成喷射流，以此切割土体并与土拌和形成水泥土加固体的地基处理方法。

（10）石灰桩法。在软弱地基中用机械成孔，填入生石灰或生石灰与粉煤灰等拌和均匀，在孔内分层夯实形成竖向增强体，并与桩间土组成复合地基的地基处理方法。

2. 钢筋混凝土扩展基础施工工艺

（1）柱下独立基础施工

柱下独立基础常为阶梯形或锥形，基础底板常为方形和矩形，柱下独立基础施工要点为：

1）基坑验槽与混凝土垫层

基坑验槽清理后立即灌筑垫层混凝土，要求表面平整，内部密实。

2）弹线、支模与铺设钢筋网片

混凝土垫层达到一定强度后，在其上弹线、支模、铺放钢筋网片，底部用与混凝土保护层同厚度的水泥砂浆块垫塞，以保证位置正确。

3）浇筑混凝土

混凝土宜分层连续浇灌完成，阶梯形基础每一台阶作为一个浇筑层，每浇灌完一台阶应稍停 0.5~1h，使其初步获得沉实，再浇筑上层。锥形基础，应注意控制锥体斜面坡度正确，斜面模板应随混凝土浇筑分层支设，并顶紧。边角处的混凝土必须捣实，严禁斜面部分不支模。

4）基础上插筋与养护

插筋的数量、直径及钢筋种类应与柱内纵向受力钢筋相同，插筋的锚固长度，应符合设计要求。施工时，对插筋要加以固定，混凝土浇灌完毕，外露表面应覆盖浇水养护，养护时间不少于 7d。

（2）杯形基础施工

杯形基础常用于装配式钢筋混凝土柱的基础，形式有一般杯口基础、双杯口基础、高杯口基础等。杯形基础施工要点为：

1）杯口模板

杯口模板可用木模板或钢模板，可做成整体式，也可做成两半形式，中间各加楔形板一块，拆模时，先取出楔形板，然后分别将两半杯口模板取出。

2）混凝土浇筑

首先浇筑混凝土至杯底标高，然后安装杯口内模板，以保证杯底标高准确。一般在杯底均留有 50mm 厚的细石混凝土找平层，混凝土应按台阶分层浇灌。对高杯口基础的高台阶部分按整段分层浇灌，不留施工缝。基础浇捣完毕，混凝土终凝前将杯口模板取出（用倒链），并将杯口内侧表面混凝土凿毛。

（3）条形基础

条形基础分为墙下钢筋混凝土条形基础和柱下钢筋混凝土条形基础。条形基础的施工要点为：

待垫层强度达到设计强度的 70%，即在其上弹线、支模、绑扎钢筋网片，并支设水泥砂浆垫块。钢筋绑扎必须牢固，位置准确，垫块厚度必须符合保护层的要求。

钢筋经验收合格后，应立即浇筑混凝土，条形基础可留设垂直和水平施工缝。但留设位置，处理方法必须符合规范规定。

混凝土浇筑要求以及基础上插筋与养护等同独立基础。

3. 筏型和箱形基础施工工艺

(1) 筏形基础

筏形基础是由整板式钢筋混凝土板（平板式）或由钢筋混凝土底板、梁整体（梁板式）两种类型组成，适用于有地下室或地基承载能力较低而上部荷载较大的基础，筏形基础在外形和构造上如倒置的钢筋混凝土楼盖，分为梁板式和平板式两类。筏形基础施工要点为：

1) 地下水位较高时，应采用降低水位的措施，使地下水位降低至基底以下不少于500mm。

2) 施工方案一般有两种方法：一是先铺设垫层，在垫层上绑扎底板、梁的钢筋和柱子锚固插筋，可先浇筑底板混凝土，待其强度达到设计强度的25%时，再在底板支梁模板，继续浇筑梁部分混凝土；二是将底板和梁模板一次支好，将混凝土一次浇筑完成。筏形混凝土基础应一次连续浇筑完成，不宜留设施工缝。必须留设时，应按施工缝的要求留设，并进行处理，同时应有止水技术措施并做好沉降观测。在浇筑混凝土时，应在基础底板上预埋好沉降观测点，定期进行观测，做好观测记录。

3) 加强养护。混凝土筏形基础施工完毕后，表面应加以覆盖和洒水养护。

(2) 箱形基础

箱形基础是由钢筋混凝土底板、顶板、侧墙及一定数量的内隔墙构成封闭的箱体。它的整体性和刚度都比较好，有调整不均匀沉降的能力，抗震能力较强，可以消除因地基变形而使建筑物开裂的缺陷。也可以减少基底处原有地基的自重应力降低总沉降量。箱形基础适用于作为软弱地基上面积较小，平面形状简单，荷载较大或上部结构分布不均的高层建筑物的基础。箱形基础施工要点为：

1) 基坑处理

基坑开挖如有地下水，应将地下水位降低至设计底板以下500mm处。

2) 支模和浇筑

箱形基础的底板、内外墙和顶板的支模和灌筑，可采取内外墙作顶板分次支模灌筑方法施工，外墙接缝应设榫接或设止水带。施工缝的处理，应符合有关规定。

基础的底板、内外墙和顶板宜连续浇灌完毕。当基础长度超过40m时，为防止出现温度收缩裂缝，一般应设置贯通后浇施工缝。

3) 超厚、超长的整体钢筋混凝土结构浇筑

因此对大体积（实体最小尺寸等于或大于1m）混凝土，在浇灌前应对结构进行必要的裂缝控制计算，估算混凝土灌筑后可能产生的最大水化热温升值、温度差和温度收缩应力，以便在施工期采取有效的技术措施，预防温度收缩裂缝，保证混凝土工程质量。

4. 混凝土预制桩施工工艺

按桩的制作方式不同，桩可分为预制桩和灌注桩两类。预制桩根据沉入土中的方法，又可分锤击法、水冲法、振动法和静力压桩法等。灌注桩按成孔方法不同，有钻孔灌注桩、套管成孔灌注桩、爆扩成孔灌注桩及人工挖孔灌注桩等。

钢筋混凝土预制桩的施工，主要包括预制、起吊、运输、堆放、沉桩等过程。

1) 钢筋混凝土预制桩的制作、起吊、运输及堆放

① 桩的制作程序。现场布置→场地地基处理、整平→场地地坪浇筑混凝土→支模→

扎筋、安设吊环→浇筑混凝土→养护→（至30％强度后）拆模→支间隔端头模板、刷隔离剂、扎筋→浇筑间隔桩混凝土→同法间隔重叠制作第二层桩→……→养护至70％强度起吊→达100％强度后运输。

② 桩的起吊。桩的强度达到设计强度标准值的70％后方可起吊，如提前起吊，必须采取措施并经验算合格方可进行。吊索应系于设计规定之处，如无吊环，可按规定的位置设置吊点起吊。

③ 桩的运输。混凝土预制桩达到设计强度的100％方可运输。当运距不大时，可用起重机吊运或在桩下垫以滚筒，用卷扬机拖拉。运距较大时，可采用平板拖车或轻轨平板车运输，桩下宜设活动支座，运输时应做到平稳并不得损坏，经过搬运的桩要进行质量检查。

④ 桩的堆放。桩堆放时，地面必须平整、坚实，垫木间距应与吊点位置相同，各层垫木应位于同一垂直线上，最下层垫木应适当加宽。堆放层数不宜超过4层，不同规格的桩应分别堆放。

2）沉桩工艺

钢筋混凝土预制桩的沉桩方法有锤击法、振动法、水冲沉桩法、钻孔锤击法、静力压桩法等。

① 锤击法。锤击法又称打入法，是利用桩锤的冲击力克服土体对桩体的阻力，使桩沉到预定深度或达到持力层。

打桩顺序的确定。由于打桩时桩对基土产生挤密作用，使先打入的桩受到水平推挤而产生偏移或上浮。所以，群桩施打前，应根据桩群的密集程度、桩的规格、长短和桩架移动方便来正确选择打桩顺序。可选用如下的打桩顺序：逐排打设、自中间向两侧对称打设、自中间向四周打设等。

当桩较稀疏时（桩中心距>4倍桩径时），打桩顺序对打桩速度和打桩质量影响不大，可根据施工方便选择打桩顺序；当桩较密集时（桩中心距≤4倍桩径时），应由中间向两侧对称施打，或由中间向四周施打，当桩数较多时，也可采用分区段施打；当桩规格、埋深、长度不同时，宜"先大后小、先深后浅、先长后短"施打。当一侧毗邻建筑物时，由毗邻建筑物处向另一方向施打。当桩头高出地面时，桩机宜采用向后退打，否则可采用向前顶打。

沉桩工艺流程：桩机就位→桩起吊→对位插桩→打桩→接桩→打桩→送桩→检查验收→桩机移位。

② 静力压桩法。静力压桩法是利用无振动、无噪声的静压力将桩压入土中。静力压桩适用于在软土、淤泥质土中沉桩。施工中无噪声、无振动、无冲击力，与普通打桩和振动沉桩相比可减小对周围环境的影响，适合在有防振要求的建筑物附近施工。常用的静力压桩机有机械式和液压式两种。静力压桩施工程序如下：测量定位→桩机就位→吊桩插桩→桩身对中调直→静压沉桩→接桩→再沉桩→终止压桩→切割桩头。

③ 振动法。振动沉桩与锤击沉桩的施工方法基本相同，振动法是借助固定于桩顶的振动器产生的振动力，减小桩与土之间的摩擦阻力，使桩在自重和振动力的作用下沉入土中。振动法在砂土中运用效果较好，对黏土地区效率较差。

④ 水冲沉桩法。水冲沉桩法是锤击沉桩的一种辅助方法。水冲沉桩法是利用高压水

流经过桩侧面或空心桩内部的射水管冲击桩靴附近土层，减小桩与土之间的摩擦力及桩靴下土的阻力，使桩在自重和锤击作用下迅速沉入土中。一般是边冲水边打桩，当沉桩至最后1~2m时停止冲水，用锤击至规定标高。水冲法适用于砂土和碎石土，有时对于特别长的预制桩，单靠锤击有一定困难时，也可用水冲法辅助施工。

⑤ 钻孔锤击法。钻孔锤击法是钻孔与锤击相结合的一种沉桩方法。当遇到土层坚硬，采用锤击法遇到困难时可以先在桩位上钻孔后再在孔内插桩，然后锤击沉桩。钻孔深度距持力层1~2m时停止钻孔，提钻时注入泥浆以防止塌孔，泥浆的作用是护壁。钻孔直径应小于桩径。钻孔完成后吊桩，插入桩孔锤击至持力层深度。

5. 混凝土灌注桩施工工艺

根据成孔方法不同，灌注桩可分为钻孔灌注桩、套管成孔灌注桩、爆扩成孔灌注桩及人工挖孔灌注桩等。

（1）钻孔灌注桩

钻孔灌注桩是指利用钻孔机械钻出桩孔，并在桩孔中浇灌混凝土（或先在孔中吊放钢筋笼）而成的桩。根据钻孔机械的钻头是否在土壤的含水层中施工，又分为干作业成孔和泥浆护壁成孔两种方法。

1）干作业成孔灌注桩

干作业成孔灌注桩是用钻机在桩位上成孔，在孔中吊放钢筋笼，再浇筑混凝土的成桩工艺。干作业成孔适用于地下水位以上的各种软硬土层，施工中不需设置护壁而直接钻孔取土形成桩孔。目前常用的钻孔机械是螺旋钻机。

螺旋钻成孔灌注桩施工流程如下：钻机就位→钻孔→检查成孔质量→孔底清理→盖好孔口盖板→移桩机至下一桩位→移走盖口板→复测桩孔深度及垂直度→安放钢筋笼→放混凝土串筒→浇灌混凝土→插桩顶钢筋。

钻进时要求钻杆垂直，钻孔过程中如发现钻杆摇晃或进钻困难时，可能是遇到石块等硬物，应立即停车检查，及时处理，以免损坏钻具或导致桩孔偏斜。钻孔达到要求深度后，进行孔底土清理，即钻到设计钻深后，必须在深处进行空转清土，然后停止转动，提钻杆，不得回转钻杆。钻孔完成后应尽快吊放钢筋笼并浇筑混凝土。

2）泥浆护壁成孔灌注桩

泥浆护壁成孔是利用泥浆保护孔壁，通过循环泥浆裹携悬浮孔内钻挖出的土渣并排出孔外，从而形成桩孔的一种成孔方法。泥浆在成孔过程中所起的作用是护壁、携渣、冷却和润滑，其中最重要的作用还是护壁。

泥浆护壁成孔灌注桩的施工工艺流程如下：测定桩位→埋设护筒→桩机就位→制备泥浆→成孔→清孔→安放钢筋骨架→浇筑水下混凝土。

定桩位、埋设护筒：桩位放线定位后即可在桩位上埋设护筒。护筒的作用是固定桩位、防止地表水流入孔内、保护孔口和保持孔内水压力、防止塌孔以及成孔时引导钻头的钻进方向等。护筒一般用4~8mm钢板制作，其内径应大于钻头直径100~200mm，其上部宜开设1~2个溢浆孔。护筒的埋设深度：在黏性土中不宜小于1.0m；砂土中不宜小于1.5m，一般高出地面或水面400~600mm。

制备泥浆：制备泥浆的方法根据土质确定。在黏性土中成孔时可在孔中注入清水，钻机旋转时，切削土屑与水搅拌，用原土造浆；在其他土中成孔时，泥浆制备应选用高塑性黏土或膨润土。

成孔：泥浆护壁成孔灌注桩有回转钻成孔、潜水钻成孔、冲击钻成孔、冲抓锥成孔等不同的成孔方法。

清孔：当钻孔达到设计深度后，应进行验孔和清孔，清除孔底沉渣和淤泥。清孔的目的是减少桩基的沉降量，提高其承载能力。对于不易塌孔的桩孔，可用空气吸泥机清孔，对于稳定性差的孔壁应用泥浆（正、反）循环法或抽渣筒排渣。清孔时，保持孔内泥浆面高出地下水位1.0m以上，在受水位涨落影响时，泥浆面要高出最高水位1.5m以上。

浇筑水下混凝土：泥浆护壁成孔灌注桩混凝土的浇筑是在泥浆中进行的，所以属于水下浇筑混凝土。水下混凝土浇注的方法很多，最常用的是导管法。导管法是将密封连接的钢管作为混凝土水下灌注的通道，混凝土沿竖向导管下落至孔底，置换泥浆而成桩。导管的作用是隔离环境水，使其不与混凝土接触。

（2）沉管灌注桩

沉管灌注桩，又称套管成孔灌注桩、打拔管灌注桩，施工时是使用振动式桩锤或锤击式桩锤将一定直径的钢管沉入土中形成桩孔，然后在钢管内吊放钢筋笼，边灌注混凝土边拔管而形成灌注桩桩体的一种成桩工艺。它包括锤击沉管灌注桩、振动沉管灌注桩、夯压成型沉管灌注桩等。

1) 振动沉管灌注桩

根据工作原理可分为振动沉管施工法和振动冲击施工法两种。振动沉管施工法，是在振动锤竖直方向往复振动作用下，桩管也以一定的频率和振幅产生竖向往复振动，减少桩管与周围土体间的摩阻力，当强迫振动频率与土体的自振频率相同时，土体结构因共振而破坏。与此同时，桩管受着加压作用而沉入土中，在达到设计要求深度后，边拔管、边振动、边灌注混凝土、边成桩。振动冲击施工法是利用振动冲击锤在冲击和振动的共同作用，桩尖对四周的土层进行挤压，改变土体结构排列，使周围土层挤密，桩管迅速沉入土中，在达到设计标高后，边拔管、边振动、边灌注混凝土、边成桩。

振动沉管灌注桩施工流程：桩机就位→振动沉管→混凝土浇注→边拔管边振动→安放钢筋笼或插筋。

振动沉管施工法一般有单打法、反插法、复打法等。应根据土质情况和荷载要求分别选用。单打法适用于含水量较小的土层，且宜采用预制桩尖；反插法及复打法适用于软弱饱和土层。

单打法，即一次拔管法。拔管时每提升0.5～1m，振动5～10s，再拔管0.5～1m，如此反复进行，直至全部拔出为止，一般情况下振动沉管灌注桩均采用此法。

复打法。在同一桩孔内进行两次单打，即按单打法制成桩后再在混凝土桩内成孔并灌注混凝土。采用此法可扩大桩径，大大提高桩的承载力。

反插法。将套管每提升0.5m，再下沉0.3m，反插深度不宜大于活瓣桩尖长度的2/3，如此反复进行，直至拔离地面。此法也可扩大桩径，提高桩的承载力。

2) 锤击沉管灌注桩

锤击沉管施工法，是利用桩锤将桩管和预制桩尖（桩靴）打入土中，边拔管、边振动、边灌注混凝土、边成桩，在拔管过程中，由于保持对桩管进行连续低锤密击，使钢管不断得到冲击振动，从而密实混凝土。与振动沉管灌注桩一样，锤击沉管灌注桩也可根据土质情况和荷载要求，分别选用单打法、复打法、反插法。

锤击沉管灌注桩施工顺序：桩机就位→锤击沉管→首次浇注混凝土→边拔管边锤击→放钢筋笼浇注成桩。

3）夯压成型灌注桩

它是利用静压或锤击法将内外钢管沉入土层中，由内夯管夯扩端部混凝土，使桩端形成扩大头，再灌注桩身混凝土，用内夯管和桩锤顶压在管内混凝土面形成桩身混凝土。夯压桩桩身直径一般为400～500mm，扩大头直径一般可达450～700mm，桩长可达20m。适用于中低压缩性粘土、粉土、砂土、碎石土、强风化岩等土层。

（3）爆扩成孔灌注桩

爆扩成孔灌注桩就是先在桩位上钻孔或爆扩成孔，然后在孔底放入炸药，再灌入适量的压爆混凝土，引爆炸药使孔底形成球形扩大头，再放置钢筋骨架，浇灌桩身混凝土而形成的桩。爆扩成孔灌注桩的施工顺序如下：成孔→检查修理桩孔→安放炸药包→注入压爆混凝土→引爆→检查扩大头→安放钢筋笼→浇注桩身混凝土→成桩养护。

（4）人工挖孔灌注桩

人工挖孔灌注桩是指采用人工挖掘方法进行成孔，然后安放钢筋笼，浇筑混凝土而形成的桩。

人工挖孔桩的直径除了能够满足设计承载力的要求处，还应考虑施工操作的要求，所以桩径都较大，最小不宜小于800mm，一般为1000mm～3000mm，桩底一般都扩底。

人工挖孔桩必须考虑防止土体坍滑的支护措施，以确保施工过程中的安全。常用的护壁方法有现浇混凝土护壁、沉井护壁、钢套管护壁、砖护壁等。现浇混凝土护圈的结构型式为斜阶形。对于土质较好的地层，护壁可用素混凝土，土质较差地段应增加少量钢筋（环筋ϕ10～12mm 间距200mm，竖筋ϕ10～12mm，间距400mm）。

现浇混凝土护壁人工挖孔桩的施工过程为：测量放线、定桩位→桩孔内土方开挖。支护壁模板→浇护壁混凝土→浇筑桩身混凝土。

1.3.3 砌体结构工程施工工艺与方法

1. 砌筑砂浆的技术要求

（1）流动性

砂浆的流动性又称稠度，是指新拌砂浆在自重或外力作用下产生流动的性能。当原材料条件和胶凝材料与砂的比例一定时，主要取决于单位用水量。砂浆流动性的选择，应根据施工方法及砌体材料吸水程度和施工环境的温度、湿度等条件来选择。

（2）保水性

砂浆保水性指砂浆保持水分及整体均匀一致的能力。影响砂浆保水性的因素主要有胶凝材料的品种与用量，细骨料的粗细程度与颗粒级配，用水量以及外加材料等。工程上常采用在水泥砂浆中掺石灰膏、粉煤灰、微沫剂等方法来提高砂浆的保水性。

（3）强度

砂浆的强度等级是划分为 M0.4、M1.0、M2.5、M5.0、M7.5、M10、M15、M20 共8个等级。一般抹灰砂浆常用M2.5以下的强度等级，砌筑砂浆常用M2.5以上的强度等级。

影响砂浆的因素较多。当原材料质量一定时，砂浆的强度主要取决于水泥标号与水泥用量，用水量对砂浆强度影响不大。

（4）粘结力

砂浆的粘结力是指为保证砌体具有一定的强度、耐久性以及与建筑物的整体稳定性，要求砂浆与基层材料间应有一定的粘结能力。

影响砂浆粘结里的因素与砖石基层的表面状态、清洁程度、湿润情况以及施工养护条件有关。基底表面清洁并事先湿润，可以提高砂浆的粘结力，砂浆的强度越高，其粘结力也越大。

（5）砂浆的拌制与使用

按照胶结材料的不同，砂浆可分为石灰砂浆、水泥砂浆和混合砂浆。砌筑砂浆使用的水泥品种及标号，应根据砌体部位和所处环境来选择。生石灰应熟化成石灰膏，并用滤网过滤，脱水硬化后的石灰膏严禁使用。细骨料宜采用中砂并过筛，不得含有草根等杂物，含泥量不应超过5%（M5以下水泥混合砂浆，含泥量不应超过10%）。为改善砌筑砂浆的和易性常掺入无机的细分散掺合料，如石灰膏、粘土膏、电石膏、粉煤灰和生石灰等。

砂浆的配合比应经试验确定。其配料应采用重量比，配料要准确。砂浆宜采用机械搅拌，自投料完算起，搅拌时间应符合规定。拌合后的砂浆的流动性应符合规定，如砂浆出现泌水现象，在使用前应重新拌合。砂浆应随拌随用，常温下，水泥砂浆和混合砂浆应分别在3h与4h内用完；当气温达30℃以上时，必须相应分别减少1h用完。为了检查砂浆的强度，应在现场取样，每一楼层或250m³砌体中的各种强度等级的砂浆，每台搅拌机应至少检查一次，每次至少应制作一组试块（每组6块）。任意一组砂浆试块的强度不得低于设计强度的75%。

2. 砌筑施工工艺与方法

（1）砖砌体的施工方法

1）砖基础砌筑

砖基础由垫层、大放脚和基础墙构成。大放脚有等高式和间隔式两种砌法，等高式的大放脚是每两皮一收，每边各收进1/4砖长；间隔式大放脚是两皮一收与一皮一收相间隔，每边各收进1/4砖长。

基础垫层施工完毕经验收合格后，便可进行弹墙基线。弹线可按以下顺序进行：在基槽四角各相对龙门板的轴线标钉处拉上麻线；沿麻线挂线锤，找出麻线在垫层上的投影点；用墨汁弹出这些投影点的连线，即墙基的外墙轴线；按基础图所示尺寸，用钢尺量出各内墙的轴线位置并弹出内墙轴线；用钢尺量出各墙基大放脚外边沿线，弹出墙基边线；按设计要求复核。

砖基础的砌筑高度，用皮数杆控制。首先根据施工图标高，在基础皮数杆上划出每皮砖及灰缝的尺寸，然后把基础皮数杆固定，即可逐皮砌筑大放脚。砌大放脚时，先砌转角端头，以两端为标准，拉好准线，然后按此准线进行砌筑。

基础中的洞口、管道等，应在砌筑时正确留出或预埋。通过基础的管道的上部，应预留沉降缝隙。砌完基础墙后，应在两侧同时填土，分层夯实。

2）砖墙体的砌筑

实心砖墙常用的厚度有半砖、一砖、一砖半、两砖等。依其组砌形式不同，最常见的有以下几种：一顺一丁、三顺一丁、梅花丁、全丁式等。

砖砌体的施工工艺过程为：抄平、放线、摆砖、立皮数杆、盘角、挂线、砌筑、勾缝、清理等工序。

砖砌体的施工技术要求是：

① 抄平放线。砌筑前，在基础防潮层或楼面上先用水泥砂浆找平，然后以龙门板上定位钉为标志弹出墙身的轴线、边线，定出门窗洞口的位置。

② 摆砖。摆砖是指在放线的基面上按选定的组砌方式用干砖试摆。

③ 立皮数杆。皮数杆是指在其上划有每皮砖和砖缝厚度，以及门窗洞口、过梁、梁底、预埋件等标高位置的一种木制标杆。皮数杆一般立于房屋的四大角、内外墙交接处、楼梯间以及洞口多的地方，大约每隔10～15m立一根。

④ 盘角、挂线。砌筑时，应根据皮数杆先在墙角砌4～5皮砖，称为盘角，然后根据皮数杆和已砌的墙角挂线，作为砌筑中间墙体的依据，以保证墙面平整。一砖厚的墙单面挂线，外墙挂外边，内墙挂任何一边；一砖半及以上厚的墙都要双面挂线。

⑤ 砌筑。砌砖通常采用"三一砌砖法"，即一铲灰、一块砖、一挤揉，并随手将挤出的砂浆刮去的砌筑方法。此法的特点是：灰缝容易饱满、粘结力好、墙面整洁。竖缝宜采用挤浆或加浆的方法，使其砂浆饱满。勾缝完毕，应清扫墙面。

⑥ 勾缝。勾缝是砌清水墙的最后一道工序，具有保护墙面并增加墙面美观的作用。

砌体质量的好坏取决于组成砌体的原材料质量和砌筑方法，故在砌筑时应掌握正确的操作方法，做到"横平竖直、砂浆饱满、错缝搭接、接槎可靠"。

① 砌体的水平灰缝应平直。灰缝厚度一般为10mm，不宜小于8mm，也不宜大于12mm。

② 要求水平灰缝砂浆饱满，厚薄均匀。砂浆的饱满程度以砂浆饱满度表示，用百格网检查，要求饱满度达到80%以上。竖向灰缝应饱满，可避免透风漏雨，改善保温性能。

③ 砖块的排列方式应遵循内外搭接、上下错缝的原则。砖块的错缝搭接长度不应小于1/4砖长，避免出现垂直通缝。

④ 整个房屋的纵横墙应相互连接牢固，以增加房屋的强度和稳定性。接槎的方式有两种：斜槎和直槎，如图1-3-4所示。斜槎长度不应小于高度的2/3，操作斜槎简便，砂浆饱满度易于保证。当留斜槎确有困难时，除转角外，也可留直槎，但必须做成阳槎，并设拉结筋。拉结筋沿墙高每500mm设一道，每120mm墙厚留一根直径为6mm的钢筋，但每道不得少于2根，其末端应有90°的弯钩。砖砌体接槎时，必须将接槎处的表面清理干净，浇水润湿，并应填实砂浆，保持灰缝平直，使接槎处的前后砌体粘结牢固。

(2) 砌块砌体的施工方法

1) 编制砌块排列图

砌块砌筑前，应根据施工图纸的平面、立面尺寸，先绘出砌块排列图。在立面图上按比例绘出纵横墙，标出楼板、大梁、过梁、楼梯、孔洞等位置，在纵横墙上绘出水平灰缝线，然后以主规格为主、其他型号为辅，按墙体错缝搭砌的原则和竖缝大小进行排列。

2) 砌块的堆放

砌块的堆放位置应在施工总平面图上周密安排，应尽量减少二次搬运，使场内运输路线最短，以便于砌筑时起吊。堆放场地应平整夯实，使砌块堆放平稳，并做好排水工作；

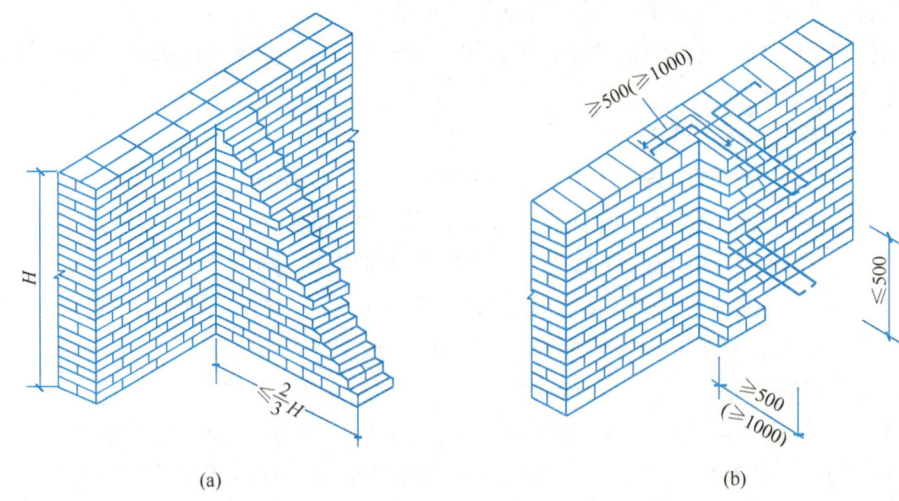

图 1-3-4　接槎
(a) 斜槎砌筑；(b) 直槎砌筑

砌块不宜直接堆放在地面上，应堆在草袋、煤渣垫层或其他垫层上，以免砌块底面玷污。砌块的规格、数量必须配套，不同类型分别堆放。

3) 砌块的吊装方案

砌块安装方案与所选用的机械设备有关，通常采用的吊装方案有两种：一是以塔式起重机进行砌块、砂浆的运输，以及楼板等构件的吊装，由台灵架吊装砌块。如工程量大，组织两栋房屋对翻流水等可采用这种方案；二是以井架进行材料的垂直运输，杠杆车进行楼板吊装，所有预制构件及材料的水平运输则用砌块车和劳动车，台灵架负责砌块的吊装。

4) 砌块施工工艺

砌块施工时需弹墙身线和立皮数杆，并按事先划分的施工段和砌块排列图逐皮安装。其安装顺序是先外后内、先远后进、先下后上。砌块砌筑时应从转角处或定位砌块处开始，并校正其垂直度，然后按砌块排列图和错缝搭接的原则进行安装，每个楼层砌筑完成后应复核标高，如有偏差则应找平校正。铺灰和灌浆完成后，吊装上一皮砌块时，不允许碰撞或撬动已安装好的砌块。如相邻砌体不能同时砌筑时，应留阶梯形斜槎，不允许留直槎。砌块施工的主要工序：铺灰、吊砌块就位、校正、灌缝和镶砖等。

5) 砌筑工程施工的质量要求与安全措施

砌筑质量的基本要求是："横平竖直、砂浆饱满和厚薄均匀、上下错缝、内外搭砌、接槎牢固"，为了保证砌体的质量，在砌筑过程中应对砌体的各项指标进行检查，将砌体的尺寸和位置的允许偏差控制在规范要求的范围内。

1.3.4　混凝土结构工程施工工艺与方法

1. 模板工程施工工艺

模板工程施工工艺包括模板的选材、选型、设计、制作、安装、拆除和周转等过程。

(1) 模板的分类

按材料分为木模板、钢木模板、胶合板模板、钢竹模板、钢模板、塑料模板、玻璃钢模板、铝合金模板等；按结构的类型分为基础模板、柱模板、楼板模板、楼梯模板、墙模板、壳模板和烟囱模板等多种；按施工方法分为现场装拆式模板、固定式模板和移动式模板。

（2）木模板的构造

木模板及其支架系统一般在加工厂或现场木工棚制成基本元件（拼板），然后再在现场拼装。

1）柱模板

柱模板由两块相对的内拼板夹在两块外拼板之间组成。亦可用短横板（门子板）代替外拼板钉在内拼板上。有些短横板可先不钉上，作为混凝土的浇筑孔，待混凝土浇至其下口时再钉上。

柱模板底部开有清理孔。沿高度每隔2m开有浇筑孔。柱底部一般有一钉在底部混凝土上的木框，用来固定柱模板的位置。为承受混凝土侧压力，拼板外要设柱箍，柱箍可为木制、钢制或钢木制。柱箍间距与混凝土侧压力大小、拼板厚度有关，由于侧压力是下大上小，因而柱模板下部柱箍较密。柱模板顶部根据需要开有与梁模板连接的缺口。

2）梁模板

梁模板主要由底模、侧模、夹木及其支架系统组成，底模板承受垂直荷载，一般较厚，下面每隔一定间距（800～1200mm）有顶撑支撑。顶撑可以用圆木、方木或钢管制成。顶撑底应加垫一对木楔块以调整标高。为使顶撑传下来的集中荷载均匀地传给地面，在顶撑底加铺垫板。多层建筑施工中，应使上、下层的顶撑在同一条竖向直线上。侧模板承受混凝土侧压力，应包在底模板的外侧，底部用夹木固定，上部由斜撑和水平拉条固定。

如梁跨度等于或大于4m，应使梁底模起拱，防止新浇筑混凝土的荷载使跨中模板下挠。如设计无规定时，起拱高度宜为全跨长度的1/1000～3/1000。

3）楼板模板

楼板的面积大而厚度比较薄，侧压力小。楼板模板及其支架系统，主要承受钢筋混凝土的自重及其施工荷载，保证模板不变形。如图1-3-5所示，楼板模板的底模用木板条或用定型模板或用胶合板拼成，铺设在楞木上。楞木搁置在梁模板外侧托木上，若楞木面不平，可以加木楔调平。当楞木的跨度较大时，中间应加设立柱。立柱上钉通长的杠木。

（3）其他模板构造

1）胶合板模板构造

① 钢框胶合板模板：由钢框和防水胶合板组成，防水胶合板平铺在钢框上，用沉头螺栓与钢框连牢。这种模板在钢边框上可钻有连接孔，用连接件纵横连接，组装成各种尺寸的模板，它也具备定型组合钢模板的一些优点，而且重量比组合钢模板轻，施工方便。

② 钢框竹胶板模板：由钢框和竹胶板组成，其构造与钢框胶合板模板相同，用于面板的竹胶板是用竹片（或竹帘）涂胶粘剂，纵横向铺放，热压成型。为使竹胶板板面光滑平整，便于脱模和增加周转次数，一般板面采用涂料复面处理或浸胶纸复面处理。钢框竹胶板模板的宽度有300mm、600mm两种，长度有900、1200、1500、1800、2400mm等。可作为混凝土结构柱、梁、墙、楼板的模板。

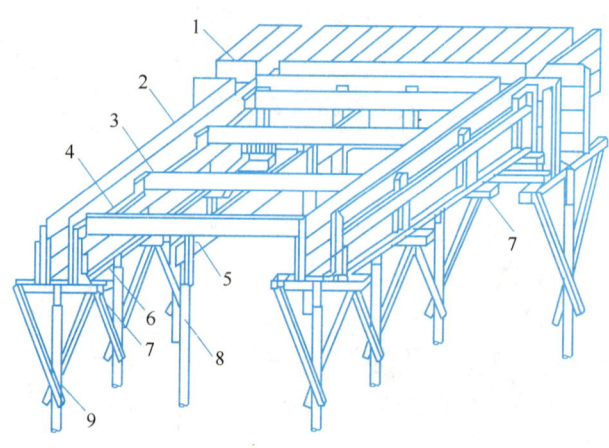

图 1-3-5　有梁楼板模板
1—楼板模板；2—梁侧模板；3—楞木；4—托木；5—杠木；
6—夹木；7—短撑木；8—立柱；9—顶撑

2）大模板构造

大模板是一种大尺寸的工具式定型模板，一般一块墙面用一至二块大模板，因其重量大，安装时需要起重机配合装拆施工。大模板由面板、加劲肋竖楞、支撑桁架、稳定机构及附件组成。

3）滑升模板构造

滑升模板是一种工具式模板，最适于现场浇筑高耸的圆形、矩形、筒壁结构。如筒仓、贮煤塔、竖井等。

滑升模板由模板系统、操作平台系统和提升机具系统三部分组成。模板系统包括模板、围圈和提升架等，它的作用主要是成型混凝土。操作平台系统包括操作平台、辅助平台和外吊脚手架等，是施工操作的场所。提升机具系统包括支承杆、千斤顶和提升操纵装置等，是滑升的动力。这三部分通过提升架连成整体，构成整套滑升模板装置。

(4) 模板的拆除

模板的拆除日期取决于现浇结构的性质、混凝土的强度、模板的用途、混凝土硬化时的气温。

模板的拆除应满足如下规定：

1）侧模板的拆除。应在混凝土强度达到能保证其表面及棱角不因拆除模板而受损坏时方进行。

2）底模板的拆除。应在与混凝土结构同条件养护的试件达到规定强度标准值时，方可拆除。

3）拆模时不要用力过猛，拆下来的模板要及时运走、整理、堆放以便再用。

4）拆模程序一般应是后支的先拆，先拆除非承重部分，后拆除承重部分。重大复杂模板的拆除，事先应制定拆模方案。

5）拆除框架结构模板的顺序，首先是柱模板，然后是楼板底板，梁侧模板，最后梁底模板。拆除跨度较大的梁下支柱时，应先从跨中开始，分别拆向两端。

6）层楼板支柱的拆除，应按下列要求进行：上层楼板正在浇筑混凝土时，下一层楼板的模板支柱不得拆除，再下一层楼板模板的支柱，仅可拆除一部分；跨度4m及4m以上的梁下均应保留支柱，其间距不大于3m。

7) 已拆除模板及其支架的结构，应在混凝土强度达到设计的混凝土强度标准值后，才允许承受全部使用荷载。当承受施工荷载产生的效应比使用荷载更为不利时，必须经过核算，加设临时支撑。

8) 拆模时，应尽量避免混凝土表面或模板受到损坏，注意整块板落下伤人。

2. 钢筋工程施工工艺

(1) 钢筋的种类、验收和存放

① 钢筋的种类。混凝土结构和预应力混凝土结构应用的钢筋有普通钢筋、预应力钢绞线、钢丝和热处理钢筋。

② 钢筋的验收。钢筋混凝土结构中所用的钢筋，都应有出厂质量证明书或试验报告单，每捆（盘）钢筋均应有标牌。钢筋进场时应按批号及直径分批验收。验收的内容包括查对标牌、外观检查，并按有关标准的规定抽取试样作力学性能试验，合格后方可使用。

③ 钢筋的存放。当钢筋运进施工现场后，必须严格按批分等级、牌号、直径、长度挂牌存放，并注明数量，不得混淆。钢筋应尽量堆入仓库或料棚内。钢筋成品要分工程名称和构件名称，按号码顺序存放。同时不要和产生有害气体的车间靠近，以免污染和腐蚀钢筋。

(2) 钢筋配料、代换与冷加工

① 钢筋配料：钢筋配料就是根据结构施工图，分别计算构件各钢筋的直线下料长度、根数及质量，编制钢筋配料单，作为备料、加工和结算的依据。

② 钢筋切断（俗称下料）：钢筋切断都由切断机进行。切断时的长度一般是指钢筋外边缘至外边缘之间的长度，即外包尺寸。钢筋加工前按直线下料，经弯曲后，外边缘伸长，内边缘缩短，而中心线不变。这样，钢筋弯曲后的外包尺寸和中心线长度之间存在一个差值，称为"量度差值"。在计算下料长度时必须加以扣除。钢筋下料长度为各段外包尺寸之和减去各弯曲处的量度差值，再加上端部弯钩的增加值。

③ 钢筋的弯曲：钢筋弯曲用弯曲机，但弯曲时要考虑弯心直径的大小和量度差值等。

④ 钢筋代换：代换原则采取等强度代换，即不同种类的钢筋代换，按钢筋抗拉设计值相等的原则进行代换；等面积代换，即相同种类和级别的钢筋代换，应按钢筋等面积原则进行代换。钢筋的代换方法如下：

等强度代换：如设计图中所用的钢筋设计强度为 f_{y1}，钢筋总面积为 A_{s1}，代换后的钢筋设计强度为 f_{y2}，钢筋总面积为 A_{s2}，则应使

$$A_{s1} \cdot f_{y1} \leqslant A_{s2} \cdot f_{y2} \tag{1-3-3}$$

$$n_1 \cdot \pi d_1^2/4 \cdot f_{y1} \leqslant n_2 \cdot \pi d_2^2/4 \cdot f_{y2} \tag{1-3-4}$$

$$n_2 \geqslant n_1 d_1^2 \cdot f_{y1}/d_2^2 \cdot f_{y2} \tag{1-3-5}$$

式中 n_2——代换钢筋根数；

n_1——原设计钢筋根数；

d_2——代换钢筋直径；

d_1——原设计钢筋直径。

等面积代换：

$$A_{s1} \leqslant A_{s2} \tag{1-3-6}$$

则

$$n_2 \geqslant n_1 d_1^2 / d_2^2 \tag{1-3-7}$$

式中符号同上。

钢筋代换后，有时由于受力钢筋直径加大或根数增多而需要增加排数，则构件截面的有效高度 h_0 减少，截面强度降低。通常对这种影响可凭经验适当增加钢筋面积，然后再作截面强度复核。

(3) 钢筋连接

钢筋接头连接方法有：绑扎连接、焊接连接和机械连接。绑扎连接宜限制使用。焊接连接的方法较多，有闪光对焊、电弧焊、电渣压力焊和电阻点焊等，宜优先选用。机械连接无明火作业，设备简单，节约能源，不受气候条件影响，可全天候施工，连接可靠，技术易于掌握，适用范围广，尤其适用于现场焊接有困难的场合，这里重点介绍。

钢筋机械连接包括套筒挤压连接和螺纹套筒连接。

① 钢筋套筒挤压连接。钢筋套筒挤压连接是将需连接的变形钢筋插入特制钢套筒内，利用液压驱动的挤压机进行径向或轴向挤压，使钢套筒产生塑性变形，使套筒内壁紧紧咬住变形钢筋实现连接。它适用于竖向、横向及其他方向的较大直径变形钢筋的连接。

② 钢筋螺纹套筒连接。钢筋螺纹套筒连接分为锥螺纹套筒连接和直螺纹套筒连接两种。

锥螺纹套筒连接由于钢筋的端头在套丝机上加工有螺纹，截面有所削弱，有时达不到与母材等强度要求。为确保达到与母材等强度，可先把钢筋端部镦粗，然后切削直螺纹，用套筒连接就形成直螺纹套筒连接。或者用冷轧方法在钢筋端部轧制出螺纹，由于冷强作用亦可达到与母材等强。

(4) 钢筋安装

钢筋安装或现场绑扎应与模板安装相配合。柱钢筋现场绑扎时，一般在模板安装前进行，柱钢筋采用预制安装时，可先安装钢筋骨架，然后安装柱模板，或先安装三面模板，待钢筋骨架安装后，再钉第四面模板。梁的钢筋一般在梁模板安装后，再安装或绑扎；断面高度较大（>600mm），或跨度较大、钢筋较密的大梁，可留一面侧模，待钢筋安装或绑扎完后再钉。楼板钢筋绑扎应在楼板模板安装后进行，并应按设计先划线，然后摆料、绑扎。

钢筋保护层应按设计或规范的要求正确确定。工地常用预制水泥垫块垫在钢筋与模板之间，以控制保护层厚度。垫块应布置成梅花形，其相互间距不大于 1m。上下双层钢筋之间的尺寸，可绑扎短钢筋或设置撑脚来控制。

3. 混凝土工程

(1) 混凝土的施工配料

① 混凝土配合比的设计和计算。施工时，配料是根据配合比进行称量，除了商品混凝土由计算机控制，自拌混凝土的配料称量则要求在施工自行严格控制。

② 施工配合比调整。混凝土实验室配合比是根据完全干燥的砂、石骨料制定的，施工时应及时测定现场砂、石骨料的含水量，并将混凝土的实验室配合比换算成在实际含水

量情况下的施工配合比,其方法如下:

设实验室配合比为:水泥:砂子:石子＝1:x:y,水灰比为w/C,并测得砂子的含水量为w_x,石子的含水量为w_y,则施工配合比应为:1:x$(1+w_x)$:y$(1+w_y)$。

按实验室配合比 $1m^3$ 混凝土水泥用量为 C (kg),计算时确保混凝土水灰比不变(w为用水量),则换算后材料用量为:

水泥:$C'=C$

砂子:$G'_{砂}=C_x(1+w_x)$

石子:$G'_{石}=C_y(1+w_y)$

水:$w'=w-C_xw_x-C_yw_y$

(2) 混凝土搅拌要求

① 混凝土搅拌时间。搅拌时间应从全部材料投入搅拌筒起,到开始卸料为止所经历的时间。应满足相关规定。

② 投料顺序。常用一次投料法、二次投料法和水泥裹砂法等。

一次投料法:是将砂、石、水泥和水一起同时加入搅拌筒中进行搅拌。为了减少水泥的飞扬和水泥的粘罐现象,对自落式搅拌机常采用的投料顺序是将水泥夹在砂、石之间,最后加水搅拌。

二次投料法:预拌水泥砂浆法是先将水泥、砂和水加入搅拌筒内进行充分搅拌,成为均匀的水泥砂浆后,再加入石子搅拌成均匀的混凝土;预拌水泥净浆法是先将水泥和水充分搅拌成均匀的水泥净浆后,再加入砂和石搅拌成混凝土。二次投料法搅拌的混凝土与一次投料法相比较,混凝土强度可提高约15%。在强度等级相同的情况下,可节约水泥约15%～20%。

水泥裹砂法:就是在砂子表面造成一层水泥浆壳。主要采取两项工艺措施:一是对砂子的表面湿度进行处理,使其控制在一定范围内。二是进行两次加水搅拌,第一次先将处理过的砂子、水泥和部分水搅拌,使砂子周围形成粘着性很高的水泥糊包裹层;第二次再加入水及石子,经搅拌,部分水泥浆便均匀地分散在已经被造壳的砂子及石子周围。

③ 进料容量。是指将搅拌前各种材料的体积累积起来的容量,又称干料容量。进料容量约为出料容量的1.4～1.8倍(通常取1.5倍)。

④ 搅拌要求。严格控制混凝土施工配合比;在搅拌混凝土前加适量的水运转,使拌筒表面润湿,然后将多余水排干;搅拌好的混凝土要卸尽;混凝土搅拌完毕或预计停歇1h以上时,应将混凝土全部卸出,倒入石子和清水,搅拌5～10min,把粘在料筒上的砂浆冲洗干净后全部卸出。

(3) 混凝土的运输

基本要求:不产生离析现象;保证混凝土浇筑时具有设计规定的坍落度;在混凝土初凝之前能有充分时间进行浇筑和捣实;保证混凝土浇筑能连续进行。

① 混凝土运输的时间。混凝土应以最少的转运次数和最短的时间,从搅拌地点运至浇筑地点,并在初凝之前浇筑完毕。如需进行长距离运输可选用混凝土搅拌运输车。

② 混凝土运输工具。运输混凝土的工具要不吸水、不漏浆,方便快捷。混凝土运输分为地面运输、垂直运输和楼面运输三种情况。

混凝土地面运输工具有双轮手推车、机动翻斗车、混凝土搅拌运输车和自卸汽车。混凝土垂直运输，多用塔式起重机加料斗、混凝土泵、快速提升斗和井架。

（4）混凝土的浇筑与振捣

混凝土的浇筑与振捣包括布料摊平、捣实和抹面修整等工序。

1）混凝土浇筑的一般规定

① 混凝土浇筑前不应发生初凝和离析现象，如果已经发生，可以进行重新搅拌。

② 混凝土自高处倾落时的自由倾落高度不宜超过 2m。若混凝土自由下落高度超过 2m（竖向结构 3 m），要沿溜槽或串筒下落。当混凝土浇筑深度超过 8m 时，则应采用带节管的振动串筒，即在串筒上每隔 2～3 节管安装一台振动器。

③ 为了使混凝土振捣密实，必须分层浇筑，每层浇筑厚度与捣实方法、结构的配筋情况有关，应符合相关规定。

④ 混凝土的浇筑工作应尽可能连续进行，如上下层或前后层混凝土浇筑必须间歇，其间歇时间应尽量缩短，并要在前层（下层）混凝土凝结（终凝）前，将次层混凝土浇筑完毕。间歇的最长时间应按所用水泥品种及混凝土凝结条件确定。

⑤ 浇筑竖向结构混凝土前，应先在底部填筑一层 50～100mm 厚、与混凝土内砂浆成分相同的水泥砂浆，然后再浇筑混凝土。

⑥ 施工缝的留设与处理。施工缝宜留在结构受剪力较小且便于施工的部位。柱应留水平缝，梁、板应留垂直缝。柱子的施工缝宜留在基础与柱子的交接处的水平面上，或梁的下面，或吊车梁牛腿的下面，或吊车梁的上面，或无梁楼盖柱帽的下面。框架结构中，如果梁的负筋向下弯入柱内，施工缝也可设置在这些钢筋的下端，以便于绑扎。高度大于 1m 的混凝土梁的水平施工缝，应留在楼板底面以下 20～30mm 处，当板下有梁托时，留在梁托下部；单向平板的施工缝，可留在平行于短边的任何位置处；对于有主次梁的楼板结构，宜顺着次梁方向浇筑，施工缝应留在次梁跨度的中间 1/3 范围内。

⑦ 施工缝的处理方法。在施工缝处继续浇筑混凝土时，应除去表面的水泥薄膜、松动的石子和软弱的混凝土层。并加以充分湿润和冲洗干净，不得积水。浇筑时，施工缝处宜先铺水泥浆或与混凝土成分相同的水泥砂浆一层，厚度为 10～15mm，以保证接缝的质量。待已浇筑的混凝土的强度不低于 1.2MPa 时才允许继续浇筑。

2）混凝土的振捣密实

混凝土振捣密实的途径有以下三种：一是利用机械外力（如机械振动）来克服拌合物的黏聚力和内摩擦力而使之液化、沉实；二是在拌合物中适当增加用水量以提高其流动性，使之便于成型，然后用离心法、真空作业法等将多余的水分和空气排出；三是在拌合物中掺入高效能减水剂，使其坍落度大大增加，可自流成型。

（5）混凝土的养护

混凝土养护方法分自然养护和蒸汽养护。

① 自然养护。自然养护是指利用平均气温高于5℃的自然条件，用保水材料或草帘等对混凝土加以覆盖后适当浇水，使混凝土在一定的时间内在湿润状态下硬化。

养护天数：浇水养护时间的长短视水泥品种定，硅酸盐水泥、普通硅酸盐水泥和矿渣硅酸盐水泥拌制的混凝土，不得少于 7 昼夜；火山灰质硅酸盐水泥和粉煤灰硅酸盐水泥拌制的混凝土或有抗渗性要求的混凝土，不得少于 14 昼夜。

② 蒸汽养护。蒸汽养护就是将构件放置在有饱和蒸汽或蒸汽空气混合物的养护室内，

在较高的温度和相对湿度的环境中进行养护，以加速混凝土的硬化，使混凝土在较短的时间内达到规定的强度标准值。

1.3.5 预应力混凝土工程施工工艺与方法

先张法是先张拉钢筋，后浇筑混凝土的施工方法。是在浇筑混凝土前，预先将需张拉预应力钢筋，用夹具临时将其固定在台座或模板上，然后绑扎非预应力钢筋、支模，并根据设计要求张拉预应力钢筋，浇筑混凝土，待混凝土具有一定强度（一般不低于混凝土设计强度标准值的75%）后，在保证预应力筋与混凝土之间有足够的粘结力时，把张拉的钢筋放松（称作放张），这时预应力钢筋产生弹性回缩，而混凝土已与钢筋粘结在一起，阻止钢筋的回缩，于是钢筋对混凝土施加了预应力。

1. 先张法施工工艺流程

先张法根据生产方式的不同，分有台座法和机组流水法（模板法）。

当采用台座法施工时，预应力筋的张拉、锚固，混凝土构件的浇筑、养护和预应力筋放张等工序皆在台座上进行，预应力筋的张拉力由台座承受。

当采用机组流水法生产时，预应力筋的拉力由钢模承受。

先张法一般适用于生产定型的中小型预应力混凝土构件，如空心板、槽形板、T形板、薄板、吊车梁、檩条等。

先张法施工流程为：

检查台座→张拉钢筋→浇筑混凝土→养护、拆模→放张钢筋

2. 后张法施工工艺

后张法是先浇筑混凝土，后张拉钢筋的方法，即是在构件中配置预应力筋的位置处预先留出相应的孔道，然后绑扎非预应力钢筋、浇筑混凝土，待构件混凝土强度达到设计规定的数值后（一般不低于设计强度的75%），在孔道内穿入预应力筋，用张拉机具进行张拉，并利用锚具把张拉后的预应力筋锚固在构件的端部。预应力筋的张拉力，主要靠构件端部的锚具传给混凝土，使其产生压应力。张拉锚固后，立即在预留孔道内压力灌浆，使预应力筋不受锈蚀，并与构件形成整体。

后张法分预制生产和现场施工。后张法施工工艺中，其主要工序为孔道留设、预应力筋张拉和孔道灌浆三部分。

3. 无粘结预应力施工工艺

无粘结预应力筋是带有专用防腐油脂涂料层和聚乙烯（聚丙烯）外包层和钢绞线或7ϕ5钢丝束，预应力筋与混凝土不直接接触，预应力靠锚具传递，施工时，不需要预留孔道、穿筋、灌浆等工序，而是把预先组装好的无粘结筋在浇筑混凝土前，与非预应力筋一起按设计要求铺放在模板内，然后浇筑混凝土，待混凝土达到设计强度的75%后，利用无粘结预应力筋在结构内与周围混凝土不粘结，在结构内可作纵向滑动的特性，进行张拉锚固，借助两端锚具，达到对结构产生预应力的效果。

施工工艺流程为：安装梁或楼板模板→放线→下部非预应力钢筋铺放、绑扎→铺放暗管、预埋件→安装无粘结筋张拉端模板（包括打眼、钉焊预埋承压板、螺旋筋、穴模及各部位马凳筋等）→铺放无粘结筋→检查修补破损的护套→上部非预应力钢筋铺放、绑扎→检查无粘结筋的矢高、位置及端部状况→隐蔽工程检查验收→浇灌混凝土→混凝土养护→

松动穴模、拆除侧模→张拉准备→混凝土强度试验→张拉无粘结筋→切除超长的无粘结筋→封锚。

1.3.6 装配式构造吊装工程施工工艺与方法

1. 装配式混凝土工程施工工艺与方法

装配式混凝土结构施工前,施工单位应对技术人员、现场作业人员进行质量安全技术交底。

(1) 预制柱安装

1) 工艺流程(图1-3-6)

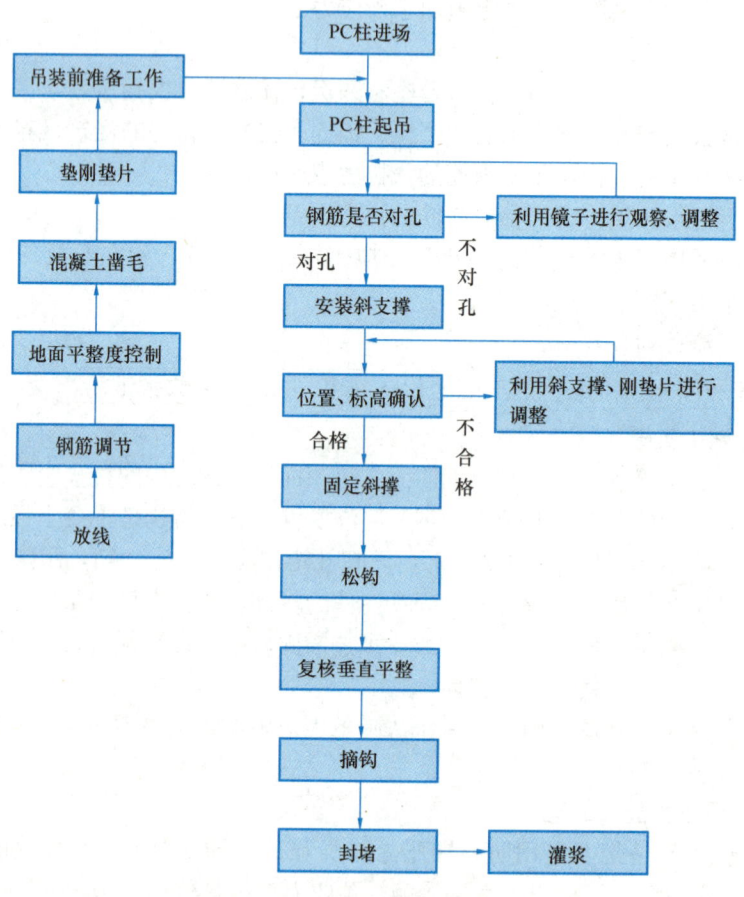

图1-3-6 预制柱安装工艺流程

2) 安装准备

预制柱安装前准备工作有:①放线;②剔毛;③预制柱钢筋定位;④现浇板施工时预制柱斜支撑埋件施工;⑤设置垫块。

3) 预制柱吊装

① 预制柱的翻转。预制柱柱底垫设橡胶轮胎,同时对预制柱柱底设置木模板护角防止吊装时破坏,通过预制柱的吊钩利用塔式起重机将其翻转后进行起吊。

② 预制柱起吊。柱子吊装时用卸扣(或吊钩)将钢丝绳与预制柱的预留吊环连接,

起吊至距地500mm，检查构件外观质量及吊环连接无误后方可继续起吊。预制柱吊装时，要求塔式起重机缓慢起吊，吊至作业层上方500mm左右时，施工人员用手扶住预制柱辅助柱子定位至连接位置，并缓缓下降柱子。

③ 柱的调节。初调：预制构件从堆放场地吊至安装现场，利用下部柱的定位螺栓（或者钢垫片）进行初步定位。定位调节：根据控制线精确调整预制柱底部，使底部位置和测量放线的位置重合。高度调节：构件标高水准仪来进行复核。每块柱吊装完成后须复核，每个楼层吊装完成后再次统一复核。垂直度调节：构件垂直度调节采用可调节斜拉杆，每一块预制构件设置2道可调节斜拉杆，拉杆后端均牢靠固定在结构楼板上。

4) 预制柱斜支撑安装

用螺栓将预制柱的斜支撑杆安装在预制柱及现浇板上的螺栓连接件上，进行初调，保证柱子的大致竖直。在预制柱初步就位后，利用固定可调节斜支撑螺栓杆进行临时固定，方便后续墙板精确校正。预制柱临时支撑应在灌浆料抗压强度能确保结构达到后续施工承载要求后方可拆除。

5) 柱子精确调节

吊装完成后进行柱子安装精度调节，将斜支撑安装在柱面、楼面上，利用斜支撑调节杆，在垂直于柱面方向，利用长斜撑调节杆，通过可调节装置对柱子顶部的水平位移的调节来控制其垂直度。

(2) 叠合梁安装

1) 工艺流程（图1-3-7）

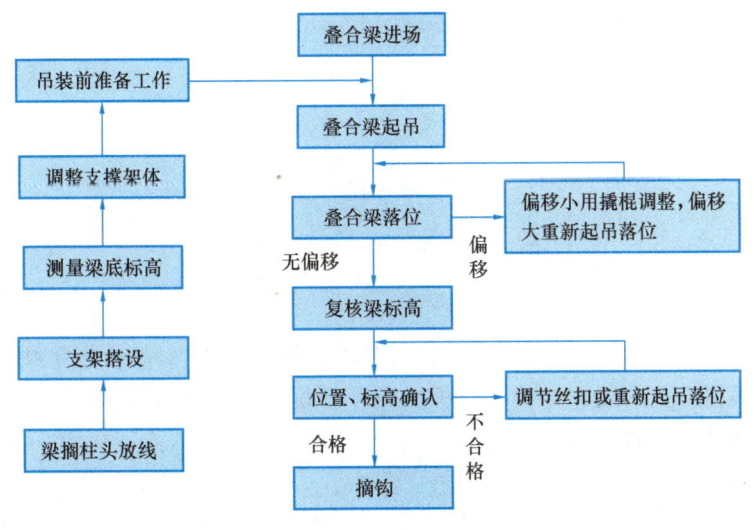

图1-3-7 叠合梁安装工艺流程

2) 安装准备

叠合梁安装前准备工作有：①放线；②支撑架搭设；③进场前验收。

3) 叠合梁的吊装

叠合梁吊装过程中，在作业层上空500mm处略作停顿，根据叠合梁位置调整叠合梁方向进行定位。吊装过程中注意避免叠合梁上的预留钢筋与柱头的竖向钢筋碰撞。叠合梁落位后，先对叠合梁的底标高进行复测，同时使用水平靠尺的水平气泡观察叠合梁是否水平，如出现偏差，及时对叠合梁和独立固定支撑进行调节，待标高和平整度控制在安装误差内之后，再进行摘钩。

(3) 叠合板安装（图1-3-8）

1) 工艺流程

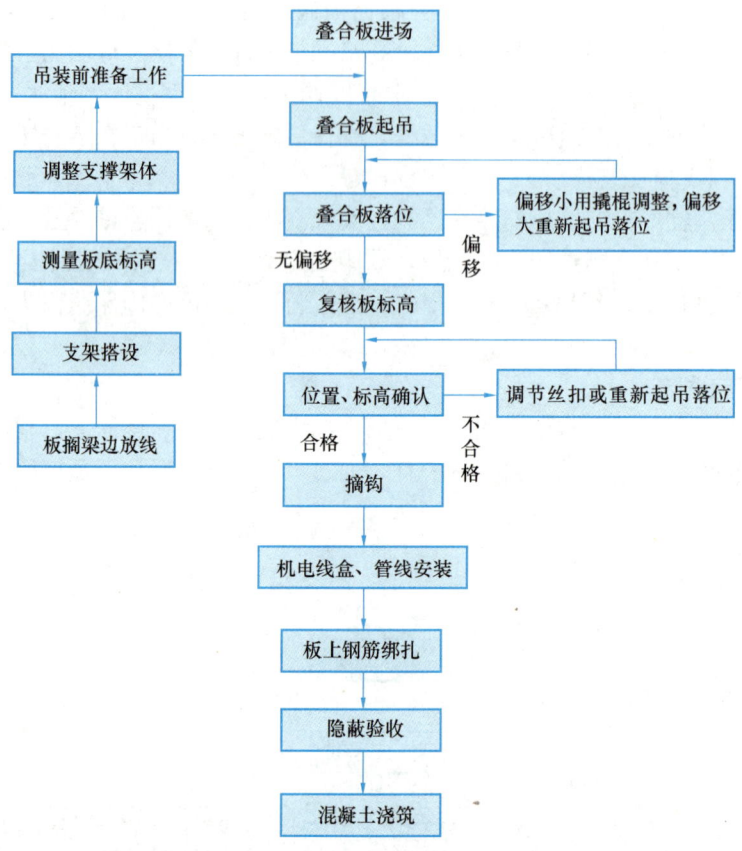

图1-3-8 叠合板安装工艺流程

2) 安装前准备

根据施工图纸，检查叠合板构件类型，确定安装位置，并对叠合板吊装顺序进行编号和方向标识；根据施工图纸，弹出叠合板的水平及标高控制线，同时对控制线进行复核，并在梁上放出板的定位线；根据支撑方案搭设好满堂架。

3) 叠合板吊装

① 初步定位。按顺序根据梁上所放出的楼板侧边线及支撑标高，缓慢下降落在支撑架上。安装就位时，一定要注意按箭头方向落位同时观察楼板预留孔洞与水电图纸的相对位置（以防止构件厂将箭头编错）。

② 调整。根据控制线以及标高精确调整构件的水平位置、标高、垂直度，使误差控制在允许范围内。

③ 检查。叠合楼板吊装完后全数检查支撑架的受力情况，以及板与板拼缝处的高差。

④ 取钩。检查下面支撑及板的拼缝，使所有支撑杆件受力基本一致，板底拼缝高低差符合要求，确认后取钩。

（4）预制楼梯安装

1）工艺流程（图1-3-9）

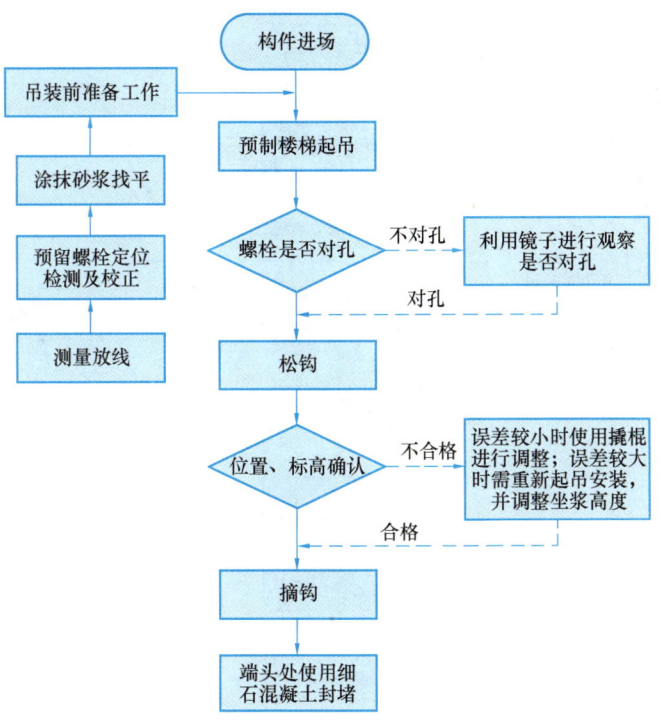

图1-3-9 预制楼梯安装工艺流程

2）安装准备

熟悉图纸，检查核对构件编号，确定安装位置，并对吊装顺序进行编号；根据施工图纸，弹出楼梯安装控制线，对控制线及标高进行复核。楼梯侧面距结构墙体预留空隙，为后续初装的抹灰层预留空间；梯井之间根据楼梯栏杆安装要求预留空隙；在楼梯段上下口梯梁处铺砂浆找平。

3）预制楼梯吊装

① 吊具安装。楼梯吊装时用2根同长钢丝绳4点起吊，楼梯梯段底部用1根钢丝绳分别固定两个吊钉。

② 安装、就位。根据梯段两端预留位置安装，安装时根据图纸要求调节安装空隙的尺寸。

③ 检查、校核。梯段就位前休息平台叠合板须安装调节完成，因平台板需支撑梯段荷载。检查梯段支撑面叠合板的标高是否准确，梯段支撑面下部支撑是否搭设完毕且牢固。

楼梯板固定后，在预制楼梯板与休息平台连接部位采用灌浆料进行灌浆，灌浆要求从楼梯板的一侧向另外一侧灌注，待灌浆料从另一侧溢出后表示灌满。

（5）预制外挂板安装

1）工艺流程（图1-3-10）

2）安装准备

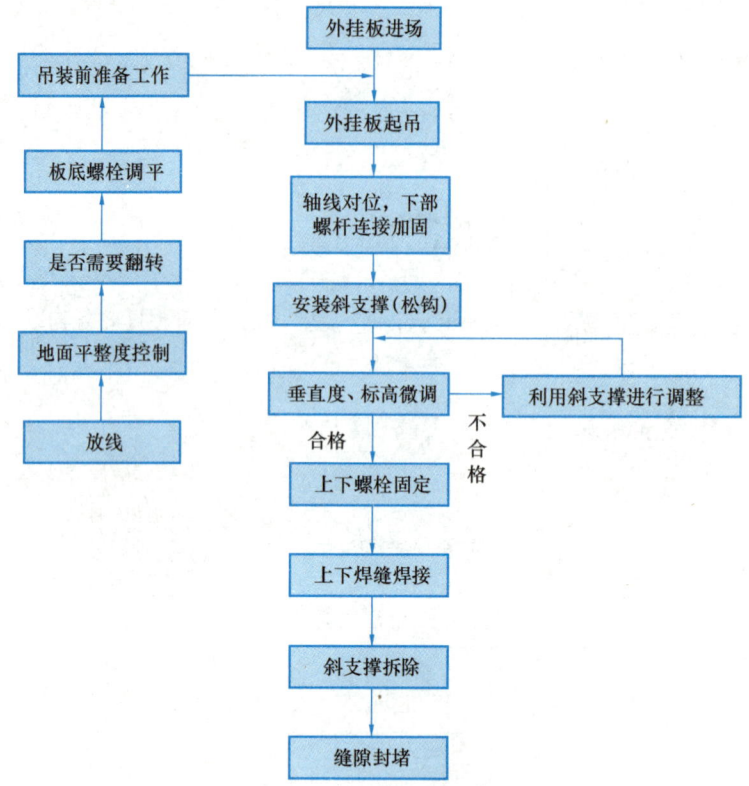

图 1-3-10 预制外挂板安装工艺流程

熟悉图纸，检查核对编号，确定安装位置，并对吊装顺序进行编号；将外挂板的水平位置线及标高控制线弹出，并对其控制线及标高进行复核。

3）外挂板吊装

① 当塔式起重机或起重机器把外墙板调离地面时，检查构件是否水平，各吊钉的受力情况是否均匀，使构件达到水平，各吊钩受力均匀后方可起吊至施工位置。

② 在距离安装位置 500mm 高时停止塔式起重机或起重机下降，检查墙板的正反面应该和图纸正反面一致，检查地上所标示的位置是否与实际相符。

③ 根据楼面所放出的墙板侧边线、端线、垫块、外墙板下端的连接件（连接件安装时外边与外墙板内边线重合）使外墙板就位。

④ 初步就位。预制构件从堆放场地吊至安装现场，利用上部墙板的固定螺栓和下部的定位螺栓进行初步定位。初步就位后进行外挂板斜拉杆的安装，在塔式起重机松钩前完成上部螺栓的加固连接。

⑤ 定位调节。根据控制线精确调整外墙板底部，使底部位置和测量放线的位置重合。

⑥ 高度调节。构件标高通过水准仪来进行复核。每块板块吊装完成后须复核，每个楼层吊装完成后须统一复核。

⑦ 垂直度调节。构件垂直度调节采用可调节斜拉杆，拉杆后端均牢靠固定在结构楼板上。拉杆顶部设有可调螺纹装置，通过旋转杆件，可以对预制构件顶部形成推拉作用，起到板块垂直度调节的作用。

⑧ 外挂板就位后,立即进行焊接固定,焊接采用单面焊。完成焊接后拆除斜支撑。

(6) 灌浆施工

1) 工艺流程（图 1-3-11）

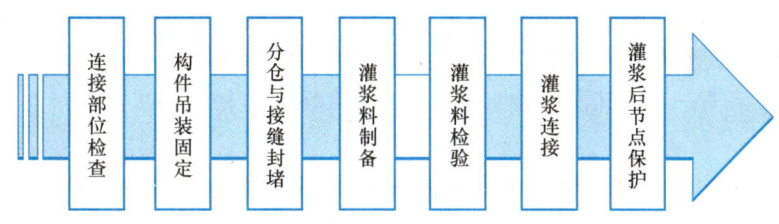

图 1-3-11 灌浆施工工艺流程

2) 界面处理及封堵

界面处理及封堵工作包括：①安装基础面处理；②连接钢筋检查与调整；③构件支撑垫片码放；④缝隙封堵。

3) 注浆施工

砂浆封堵 24h 后可进行灌浆,浆料从下排灌浆孔进入,灌浆时先用塞子将其余下排灌浆孔封堵,待浆料从上排出浆孔溢出后将上排进行封堵,再继续从下排灌浆至无法灌入后用塞子将其封堵,以此步骤对每个套筒进行逐个灌浆。要求注浆连续进行,每次拌制的浆料需在 30min 内用完,灌浆完成后 24h 之内,预制柱不得受到振动。

单个套筒灌浆采用灌浆枪或小流量灌浆泵；多接头联通腔灌浆采用配套的电动灌浆泵。灌浆完成浆料凝前,巡检已灌浆接头,填写记录,如有漏浆及时处理；灌浆料凝固后,检查接头充盈度。

4) 节点处理

为保证灌浆质量,在柱底部设置排气槽及透气管,透气管出口高度高于套筒出浆口高度。

5) 现场清理

灌浆完毕后立即清洗搅拌机、搅拌桶、灌浆筒等器具,以免灌浆料凝固,清理困难,注意灌浆筒需每灌注完成一筒后清洗一次,清洗完毕后方可再次使用。

1.3.7 建筑装饰装修工程施工工艺与方法

1. 抹灰工程

(1) 内墙抹灰

内墙抹灰工程的工艺流程：基层处理→钉钢丝网→喷水湿润→甩浆→找方→放线→贴饼、冲筋→底层抹灰→中层抹灰→面层抹灰。

1) 基层处理：基层表面要保持平整洁净,无浮浆、油污、碱膜等,表面凹凸太大的部位要先剔平或用砂浆补齐,表面太光滑的要剔毛,混凝土表面拆模时随即凿毛处理,或用混凝土界面剂处理。门窗洞口与木门窗框交接处用水泥砂浆嵌填密实,脚手架眼要先堵塞严密,水暖、通风管道通过的墙洞、凿剔墙后安装的管道必须用砂浆堵严。

2) 钉钢丝网：基层处理完后,在砌体与框架柱、梁、构造柱、剪力墙等交接处钉钢丝网。挂网要做到均匀、牢固,在砌体上不得用射钉固定。

3）喷水湿润：用水将墙体湿润，喷水要均匀，不得遗漏，墙体表面的吸水深度控制在20mm左右。

4）甩浆：用界面剂、水泥、细砂按比例配合成水泥砂浆做甩浆液，要使墙壁面布点均匀，不应有漏涂。浇水养护24h，待水泥浆达到一定强度后再抹灰。基层为混凝土时，抹灰前应先刮素水泥浆一道；在加气混凝土或粉煤灰砌块基层抹石灰砂浆时，应先刷108胶：水=1∶5溶液一道，抹混合砂浆时，应先刷108胶（掺量为水泥重量的10%~15%）水泥浆一道。

5）找方：先以跨度较大的两面墙体所在的轴线各找出一条控制线，然后以这两条控制线确定其他两条较短的控制线，相邻控制线间要互相垂直。内墙天棚抹灰用超平管在四周墙上及框架梁侧面弹出水平标高线，作为控制线。

6）放线：根据控制线将线引到墙体、楼地面或易识别的物体上，外墙可从楼顶的四角向下悬垂线进行放线，同时在窗口上下悬挂水平通线用于控制水平方向的抹灰。

7）贴饼、冲筋：根据所放垂线和水平线，确定抹灰厚度，在每一面墙上抹灰饼（与有门窗口垛角处要补做灰饼），然后拉通线冲筋，抹灰和冲筋的砂浆材料配合比同基层抹灰材料配合比。

8）底层抹灰：底层抹灰要在界面剂水泥砂浆达到一定强度后（以甩浆48h后为宜）开始抹底灰。室内墙面、柱面和门洞口的阳角应先抹出护角。对外墙窗台、窗楣、雨篷、阳台、压顶和突出腰线等，上面应做成流水坡度，下面做滴水线或滴水槽。

9）中层抹灰：中层砂浆抹灰应待底层灰七、八成干后方可进行。中层砂浆抹灰时，应先在底层灰上洒水，待其收水后，即可将中层砂浆抹上去，一般应从上而下，自左向右涂抹，整个墙面抹满后，用木抹子来回搓抹，去高补低，使抹灰层平整、厚度一致。

10）面层抹灰：面层灰应待中层灰凝固后才能进行。一般应从上而下，自左向右涂抹整个墙面，抹满后即用铁抹子分遍压抹，使面层灰平整、光滑，厚度一致。

（2）外墙抹灰

为防止抹灰开裂，外墙抹灰时应设界格（即分隔缝格），横向以上、下窗口界格为宜，竖向界格以间距不超过3m为宜，外墙界格缝间距一般以1m左右。界格材料及方法根据设计而定。其他工艺和要求与内墙抹灰相同。

（3）顶棚抹灰

钢筋混凝土楼板顶棚抹灰前，应用清水润湿并刷素水泥浆一道，抹灰前在四周墙上弹出水平线，以墙上水平线为依据，先抹顶棚四周，圈边找平。其他工艺和要求与内墙抹灰相同。

2. 吊顶工程

（1）木质吊顶施工

1）弹水平线。首先将楼地面基准线弹在墙上，并以此为起点，弹出吊顶高度水平线。

2）主龙骨的安装。主龙骨与屋顶结构或楼板结构连接主要有三种方式：用屋面结构或楼板内预埋铁件固定吊杆；用射钉将角铁等固定于楼底面固定吊杆；用金属膨胀螺栓固定铁件再与吊杆连接。主龙骨安装后，沿吊顶标高线固定沿墙木龙骨，木龙骨的底边与吊顶标高线齐平。

3）罩面板的铺钉。罩面板多采用人造板，应按设计要求切成方形、长方形等。板材安装前，按分块尺寸弹线，安装时由中间向四周呈对称排列，顶棚的接缝与墙面交圈应保持一致。

(2) 轻金属龙骨吊顶施工

轻金属龙骨按材料分为轻钢龙骨和铝合金龙骨。

1) 轻钢龙骨装配式吊顶施工

轻钢吊顶龙骨有 U 型和 T 型两种。施工前，先按龙骨的标高在房间四周的墙上弹出水平线，再根据龙骨的要求按一定间距弹出龙骨的中心线，找出吊点中心，将吊杆固定在埋件上。吊顶结构未设埋件时，要按确定的节点中心用射钉固定螺钉或吊杆，吊杆长度计算好后，在一端套丝，丝口的长度要考虑紧固的余量，并分别配好紧固用的螺母。

主龙骨的吊顶挂件连在吊杆上校平调正后，拧紧固定螺母，然后根据设计和饰面板尺寸要求确定的间距，用吊挂件将次龙骨固定在主龙骨上，调平调正后安装饰面板。饰面板的安装方法有：搁置法、嵌入法、粘贴法、钉固法、卡固法等。

2) 铝合金龙骨装配式吊顶施工

铝合金龙骨吊顶按罩面板的要求不同分龙骨底面不外露和龙骨底面外露两种形式。

按龙骨结构型式不同分 T 型和 TL 型。TL 型龙骨属于安装饰面板后龙骨底面外露的一种。铝合金吊顶龙骨及饰面板安装方法与轻钢龙骨吊顶基本相同。

3. 轻质隔墙工程

隔墙依其构造方式可分为砌块式、立筋式和板材式，装饰工程中主要为立筋式和板材式隔墙。立筋式隔墙骨架多为木材或型钢（轻钢龙骨、铝合金骨架），其饰面板多为人造板（如胶合板、纤维板、木丝板、刨花板、玻璃等）。板材式隔墙采用高度等于室内净高的条形板材进行拼装，常用的板材有：加气混凝土条板、石膏空心条板、碳化石灰板、石膏珍珠岩板等。

(1) 轻钢龙骨纸面石膏板隔墙施工

轻钢龙骨墙体的施工操作工序有：弹线→固定沿地、沿顶龙骨→龙骨架装配及校正→石膏板固定→饰面处理。

1) 弹线。根据设计要求确定隔墙的位置、隔墙门窗的位置，包括地面位置、墙面位置、高度位置以及隔墙的宽度。并在地面和墙面上弹出隔墙的宽度线和中心线，按所需龙骨的长度尺寸，对龙骨进行划线配料。按先配长料，后配短料的原则进行。量好尺寸后，用粉饼或记号笔在龙骨上画出切截位置线。

2) 固定沿地沿顶龙骨。沿地沿顶龙骨固定前，将固定点与竖向龙骨位置错开，用膨胀螺栓和打木楔钉、铁钉与结构固定，或直接与结构预埋件连接。

3) 骨架连接。按设计要求和石膏板尺寸，进行骨架分格设置，然后将预选切裁好的竖向龙骨装入沿地、沿顶龙骨内，校正其垂直度后，将竖向龙骨与沿地、沿顶龙骨固定起来。

4) 石膏板固定。安装时，将石膏板竖向放置，贴在龙骨上用电钻同时把板材与龙骨一起打孔，再拧上自攻螺丝。石膏板之间的接缝分为明缝和暗缝两种做法。

5) 饰面。待嵌缝腻子完全干燥后，即可在石膏板隔墙表面裱糊墙纸、织物或进行涂料施工。

(2) 铝合金隔墙施工技术

铝合金隔墙是用铝合金型材组成框架，再配以玻璃等其他材料装配而成。其主要施工工序为：弹线→下料→组装框架→安装玻璃。

1) 弹线。根据设计要求确定隔墙在室内的具体位置、墙高、竖向型材的间隔位置等。

2) 划线。在平整干净的平台上，用钢尺和钢划针对型材划线，要求长度误差±0.5mm，同时不要碰伤型材表面。下料时先长后短，并将竖向型材与横向型材分开。沿顶、沿地型材要划出与竖向型材的各连接位置线。划连接位置线时，必须划出连接部位的宽度。

3) 铝合金隔墙的安装固定。半高铝合金隔墙通常先在地面组装好框架后再竖立起来固定，全封铝合金隔墙通常是先固定竖向型材，再安装横档型材来组装框架。铝合金型材相互连接主要用铝角和自攻螺钉，它与地面、墙面的连接，则主要用铁脚固定法。

4) 玻璃安装。先按框洞尺寸缩小 3～5mm 裁好玻璃，将玻璃就位后，用与型材同色的铝合金槽条，在玻璃两侧夹定，校正后将槽条用自攻螺钉与型材固定。安装活动窗口上的玻璃，应与制作铝合金活动窗口同时安装。

4. 饰面工程

(1) 墙面饰面板的安装

1) 粘贴法

小规格饰面板尺寸小于 300mm×300mm，可采用粘贴的方法安装。

2) 湿法铺贴

湿法铺贴工艺适用于板材厚为 20～30mm 的大理石、花岗石或预制水磨石板，墙体为砖墙或混凝土墙。

湿法铺贴工艺是传统的铺贴方法，即在竖向基体上预挂钢筋网，用铜丝或镀锌铁丝绑扎板材并灌水泥砂浆粘牢。采用湿法铺贴工艺，墙体应设置锚固体。挂贴饰面板之前，将 $\phi 6$ 钢筋网焊接或绑扎于锚固件上。钢筋网双向中距为 500mm 或按板材尺寸。在饰面板上、下边各钻不少于两个 $\phi 5$ 的孔。每安装好一行横向饰面板后，即进行灌浆。突出墙面的勒脚饰面板安装，应待墙面饰面板安装完工后进行。待水泥砂浆硬化后，将填缝材料清除。饰面板表面清洗干净。

3) 干法铺贴

干法铺贴工艺也称为干挂法施工，即在饰面板材上直接打孔或开槽，用各种形式的连接件与结构基体用膨胀螺栓或其他架设金属连接而不需要灌注砂浆或细石混凝土。饰面板与墙体之间留出 40～50mm 的空腔。这种方法适用于 30m 以下的钢筋混凝土结构基体上，不适用于砖墙和加气混凝土墙。

(2) 内墙饰面砖粘贴施工

饰面砖的基层处理和找平层砂浆的涂抹方法与抹灰基本相同。

饰面砖镶贴前应进行预排，预排时应注意同一墙面的横竖排列，均不得有一行以上的非整砖。非整砖应排在最不醒目的部位或阴角处，用接缝宽度调整。砖的排列方法有"对缝排列"和"错缝排列"两种。

1) 在清理干净的找平层上，依照室内标准水平线，校核地面标高和分格线。

2) 以所弹地平线为依据，设置支撑饰面砖的地面木托板，加木托板的目的是为防止饰面砖因自重向下滑移，木托板表面应加工平整，其高度为非整砖的调节尺寸。整砖的镶贴，就从木托板开始自下而上进行。每行的镶贴宜以阳角开始，把非整砖留在阴角。

3）饰面砖宜先沿底尺横向贴一行，再沿垂直线竖向贴几行，然后从下往上从第二横行开始，在已贴的饰面砖口间拉上准线（用细铁丝），横向各行饰面砖依准线镶贴。

饰面砖镶贴完毕后，用清水或棉纱，将釉面砖表面擦洗干净。接缝宜用与面砖相同颜色的石灰膏或白水泥色浆擦嵌密实，并将面砖表面擦净。

(3) 外墙面砖镶贴

外墙面砖的镶贴形式由设计而定。外墙面砖应进行预排，预排时应根据设计图纸尺寸，进行排砖分格并绘制大样图。一般要求水平缝应与旋脸、窗台齐平，竖向要求阴角及窗口处均为整砖，分格按整块分均，并根据已确定的缝子大小做分格条和划出皮数杆。对墙、墙垛等处要求先测好中心线、水平分格线和阴阳角垂直线。

5. 楼地面工程

(1) 现制水磨石地面

水磨石地面面层施工，一般是在完成顶棚、墙面等抹灰后进行。也可以在水磨石楼、地面磨光两遍后再进行顶棚、墙面抹灰，但对水磨石面层应采取保护措施。水磨石面施工工艺流程如下：基层清理→浇水冲洗湿润→设置标筋→铺水泥砂浆找平层→养护→嵌分格条→铺抹水泥石子浆→养护→研磨→打蜡抛光。

(2) 板块面层铺设施工

块材地面是在基层上用水泥砂浆或水泥浆铺设块料面层（如水泥花砖、预制水磨石板、花岗石板、大理石板、马赛克等）形成的楼地面。

铺贴前，应先挂线检查地面垫层的平整度，弹出房间中心"十"字线，然后由中央向四周弹出分块线，同时在四周墙壁上弹出水平控制线。按照设计要求进行试拼试排，在块材背面编号，以便安装时对号入座，根据试排结果，在房间的主要部位弹上互相垂直的控制线并引至墙上，用以检查和控制板块的位置。

(3) 塑料地面施工

塑料地面按其材料的外形分为块材或卷材两种；按材质来分有软质、半硬质和硬质三种；按材料的结构分有单层、双层复合、多层复合三种。它是利用胶粘剂粘贴在牢固、坚实、平整的基层上而形成的地面。塑料地板铺贴的施工工艺流程为：基层清理→弹线→涂胶→地板→铺贴→踢脚板铺贴→表面清理。

(4) 木质地面施工

木质地面施工通常有架铺和实铺两种。架铺是在地面上先做出木搁栅，然后在木搁栅上铺贴基面板，最后在基面板上镶铺面层木地板。实铺是在建筑地面上直接拼铺木地板，木地板直接铺贴在地面时，对地面的平整度要求较高，一般地面应采用防水水泥砂浆找平或在平整的水泥砂浆找平层上刷防潮。木地板铺在基面或基层板上，铺设方法有钉接式和粘结式两种。

1) 钉接式

木地板面层有单层和双层两种。单层木地板面层是在木搁栅上直接钉直条企口板；双层木地板面层是在木搁栅架上先钉一层毛地板，再钉一层企口板。

双层木地板的下层毛地板铺设时必须清除其下房空间内的刨花等杂物。毛地板应与木搁栅成30°或45°斜面钉牢，板间的缝隙不大于3mm，以免起鼓，毛地板与墙之间留10～

20mm 的缝隙。接缝均应在木搁栅中心部位，且间隔错开。木板面层距墙 10～20mm，以后逐块紧铺钉木板面层铺完后，清扫干净。先按垂直木纹方向粗刨一遍，再顺木纹方向细刨一遍，然后磨光，待室内装饰施工完毕后再进行油漆并上蜡。

2) 粘结式

粘结式木地板面法，多用实铺式，将加工好的硬木地板块材用粘结材料直接粘贴在楼地面基层上。拼花木地板粘贴前，应根据设计图案和尺寸进行弹线。对于成块制作好的木地板块材，应按所弹施工线试铺，以检查其拼缝高低、平整度、对缝等。符合要求后进行编号，施工时按编号从房中间向四周铺贴。

6. 涂饰工程

(1) 基层处理

混凝土的抹灰表面为：基层表面必须坚实，无酥板、脱层、起砂、粉化等现象，否则应铲除。基层表面要求平整，如有孔洞、裂缝，须用同种涂料配制的腻子批嵌，除去表面的油污、灰尘、泥土等，清洗干净。对于施涂溶剂型涂料的基层，其含水率应控制在 6% 以内，对于施涂水溶性和乳液型涂料的基层，其含水率应控制在 10% 以内，pH 值在 10 以下。

木材表面：应先将木材表面上的灰尘，污垢应清除，并把木材表面的缝隙、毛刺等用腻子填补磨光。

金属表面：将灰尘、油渍、锈斑、焊渣、毛刺等清除干净。

(2) 涂料施工

涂料施工主要操作方法有：刷涂、滚涂、喷涂、刮涂、弹涂、抹涂等。

1) 刷涂。是人工用刷子蘸上涂料直接涂刷于被饰涂面。要求：不流、不挂、不皱、不漏、不露刷痕。刷涂一般不少于两道，应在前一道涂料表面干后再涂刷下一道。两道施涂间隔时间由涂料品种和涂刷厚度确定，一般为 2～4h。

2) 滚涂。是利用涂料辊子蘸上少量涂料，在基层表面上下垂直来回滚动施涂。阴角及上下口一般需先用排笔、鬃刷刷涂。

3) 喷涂。是一种利用压缩空气将涂料制成雾状（或粒状）喷出，涂于被饰涂面的机械施工方法。

7. 裱糊工程

(1) 工艺流程

基层处理→吊直、套方、找规矩、弹线→计算用料、裁纸→粘贴墙纸→修整。

(2) 裱糊壁纸施工

1) 基层处理：混凝土基层可根据其质量的好坏，在清扫干净的墙面上满刮 1～2 道石膏腻子，干后用砂纸磨平、磨光；若为抹灰面，可满刮大白腻子 1～2 道找平、磨光，但不可磨破灰皮；石膏板面用嵌缝腻子将缝堵实堵严，粘贴玻璃网格布或丝绸条、绢条等，然后局部刮腻子补平。

2) 吊垂直、套方、找规矩、弹线：首先应在房间四角的阴阳角通过吊垂直、套方、找规矩，并确定从哪个阴角开始按照壁纸的尺寸进行分块弹线控制。

3) 计算用料、裁纸：按已量好的尺寸放大 2～3cm，按此尺寸计算用料、裁纸。一般应在案子上裁割，将裁好的纸用湿温毛巾擦后，折好待用。

4）刷胶、糊纸：应分别在纸上及墙上、顶棚上刷胶，其刷胶宽度应相吻合，刷胶一次不应过宽。糊纸时从墙的阴角开始铺贴第一张，按已画好的垂直线吊直，并从上往下用手铺平，刮板刮实，并用小辊子将上、下阴角处压实。墙面上遇有电门、插销盒时，应在其位置上破纸作为标记。在裱糊时，阳角不允许甩槎接缝，阴角处必须裁纸搭缝，不允许整张纸匍贴，避免产生空鼓与皱折。

5）花纸拼接：纸的拼缝处花形要对接拼搭好；铺贴前应注意花形及纸的颜色力求一致；墙与顶壁纸的搭接应根据设计要求而定；花形拼接如出现困难时，错槎应尽量甩到不显眼的阴角处，大面不应出现错槎和花形混乱的现象。

6）壁纸修整：壁纸粘贴完后，应检查是否有空鼓不实之处，接槎是否平顺，有无翘边现象，胶痕是否擦净，有无气泡，表面是否平整，多余的胶是否清擦干净等，直至符合要求为止。

8. 幕墙工程

（1）幕墙工程安装基本要求

1）安装玻璃幕墙的钢结构、钢筋混凝土结构及砖混结构的主体工程，应符合有关结构施工及验收规范的要求，并完成质量验收工作。

2）安装玻璃幕墙的构件及零附件的材料品种、规格、色泽和性能，应符合设计要求。

3）玻璃幕墙的安装施工应单独编制施工组织设计方案。

（2）单元式玻璃幕墙的安装工艺流程

单元式玻璃幕墙的现场安装工艺流程如下：测量放线→检查预埋T型槽位置→穿入螺钉→固定牛腿→牛腿找正→牛腿精确找正→焊接牛腿→将V形和W形胶带大致挂好→起吊幕墙并垫减震胶垫→紧固螺丝→调整幕墙平直→塞入和热压接防风带→安装室内窗台板、内扣板→填塞与梁、柱间的防火、保温材料

（3）构件式玻璃幕墙的安装工艺

1）明框玻璃幕墙安装工艺流程

检验、分类堆放幕墙部件→测量放线→横梁、立柱装配→楼层紧固件安装→安装立柱并抄平、调整→安装横梁→安装保温镀锌钢板→在镀锌钢板上焊铆螺钉→安装层间保温矿棉→安装楼层封闭镀锌板→安装单层玻璃窗密封条→安装单层玻璃→安装双层中空玻璃密封条、卡→安装双层中空玻璃→安装侧压力板→镶嵌密封条→安装玻璃幕墙铝盖条→清扫→验收、收工

2）隐框玻璃幕墙安装工艺顺序

测量放线→固定支座的安装→立柱、横杆的安装→外围护结构组件的安装→外围护结构组件间的密封及周边收口处理→防火隔层的处理→清洁及其他

（4）点支承玻璃幕墙的安装工艺

钢结构的安装→拉索及支撑杆的安装→玻璃的安装。

（5）全玻幕墙的安装工艺

第 1 章　专业基础知识

安装固定主支承器→安装玻璃底槽→安装玻璃吊夹→安装面玻璃→安装肋玻璃→检查。

1.3.8　建筑防水、保温工程施工工艺与方法

1. 建筑防水工程施工

（1）屋面防水工程施工

1）卷材防水屋面施工

卷材防水屋面一般由结构层、隔汽层、保温层、找平层、防水层和保护层组成。

屋面防水层的施工工艺流程为：基层清理→涂刷基层处理剂→细部节点处理→铺贴防水卷材→收头密封→蓄水试验→隔离层施工→保护层施工。

① 清理基层。铲除基层表面的凸起物、砂浆疙瘩等杂物，并将基层清理干净。在分格缝处埋设排汽管，排汽管要安装牢固、封闭严密；排汽道必须纵横贯通，不得堵塞。

② 涂刷基层处理剂。基层处理剂涂刷时要厚薄均匀，在基层处理剂干燥后，才能进行下一道工序。

③ 细部节点处理。在大面积铺贴卷材防水层之前，应对所有的节点部位先进行防水增强处理。

④ 铺贴防水卷材。防水层施工应在屋面上其他工程完工后进行；卷材铺贴应采取先高后低、先远后近的施工顺序；即高低跨屋面，先铺高跨后铺低跨；等高的大面积屋面，先铺离上料地点远的部位，后铺较近部位，由屋面最低标高处向上施工。铺贴卷材的方向应根据屋面坡度或屋面是否受震动而确定，可平行于或垂直于屋脊铺贴。铺贴卷材应采用搭接方法，即上下两层及相邻两卷材的搭接接缝均应错开。高聚物改性沥青防水卷材施工有冷粘贴、热熔法及自粘法三种施工方法，使用最多的是热熔法。热熔法施工工艺流程为：清理基层→涂刷基层处理剂→铺贴卷材附加层→热熔铺贴大面防水卷材→热熔封边→蓄水试验→保护层施工→质量验收。合成高分子卷材防水施工方法分为冷粘贴施工、热熔（或热焊接）法施工及自粘型法施工三种，使用最多的是冷贴法。冷粘法施工工艺流程为：清理基层→涂刷基层处理剂→铺贴附加层卷材→涂刷基层胶粘剂→粘贴防水卷材→卷材接缝的粘接→卷材末端收头的处理→蓄水试验→保护层施工→质量验收。

⑤ 收头密封。防水层的收头应与基层粘结并固定牢固，缝口封严，不得翘边。

⑥ 蓄水试验。防水施工完成，24h 后可做，蓄水高度一般为 50～200mm，蓄水时间 24～48h，当无渗漏现象时，方可进行保护层施工。

⑦ 隔离层、保护层施工。将防水层表面清理干净，铺设保护层。保护层与女儿墙、山墙之间应预留宽度为 30mm 的缝隙，并用密封材料嵌填密实。

2）涂膜防水屋面施工

防水涂料应采用高聚物防水涂料或高分子防水涂料，有薄质涂料和厚质涂料两类施工方法。

① 薄质防水涂料施工

涂料防水屋面的结构层、找平层的施工与卷材防水屋面基本相同。在排水口、檐口、管道根部、阴阳角等容易渗漏的薄弱部位，应先增涂一布二油附加层。

基层处理剂干燥后方可进行涂膜的施工。薄质防水涂料屋面一般有三胶、一毡三胶、

二毡四胶、一布一毡四胶、二布五胶等做法。涂料的涂布顺序为：先高跨后低跨，先远后近，先立面后平面。同一屋面上先涂布排水较集中的水落口、天沟、檐口等节点部位，再进行大面积涂布。涂层应厚薄均匀、表面平整，待先涂的涂层干燥成膜后，方可涂布后一遍涂料。

涂膜防水屋面应设置保护层，保护层材料根据设计规定或涂料的使用说明书选定，一般可采用细砂、蛭石、云母、浅色涂料、水泥砂浆或块材等。

② 厚质防水涂料施工

石灰乳化沥青属于厚质的防水涂料，采用抹压法施工，要求基层干燥密实、坚固干净，无松动现象，不得起砂、起皮。

3) 刚性屋面施工

刚性防水屋面是指用细石混凝土、块体材料或补偿收缩混凝土等刚性材料作为防水层的屋面。刚性防水屋面一般由结构层、找平层、隔离层和防水层组成。隔离层可选用干铺卷材、砂垫层、低强度等级砂浆等材料，以起到隔离作用，待隔离层干燥有一定强度后进行防水层施工。

(2) 地下防水工程施工

1) 防水混凝土施工

防水混凝土首先必须满足设计的抗渗等级要求，同时适应强度要求，所以防水混凝土的配合比必须由试验室根据实际使用的材料及选用的外加剂（或外掺料）通过试验确定，其抗渗等级应比设计要求提高 0.2MPa；水泥用量不得少于 $300kg/m^3$，掺有活性掺合料时，水泥用量不得少于 $280kg/m^3$；砂率宜为 35%～45%，灰砂比宜为 1∶2～1∶2.5，水灰比不得大于 0.55；普通防水混凝土坍落度不宜大于 50mm，泵送时入泵坍落度宜为 100～140mm。

防水混凝土配料必须按重量配合比准确称量，采用机械搅拌。在运输和浇筑过程中，应防止漏浆和离析，坍落度不损失。浇筑时必须做到分层连续进行，采用机械振捣，严格控制振捣时间，不得欠振漏振，以保证混凝土的密实性和抗渗性。

施工缝是防水结构容易发生渗漏的薄弱部位，应连续浇筑宜少留施工缝。墙体一般只允许留水平施工缝，其位置应留在高出底板上表面 300mm 的墙身上，其形式如图 1-3-12 所示。在施工缝处继续浇筑混凝土时，应将施工缝处的混凝土表面凿毛，清理浮粒和杂物，用水冲洗干净，保持湿润，再铺一层 20～25mm 厚的水泥砂浆，捣压实后再继续浇筑混凝土。

防水混凝土的养护对其抗渗性能影响极大，因此，必须加强养护，一般混凝土进入终凝后（浇筑后 4～6h）即应覆盖，浇水湿润不少于 14d，不宜采用电热养护和蒸汽养护。防水混凝土养护达到设计强度等级的 70% 以上，且混凝土表面温度与环境温度之差不大于 15℃时，方可拆模，拆模后应及时回填土，以免温差产生裂缝。

2) 卷材防水施工

地下室卷材防水层施工大多采用外防水法，可分为外防外贴法和为外防内贴法。

① 外防外贴法施工

外防外贴法是在垫层铺贴好底板卷材防水层后，进行地下需防水结构的混凝土底板与墙体的施工，待墙体侧模拆除后，再将卷材防水层直接铺贴在墙面上，如图 1-3-13 所示。

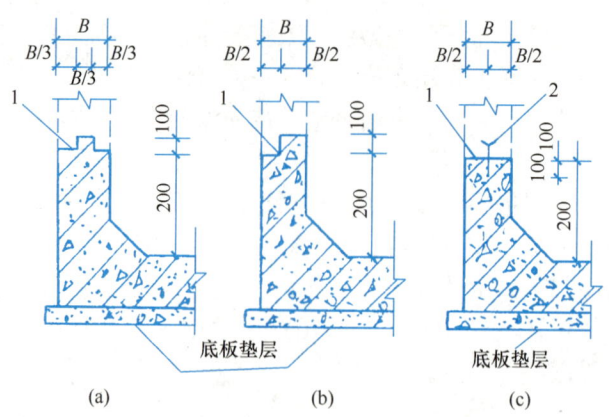

图 1-3-12 施工缝接缝形式

(a)、(b) 企口式（适于壁厚 300mm 以上的结构）；(c) 止水片施工缝
（适于壁厚 300mm 以上的结构）

1—施工缝；2—2～4mm 金属止水片

外防外贴法的施工程序是：首先浇筑需防水结构的底面混凝土垫层，并在垫层上砌筑部分永久性保护墙，墙下干铺油毡一层，墙高不小于 $B+200\sim500\text{mm}$（B 为底板厚度）。在永久性保护墙上用石灰砂浆砌临时保护墙，墙高为 150mm×（油毡层数＋1）；在永久性保护墙上和垫层上抹 1:3 水泥砂浆找平层，临时保护墙用石灰砂浆找平；待找平层基本干燥后，即在其上满涂冷底子油，然后分层铺贴立面和平面卷材防水层，并将顶端临时固定。在铺贴好的卷材表面做好保护层后，再进行需防水结构的底板和墙体施工。需防水结构施工完成后，将临时固定的接槎部位的各层卷材揭开并清理干净，再在此区段的外墙表面上补抹水泥砂浆找平层，找平层上满涂冷底子油，将卷材分层错槎搭接向上铺贴在结构表面上，并及时做好防水层的保护结构。

② 外防内贴法施工

外防内贴法是在垫层四周先砌筑保护墙，然后将卷材防水层铺贴在垫层和保护墙上，最后再进行地下需防水结构的混凝土底板与墙体的施工，如图 1-3-14 所示。

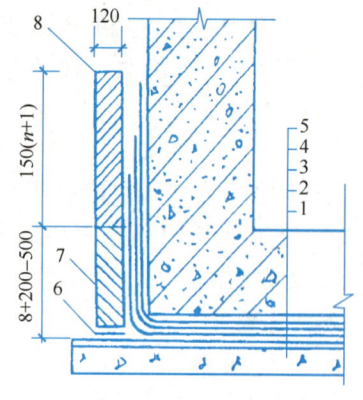

图 1-3-13 外贴法

1—垫层；2—找平层；3—卷材防水层；4—保护层；5—构筑物；6—油毡；7—永久保护墙；8—临时性保护墙

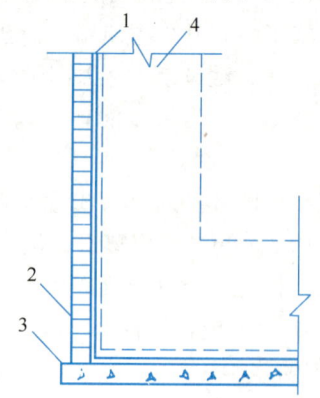

图 1-3-14 内贴法

1—卷材防水层；2—保护墙；3—垫层；4—尚未施工的构筑物

外防内贴法的施工程序是：先铺设底板的垫层，在垫层四周砌筑永久性保护墙，然后在垫层及保护墙上抹1：3水泥砂浆找平层，待其基本干燥并满涂冷底子油，沿保护墙与底层铺贴防水卷材。铺贴完毕后，在立面防水层上涂刷最后一层沥青胶时，趁热粘上干净的热砂或散麻丝，待冷却后，立即抹一层10～20mm后的1：3水泥砂浆找平层；在平面上铺设一层30～50mm厚的水泥砂浆或细石混凝土保护层，最后再进行需防水结构的混凝土底板和墙体的施工。

卷材防水层的施工要求是：铺贴卷材的基层表面必须牢固、平整、清洁和干燥。阴阳角处均应做成圆弧或钝角，在粘贴卷材前，基层表面应用与卷材相容的基层处理剂满涂。铺贴卷材时，胶结材料应涂刷均匀。外贴法铺贴卷材时应先铺平面，后铺立面，平立面交接处应交叉搭接；内贴法宜先铺立面，后铺平面；铺贴立面卷材时，应先铺转角，后铺大面。卷材的搭接长度，要求长边不应小于100mm，短边不应150mm。上下两层和相邻两幅卷材的接缝应相互错开1/3幅宽，并不得相互垂直铺贴。在立面和平面的转角处，卷材的接缝应留在平面上距离立面不小于600mm处。所有转角处均应铺贴附加层。

(3) 厨房、卫生间防水工程施工

厨房、厕所有防水要求的楼地面应设置柔性防水隔离层。厨房、厕所周边除门洞外，应向上设置一道高度不小于200mm的混凝土防水反坎，与楼板一同浇筑。厨房、卫生间楼地面完成标高应比室内其他房间标高低20～30mm，防水层应沿墙上翻高度不应小于1800mm。管道穿墙壁和楼板，有防水要求时应设置金属防水套管。

现浇楼板预留洞口填塞前，应将洞口清洗干净，毛化处理，涂刷加胶水泥浆作粘结层。洞口填塞分二次浇筑，先用掺入抗裂防渗剂的微膨胀细石混凝土浇筑到板厚2/3处，等混凝土凝固后进行4小时蓄水试验，无渗漏后，用掺入抗裂防渗剂的水泥砂浆填塞。管道安装后，应在管周进行24小时蓄水试验，无渗漏后再做防水层。应在洞口处做一圆台，高度为40～50mm。地面找平层朝地漏方向排水坡度为1%～1.5%，地漏口比相邻地面低5mm。有防水要求的地面施工完毕后，应进行24小时蓄水试验，蓄水高度为20～30mm，当无渗漏现象时，方可进行保护层施工，然后可根据设计要求铺设饰面层。

2. 保温工程施工

(1) 屋面保温工程施工

建筑工程屋面一般采用松散、板状保温材料和现浇整体保温材料保温层工程的施工。

铺设保温材料的基层（结构层）施工完以后，经检查验收合格方可铺设保温材料。铺设隔气层的屋面应先将表面清扫干净，且要求干燥、平整，不得有松散、开裂、空鼓等缺陷；隔气层的构造做法必须符合设计要求和施工及验收规范的规定。穿过结构的管根部位，应用细石混凝土填塞密实，以使管子固定。

屋面保温工程施工工艺流程：基层清理→弹线找坡→管根固定→隔气层施工→保温层铺设→抹找平层。

(2) 外墙保温工程施工

外墙保温系统按保温层的位置分为外墙内保温系统和外墙外保温系统两大类。外墙外保温系统是由保温层、保护层与固定材料构成的。目前比较成熟的外墙外保温技术主要有：聚苯乙烯泡沫板薄抹灰外墙外保温系统、胶粉EPS颗粒保温浆料外墙外保温系统、

EPS板现浇混凝土外墙外保温系统、EPS钢丝网架板现浇混凝土外墙外保温系统等。

1) 聚苯乙烯泡沫塑料板薄抹灰外墙外保温系统

聚苯板外墙外保温工程薄抹灰系统是采用聚苯板作保温隔热层，用胶粘剂与基层墙体粘贴辅以锚栓固定。当建筑物高度不超过20m时，也可采用单一的粘接固定方式，一般由工程设计部门根据具体情况确定。聚苯板的防护层为嵌埋有耐碱玻璃纤维网格增强的聚合物抗裂砂浆，属薄抹灰面层，防护层厚度普通型3～5mm，加强型5～7mm，饰面为涂料。

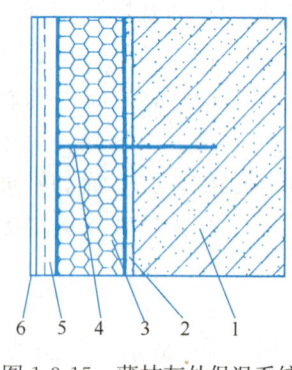

图1-3-15 薄抹灰外保温系统基本构造图

薄抹灰外保温墙体构造，见图1-3-15所示：①基层墙体（混凝土墙体各种砌体墙体）；②粘接层（胶粘剂）；③保温层（聚苯板）；④连接件（锚栓）；⑤薄抹灰增强防护层（专用胶浆并复合耐碱网布）；⑥饰面层（涂料）。

聚苯板的施工程序：材料、工具准备→基层处理→弹线、配粘结胶泥→粘结聚苯板→缝隙处理→聚苯板打磨、找平→装饰件安装→特殊部位处理→抹底胶泥→铺设网布、配抹面胶泥→抹面胶泥→找平修补、配面层涂料→涂面层涂料→竣工验收。

2) 胶粉聚苯颗粒外墙外保温工程

胶粉颗粒保温浆料外墙外保温系统，是采用胶粉聚苯颗粒保温浆料保温隔热材料，抹在基层墙体表面，保温浆料的防护层为嵌埋有耐碱玻璃纤维网格布增强的聚合物抗裂砂浆，属薄型抹灰面层，如图1-3-16、图1-3-17所示。

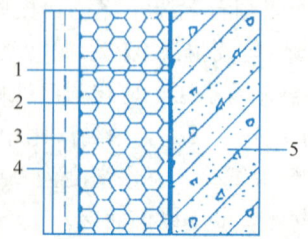

图1-3-16 涂料饰面胶粉聚苯颗粒外保温构造

1—界面砂浆；2—胶粉聚苯颗粒保温层；3—抗裂砂浆耐碱网格布+弹性底涂料；4—柔性耐水腻子涂料；5—基层墙体

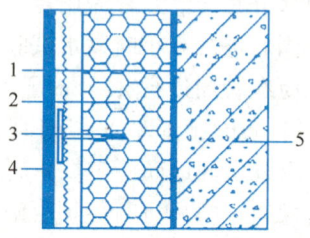

图1-3-17 面砖饰面胶粉聚苯颗粒外保温构造

1—界面砂浆；2—保温浆料；3—第一遍抗裂砂浆+热镀锌电焊网+第二遍抗裂砂浆；4—粘结砂浆+面砖+勾缝材料；5—基层墙体

胶粉聚苯颗粒外墙外保温工程施工程序：基层墙体处理→涂刷界面剂→吊垂、套方、弹控制线→贴饼、冲筋、作口→抹第一遍聚苯颗粒保温浆料→（24小时后）抹第二遍聚苯颗粒保温浆料→（晾干后）划分格线、开分格槽、粘贴分格条、滴水槽→抹抗裂砂浆→铺压玻纤网格布→抗裂砂浆找平、压光→涂刷防运 水弹性底漆→刮柔性耐水腻子→验收。

3) 钢丝网架板现浇混凝土外墙外保温工程

钢丝网架板混凝土外墙外保温工程 是以现浇混凝土为基层墙体，采用腹丝穿透性钢丝网架聚苯板作保温隔热材料，聚苯板单面钢丝网架板置于外墙外模板内侧，并以φ6锚筋钩紧钢丝网片作为辅助固定措施与钢筋混凝土现浇为一体，聚苯板的抹面层为抗裂砂浆，属厚型抹灰面层，面砖饰面，如图 1-3-18 所示。

在每层层间应当设水平抗裂分隔缝，聚苯板面的钢丝网片在楼层分层处应断开，不得相连，抹灰时嵌入层间塑料分隔条或泡沫塑料棒，并用建筑密膏嵌缝。垂直抗裂分隔缝不宜大于 30m² 墙面面积设置。应采用钢制大模板施工，并应有可靠技术保证措施，保证钢丝网架板和辅助固定件安装位置正确。

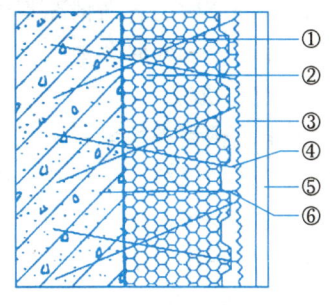

图 1-3-18　有网现浇系统
①现浇混凝土外墙；②EPS 单面钢丝网架板；③掺外加剂的水泥砂浆厚抹面层；④钢丝网架；⑤饰面层；⑥φ6 网

墙体混凝土应分层浇注，分层振捣，分层高度应控制在 500mm 以内，严禁混凝土泵正对聚苯板下料，振捣棒更不得接触聚苯板，以免板受损。

4）钢丝网架与现浇混凝土外墙外保温工程施工

施工工艺流程：墙体放线→绑扎外墙钢筋，钢筋隐检→安装钢丝网架聚苯板→验收钢丝网架聚苯板→支外墙模板→验收模板→浇筑墙体混凝土→检验墙及钢丝网架聚苯板→钢丝网架聚苯板板面抹灰。

第4节　土建工程常用施工机械的类型及应用

1.4.1　土方工程施工机械

1. 推土机械

推土机是土方工程施工的主要机械之一。我国生产的推土机有多种。推土机分用钢丝绳操纵和用油压操纵两种。

推土机操纵灵活，运转方便，所需工作面较小、行驶速度快、易于转移，能爬 30°左右的缓坡，因此应用较广。多用于场地清理和平整、开挖深度 1.5m 以内的基坑，填平沟坑，以及配合铲运机、挖土机工作等。此外，在推土机后面可安装松土装置，破、松硬土和冻土，也可拖挂羊足碾进行土方压料工作。推土机可以推挖一～三类土，运距在 100m 以内的平土或移挖作填，宜采用推土机，尤其是当运距在 30～60m 之间，最有效，即效率最高。

2. 铲运机械

铲运机由牵引机械和土斗组成，按行走方式分自行式和拖式两种，其操纵机构分油压式和索式。

铲运机的特点是能综合完成铲土、运土、平土或填土等全部土方施工工序，对行驶道路要求较低；操纵灵活、运转方便，生产率高，在土方工程中常应用于大面积场地平整，开挖大基坑、沟槽以及填筑路基、堤坝等工程。适宜于铲运含水量不大于 27% 的松土和普通土，不适于在砾石层和冻土地带及沼泽区工作，当铲运三、四类较坚硬的土时，宜用推土机助铲或用松土机配合将土翻松 0.2～0.4m，以减少机械磨损，提高生产率。

铲运机的基本作业是铲土、运土、卸土三个工作行程和一个空载回驶行程。在施工中,由于挖填区的分布情况不同,为了提高生产效率,应根据不同施工条件(工程大小、运距长短、土的性质和地形条件等),选择合理的开行路线和施工方法。

3. 挖土机械

挖土机械种类很多,按其行走装置的不同,分为履带式和轮胎式两类。单斗挖土机还可根据工作的需要,更换其工作装置。按其工作装置的不同,分为正铲、反铲、拉铲和抓铲等。按其操纵机械的不同,可分为机械式和液压式两类。

(1) 正铲挖土机

1) 作业特点:开挖停机面以上土方;工作面应在1.5m以上;开挖高度超过挖土机挖掘高度时,可采取分层开挖;装车外运。适用于开挖含水量不大于27%的一～四类土和经爆破后的岩石与冻土碎块;大型场地整平土方;工作面狭小且较深的大型管沟和基槽路堑;独立基坑;边坡开挖。

2) 挖土特点:"前进向上,强制切土"。

(2) 反铲挖土机

1) 作业特点:开挖地面以下深度不大的土方;最大挖土深度4～6m,经济合理深度为1.5～3m;可装车和两边甩土、堆放;较大较深基坑可用多层接力挖土。适用于开挖含水量大的一～三类的砂土或粘土;管沟和基槽;独立基坑;边坡开挖。

2) 挖土特点:"后退向下,强制切土"。

(3) 拉铲挖土机

1) 作业特点:开挖停机面以下土方;可装车和甩土;开挖截面误差较大;可将土甩在基坑(槽)两边较远处堆放。适用于挖掘一～三类土,开挖较深较大的基坑(槽)、管沟;大量外借土方;填筑路基、堤坝;挖掘河床;不排水挖取水中泥土。

2) 挖土特点:"后退向下,自重切土"。

(4) 抓铲挖土机

1) 作业特点:开挖直井或沉井土方;可装车或甩土;排水不良也能开挖;吊杆倾斜角度应在45°以上,距边坡应不小于2m。适用于土质比较松软,施工面较狭窄的深基坑、基槽;水中挖取土,清理河床;桥基、桩孔挖土;装卸散装材料。

2) 挖土特点:"直上直下,自重切土"。

1.4.2 起重机械

1. 塔式起重机

塔式起重机是起重臂安装在塔身顶部且可作360°回转的起重机。它具有较高的起重高度、工作幅度和起重能力,各种速度快、生产效率高,且机械运转安全可靠,使用和装拆方便等优点,因此,广泛地用于多层和高层的工业与民用建筑的结构安装。

(1) 塔式起重机类型

塔式起重机一般分为轨道(行走)式、爬升式、附着式、固定式等几种。

1) 轨道(行走)式塔式起重机

轨道(行走)式塔式起重机是一种能在轨道上行驶的起重机。这种起重机可负荷行走,有的只能在直线轨道上行驶,有的可沿"L"形或"U"形轨道上行驶。分塔身回转式和塔顶旋转式两种。

轨道（行走）式塔式起重机使用灵活，活动范围大，是结构安装工程的常用机械。

2）附着式塔式起重机

附着式塔式起重机是固定在建筑物近旁混凝土基础上的起重机械，它可以借助顶升系统随着建筑施工进度而自行向上接高。为了减少塔身的计算高度，规定每隔20m左右将塔身与建筑物用锚固装置联结起来。这种塔式起重机宜用于高层建筑的施工。

3）固定式塔式起重机

固定式塔式起重机的底架安装在独立的混凝土基础上，塔身不与建筑物拉结。这种起重机适用于安装大容量的油罐、冷却塔等特殊构筑物。

4）爬升式塔式起重机

爬升式塔式起重机是一种安装在建筑物内部（电梯井或特设的开间）的结构上，借助套架托梁和爬升系统自己爬升的起重机械。一般每隔1~2层楼便爬升一次。这种起重机主要用于高层建筑的施工。

（2）塔式起重机的工作参数

塔式起重机的主要工作参数包括：回转半径、起升高度（或称吊钩高度）、起重量和起重力矩。

1）回转半径

回转半径即通常所说的工作半径或幅度，是从塔式起重机回转中心线至吊钩中心线的水平距离。在选定塔式起重机时要通过建筑外形尺寸，作图确定回转半径，再考虑塔式起重机起重臂长度、工程对象计划工期、施工速度以及塔式起重机配置台数，然后确定所用塔式起重机。

2）起重量

起重量是指所起吊的重物重量、铁扁担、吊索和容器重量的总和。起重量参数又分为最大幅度时的额定起重量和最大起重量，对于钢筋混凝土高层及超高层建筑来说，最大幅度时的额定起重量极为关键。

3）起重力矩

起重力矩是起重量与相应工作幅度的乘积。对于钢筋混凝土高层和超高层建筑，重要的是最大幅度时的起重力矩必须满足施工需要。

4）起升高度

起升高度是自钢轨顶面或基础顶面至吊钩中心的垂直距离。塔式起重机进行吊装施工所需要的起升高度，同幅度参数一样，可通过作图和计算加以确定。

（3）塔式起重机选择的影响因素

影响因素有：建筑物的体型和平面布置、建筑层数、层高和建筑物总高度、建筑工程实物量、建筑构件、制品、材料设备搬运量、建筑工期、施工节奏、施工流水段的划分以及施工进度的安排、建筑基地及周围施工环境条件、当时当地塔式起重机供应条件及对经济效益的要求。

2. 井架

井架是建筑工程垂直运输的常用设备之一。它的特点是：稳定性好、运输量大，可以搭设较大的高度。井架可为单孔、两孔和多孔，常用单孔，井架内设吊盘。井架上可根据需要设置拔杆，供吊运长度较大的构件，其起重量为5~15kn，工作幅度可达10m。

井架除用型钢或钢管加工的定型井架外，也可用脚手架材料搭设而成，搭设高度可达50m以上。

3. 建筑施工电梯

建筑施工电梯是人货两运梯，也是高层建筑施工设备中唯一可以运送人员上下的垂直运输设备，它对提高高层建筑施工效率起着关键作用。

建筑施工电梯的吊笼装在塔架的外侧。按其驱动方式建筑施工电梯可分为齿轮齿条驱动式和绳轮驱动式两种。齿轮齿条驱动式电梯是利用安装在吊箱（笼）上的齿轮与安装在塔架立杆上的齿条相咬合，当电动机经过变速机构带动齿轮转动式吊箱（笼）即沿塔架升降。该电梯装有高性能的限速装置具有安全可靠，能自升接高的特点，作为货梯可载重10kN，亦可乘12～15人。其高度随着主体结构施工而接高可达100～150m以上。适用于建造25层特别是30层以上的高层建筑。

4. 自行式起重机

自行式起重机主要有履带式起重机、汽车式起重机与轮胎式起重机等。

（1）履带式起重机

履带式起重机主要由行走装置、回转机构、机身及起重臂等部分组成，如图1-4-1所示。

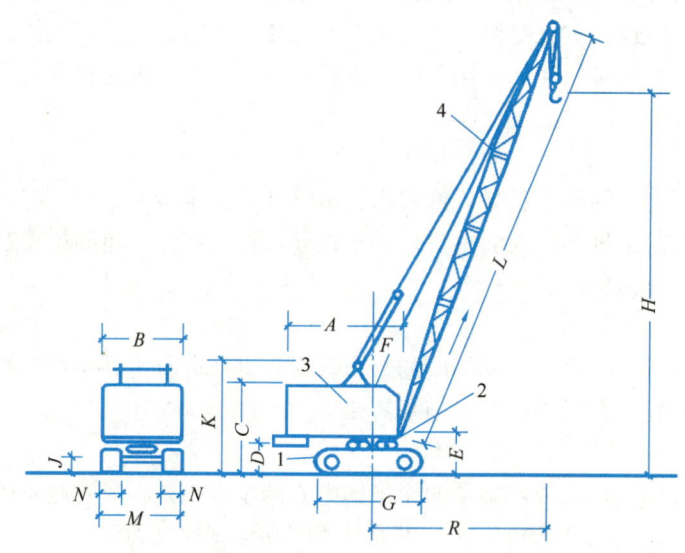

图1-4-1 履带式起重机

1—机身；2—履带；3—回转机构；4—起重臂；5—起重滑轮组；6—变幅滑轮组；
A、B……外形尺寸符号；L—起重臂长度；H—起升高度；R—工作幅度

履带式起重机的特点是操纵灵活，本身能回转360°，在平坦坚实的地面上能负荷行驶。由于履带的作用，可在松软、泥泞的地面上作业，且可以在崎岖不平的场地行驶。履带式起重机的缺点是稳定性差，行驶速度慢且履带易损坏路面。

履带式起重机主要有以下几种型号：W_1-50型、W_1-100型、W_1-200型等，其技术性能见表1-4-1。

第4节　土建工程常用施工机械的类型及应用

履带起重机的技术性能　　　　　　　表 1-4-1

项目		W_1-50		W_1-100		W_1-200		
最大起重量（kN）		100		150		500		
整机工作质量（t）		23.11		39.79		75.79		
接地平均压力（MPa）		0.071		0.087		0.122		
吊臂长度（m）		10	18	13	23	15	30	40
最大起升高度（m）		9	17	11	19	12	26.5	36
最小幅度（m）		3.7	4.5	4.5	6.5	4.5	8	10
主要外形尺寸（mm）	A	2900		3300		4500		
	B	2700		3120		3200		
	D	1000		1095		1190		
	E	1555		1700		2100		
	F	1000		1300		1600		
	M	2850		3200		4050		

（2）汽车式起重机

汽车式起重机是把起重机构安装在普通载重汽车或专用汽车底盘上的一种自行杆式起重机。汽车式起重机的优点是行驶速度快，转移迅速，对地面破坏小。因此，特别适用于流动性大，经常变换地点的作业。其缺点是不能负荷行驶，行驶时的转弯半径大。安装作业时稳定性差，为增加其稳定性，设有可伸缩的支腿，起重时支腿落地。

常见国产汽车式起重机性能见表 1-4-2。

汽车式起重机性能　　　　　　　　表 1-4-2

参数		单位	型号									
			Q_2-8				Q_2-12			Q_2-16		
重臂长度		m	6.95	8.50	10.15	11.70	8.50	10.8	13.2	8.80	14.40	20.0
最大起重半径时		m	3.2	3.4	4.2	4.9	3.6	4.6	5.5	3.8	5.0	7.4
最小起重半径时		m	5.5	7.5	9.0	10.5	6.4	7.8	10.4	7.4	12	14
起重量	最小起重半径时	T	6.7	6.7	4.2	3.2	12	7	5	16	8	4
	最大起重半径时	t	1.5	1.5	1	0.8	4	3	2	4.0	1.0	0.5
起重高度	最小起重半径时	m	9.2	9.2	10.6	12.0	8.4	10.4	12.8	8.4	14.1	19
	最大起重半径时	m	4.2	4.2	4.8	5.2	5.8	8	8.0	4.0	7.4	14.2

（3）轮胎起重机

轮胎式起重机是把起重机构安装在加重型轮胎和轮轴组成的特制底盘上的一种全回转式起重机，其上部构造与履带式起重机基本相同。为了保证安装作业时机身的稳定性，起重机设有四个可伸缩的支腿。在平坦的地面上可不用支腿进行小起重量作业及吊物低速行驶。

与汽车式起重机相比，其优点有：轮距较宽、稳定性好、车身短、转弯半径小、可在360°范围内工作。但其行驶时对路面要求较高，行驶速度较汽车式慢；不适于在松软泥泞的地面上工作。

常见国产轮胎式起重机性能表1-4-3。

轮胎式起重机性能　　　　　　　　　　　　　　　　　　　表 1-4-3

参数		单位	型号									
			QL₃-16			QL₃-25					QL₁-16	
起重臂长度		m	10	15	20	12	17	22	27	32	10	15
最大起重半径时		m	4	4.7	8	4.5	6	7	8.5	10	4	4.7
最小起重半径时		m	11.0	15.5	20.0	11.5	14.5	19	21	21	11	15.5
起重量	最小起重半径时 用支腿	t	16	11	8	25	14.5	10.6	7.2	5	16	11
	不用支腿	t	7.5	6	—	6	3.5	3.4	—	—	7.5	6
	最大起重半径时 用支腿	t	2.8	1.5	0.8	4.6	2.8	1.4	0.8	0.6	2.8	1.5
	不用支腿	t	—	—	—	0.75	—	—	—	—	—	—
起重高度	最小起重半径时	m	8.3	13.2	17.9	—	—	—	—	8.3	8.3	13.2
	最大起重半径时	m	5.3	4.6	6.85	—	—	—	—	8.3	5.0	4.6

1.4.3　混凝土运输机械

运输混凝土的工具要不吸水、不漏浆，方便快捷。混凝土运输分为地面运输、垂直运输和楼面运输三种情况。

混凝土地面运输工具有双轮手推车、机动翻斗车、混凝土搅拌运输车和自卸汽车。预拌（商品）混凝土采用混凝土搅拌运输车和自卸汽车。混凝土如来自工地搅拌站，则多用载重约1t的小型机动翻斗车，近距离亦用双轮手推车，有时还用皮带运输机和窄轨翻斗车。

混凝土垂直运输，多用塔式起重机加料斗、混凝土泵、快速提升斗和井架。

混凝土泵是一种有效的混凝土运输和浇筑工具，可以一次完成水平及垂直运输，将混凝土直接输送到浇筑地点。

混凝土泵宜与混凝土搅拌运输车配套使用，且应使混凝土搅拌站的供应能力和混凝土搅拌运输车的运输能力大于混凝土泵的泵送能力，以保证混凝土泵能连续工作，保证不堵塞。

泵送结束应及时清洗泵体和管道，用水清洗时将管道与"Y"形管拆开，放入海绵球14及清洗活塞15，再通过法兰13，使高压水软管12与管道连接，高压水推动活塞15和海绵球14，将残存的混凝土压出并清洗管道。

用混凝土泵浇筑的结构物，要加强养护，防止因水泥用量较大而引起龟裂。如混凝土浇筑速度快，对模板的侧压力大，模板和支撑应保证稳定和有足够的强度。

1.4.4 混凝土密实成型机械

振动机械按其工作方式分为：内部振动器、表面振动器、外部振动器和振动台。

(1) 内部振动器。又称插入式振动器，其工作部分是一棒状空心圆柱体，内部装有偏心振子，在电动机带动下高速转动而产生高频微幅的振动。多用于振实梁、柱、墙、厚板和大体积混凝土等厚大结构。

用插入式振动器振动混凝土时，应垂直插入，并插入下层混凝土50mm，以促使上下层混凝土结合成整体。每一振点的振捣延续时间，应使混凝土捣实（即表面呈现浮浆和不再沉落为限）。采用插入式振动器捣实普通混凝土的移动间距，不宜大于作用半径的1.5倍。捣实轻骨料混凝土的间距，不宜大于作用半径的1倍；振动器与模板的距离不应大于振动器作用半径的1/2，并应尽量避免碰撞钢筋、模板、预埋件等。

(2) 表面式振动器。又称平板振动器，它由带偏心块的电动机和平板（木板或钢板）等组成。在混凝土表面进行振捣，适用于楼板、地面等薄型构件。

这种振动器在无筋或单层钢筋结构中，每次振实的厚度不大于250mm；在双层钢筋的结构中，每次振实厚度不大于120mm。表面振动器的移动跳高，应保证振动器的平板覆盖已振实部分的边缘，以使该处的混凝土振实出浆为准。也可进行两遍振实，第一遍和第二遍的方向要互相垂直，第一遍主要使混凝土密实，第二遍则使表面平整。

(3) 外部振动器。又称附着式振动器，它通过螺栓或夹钳等固定在模板外部，是通过模板将振动传给混凝土拌合物，因而模板应有足够的刚度。它宜用于振捣断面小且钢筋密的构件。对于小截面直立构件，插入式振动器的振动棒很难插入，可使用附着式振动器，附着式振动器的设置间距，应通过试验确定，在一般情况下，可每隔1~1.5m设置一个。

1.4.5 沉桩机械

1. 打桩机械

打桩设备主要包括桩锤、桩架和动力装置三部分。

(1) 桩锤

桩锤的作用是对桩顶施加冲击力，把桩打入土中。桩锤主要有落锤、汽锤、柴油锤、振动锤等，目前应用较广的是柴油锤。

桩锤的类型应根据施工现场情况、机具设备条件及工作方式和工作效率等条件来选择。

(2) 桩架

桩架的作用是支撑桩身和悬吊桩锤，在打桩过程中引导桩身方向并保证桩锤沿着所要求方向冲击的打桩设备。桩架的类型很多，主要有履带式、滚管式、轨道式、步履式。

(3) 动力装置

锤击沉桩的动力装置取决于所选的桩锤。落锤以电源为动力，需配置电动卷扬机、变压器，电缆等；蒸汽锤以高压蒸汽为动力，需配置蒸汽锅炉和卷扬机；空气锤以压缩空气为动力，需配置空气压缩机、内燃机等；柴油锤以柴油作为能源，桩锤本身有燃烧室，不需外部动力设备。

2. 静力压桩机械

静力压桩是利用无振动、无噪声的静压力将桩压入土中。静力压桩的方法较多，有锚杆静压、液压千斤顶加压、绳索系统加压等，凡属非冲击力沉桩均可归属于静力压桩法。

静力压桩适用于在软土、淤泥质土中沉桩。施工中无噪声、无振动、无冲击力，与普通打桩和振动沉桩相比可减小对周围环境的影响，适合在有防振要求的建筑物附近施工。

常用的静力压桩机有机械式和液压式两种。

机械式静力压桩机是利用桩架的自重和压重，通过卷扬机牵引滑轮组，将整个压桩机的重力经压梁传至桩顶，以克服桩身下沉时与土的摩阻力，将桩压入土中。

液压式静力压桩机由压桩机构、行走机构和起吊机构三部分组成。液压式静力压桩机产生的压力可达 4000kN。压桩一般是分节压入，逐段接长。当第一节桩压入土中，其上端距地面 2m 左右时将第二节桩接上，继续压入。同一根桩应连续施工。液压式静力压桩机移动方便迅速、送桩定位准确、压桩效率高，已逐渐取代机械式静力压桩机。

第5节　土建工程施工组织设计的编制原理、内容及方法

1.5.1　施工组织设计概述

施工组织设计是以项目为对象编制的，用以指导施工的技术、经济和管理的综合性文件。编制施工组织设计是建筑施工企业经营管理程序的需要。编好并贯彻好施工组织设计，就可以保证拟建工程施工的顺利进行，取得多、快、好、省和安全的施工效果。

1. 施工组织设计的类型和编制依据

（1）施工组织设计的类型

1）施工组织设计按编制对象，可以分为施工组织总设计、单位工程施工组织设计和施工方案。

施工组织总设计是以若干单位工程组成群体工程或特大型项目为主要对象编制的施工组织设计，对整个项目的施工过程起统筹规划、重点控制的作用。

单位工程施工组织设计是以单位（子单位）工程为主要对象编制的施工组织设计，对单位（子单位）工程施工过程起指导和制约作用。

施工方案是以分部（分项）工程或专项工程为主要对象编制的施工技术与组织方案，用以具体指导其施工过程。

2）施工组织设计根据编制阶段的不同，可以分为投标阶段施工组织设计（简称标前施工组织设计）和实施阶段施工组织设计（简称标后施工组织设计）。两类施工组织设计的区别见表 1-5-1。

标前和标后施工组织设计的区别　　　　表 1-5-1

种类	服务范围	编制时间	编制者	主要特性	追求主要目标
标前施工组织设计	投标与签约	投标前	经营管理层	规划性	中标和经济效益
标后施工组织设计	施工准备至验收	签约后开工前	项目管理层	作业性	施工效率和效益

(2) 施工组织设计的编制依据

施工组织设计的编制应该符合国家相关规定，符合工程实际，使其更具有指导意义。施工组织设计的编制依据为：

1) 与工程建设有关的法律、法规和文件；
2) 国家现行有关标准和技术经济指标；
3) 工程所在地区行政主管部门的批准文件，建设单位对施工的要求；
4) 工程施工合同或招标投标文件；
5) 工程设计文件；
6) 工程施工范围内的现场条件，工程地质及水文地质、气象等自然条件；
7) 与工程有关的资源供应情况；
8) 施工企业的生产能力、机具设备状况、技术水平等。

2. 施工组织设计的编制原则

(1) 符合施工合同或招标文件中有关工程进度、质量、安全、环境保护、造价等方面的要求；

(2) 积极开发、使用新技术和新工艺，推广应用新材料和新设备；

(3) 坚持科学的施工程序和合理的施工顺序，采用流水施工和网络计划等方法，科学配置资源，合理布置现场，采取季节性施工措施，实现均衡施工，达到合理的经济技术指标；

(4) 采取技术和管理措施，推广建筑节能和绿色施工；

(5) 与质量、环境和职业健康安全三个管理体系有效结合。

3. 施工组织设计的内容

不同类施工组织设计的内容各不相同，一般包括以下基本内容：

(1) 施工组织总设计的内容包括：工程概况、总体施工部署、施工总进度计划、总体施工准备与主要资源配置计划、主要施工方法、施工总平面布置、主要施工管理计划等基本内容。

(2) 单位工程施工组织设计的内容包括：工程概况、施工部署、施工进度计划、施工准备与资源配置计划、主要施工方案、施工现场平面布置、主要施工管理计划等基本内容。

(3) 施工方案的内容包括：工程概况、施工安排、施工进度计划、施工准备与资源配置计划、主要施工方法与工艺要求等基本内容。

4. 施工组织设计的编制和审批

(1) 当拟建工程中标后，施工单位必须编制建设工程施工组织设计。施工组织设计应由项目负责人主持编制，建设工程实行总包和分包的，由总包单位负责编制施工组织设计或者分阶段施工组织设计。分包单位在总包单位的总体部署下，负责编制分包工程的施工组织设计。施工组织设计应根据合同工期及有关的规定进行编制，并且要广泛征求各协作施工单位的意见。

(2) 对结构复杂、施工难度大以及采用新工艺和新技术的工程项目，要进行专业性的研究，必要时组织专门会议，邀请有经验的专业工程技术人员参加。

(3) 施工组织设计编制，要充分发挥各职能部门的作用，吸收相关人员参加编制和审定；发挥施工企业的优势，合理地进行工序交叉配合的程序设计。

（4）当比较完整的施工组织设计方案提出之后，要组织参加编制的人员及单位进行讨论，逐项逐条地研究修改，最终形成正式文件，送主管部门审批。

施工组织设计审批应遵循如下规定：

1）可根据需要分阶段编制和审批。

2）施工组织总设计由总承包单位技术负责人审批；单位工程施工组织设计由施工单位技术负责人或技术负责人授权的技术人员审批；施工方案由项目技术负责人审批；重点、难点分部（分项）工程和专项工程施工方案由施工单位技术部门组织相关专家评审，施工单位技术负责人批准。

3）由专业承包单位施工的分部（分项）工程或专项工程的施工方案，由专业承包单位技术负责人或技术负责人授权的技术人员审批；有总承包单位时，由总承包单位项目技术负责人核准备案。

4）规模较大的分部（分项）工程和专项工程的施工方案应按照单位工程施工组织设计进行编制和审批。

5. 施工组织设计的执行与动态管理

（1）施工组织设计一经监理机构审核确认，施工单位和工程相关单位应认真贯彻执行，未经审批不得修改。施工组织设计的修改或补充涉及原则性重大变更，须履行原审批手续。重大变更包括：工程设计有重大修改；有关法律、法规、规范和标准实施、修订和废止；主要施工方法有重大调整；主要施工资源配置有重大调整；施工环境有重大改变等。

（2）工程施工前，应进行施工组织设计逐级交底。使相关管理人员和施工人员了解和掌握相关部分的内容和要求，保证施工组织设计得以有效地贯彻实施。除分项、专项工程的施工方案需进行技术交底外，涉及新产品、新材料、新技术、新工艺（即"四新"技术）以及特殊环境、特种作业等也必须向施工作业人员交底。施工方案交底的内容包括施工程序和顺序、施工工艺、操作方法及要领、质量控制、安全措施等。

（3）有关人员在施工过程中必须做好记录。积累资料，工程结束后及时做出总结。各级生产及技术负责人都要督促、检查施工组织设计的贯彻执行，分析执行情况、适时调整。

1.5.2 施工组织总设计

施工组织总设计是以一个建设项目或建筑群为对象，根据初步设计或扩大初步设计图纸以及其他有关资料和现场施工条件编制，用以指导整个施工现场各项施工准备和组织施工活动的技术经济文件。

1. 施工组织总设计编制依据

在编制施工组织总设计时，应具备下列编制依据：

（1）计划文件及有关合同。

（2）设计文件及有关资料。

（3）工程勘察和原始资料。

（4）现行规范、规程和有关技术规定。

（5）类似工程的施工组织总设计和有关参考资料。

2. 施工组织总设计编制内容

施工组织总设计编制内容有：工程概况及特点分析；施工部署和主要工程项目施工方案；施工总进度计划；施工资源需要量计划；施工准备工作计划；施工总平面图和主要技术经济指标等。

（1）工程概况及特点分析

工程概况及特点分析是对整个建设项目的总说明和总分析，是对整个建设项目或建筑群所作的一个简单扼要、突出重点的文字介绍。有时为了补充文字介绍的不足，还可以附有建设项目总平面图，主要建筑的平、立、剖示意图及辅助表格。一般应包括以下内容：

1）建设项目特点。
2）建设地区特征。
3）施工条件及其他内容。

（2）施工部署

施工部署是对整个建设项目全局作出的统筹规划和全面安排，主要解决影响建设项目全局的重大施工问题。

（3）施工总进度计划

施工总进度计划是施工现场各项施工活动在时间和空间上的体现。编制施工总进度计划是根据施工部署中的施工方案和施工项目开展的程序，对整个工地的所有施工项目做出时间和空间上的安排。编制施工总进度计划的基本要求是：保证拟建工程在规定的期限内完成，发挥投资效益、施工的连续性和均衡性、节约施工费用。

（4）施工准备工作计划

总体施工准备应包括调查研究与收集资料、技术准备、现场准备、资源准备和资金准备等，且技术准备、现场准备和资金准备应满足项目分阶段（期）施工的需要。

（5）各项资源需要量计划

1）主要资源配置计划应包括劳动力配置计划和物资配置计划等。
2）劳动力配置计划应包括下列内容：确定各施工阶段（期）的总用工量；根据施工总进度计划确定各施工阶段（期）的劳动力配置计划。
3）物资配置计划应包括下列内容：根据施工总进度计划确定主要工程材料和设备的配置计划；根据总体施工部署和施工总进度计划确定主要周转材料和施工机具的配置计划。

（6）施工总平面图

施工总平面图是拟建项目施工场地的总布置图。它是按照施工方案和施工总进度计划的要求，将施工现场的交通道路、材料仓库、附属企业、临时房屋、临时水电管线等作出合理的规划布置，从而正确处理全工地施工期间所需各项临时设施和永久建筑以及拟建项目之间的空间关系。

1.5.3 单位工程施工组织设计

单位工程施工组织设计是建筑施工企业组织和指导单位工程施工全过程各项活动的技术经济文件。

1. 单位工程施工组织设计的编制依据

（1）主管部门的批示文件及有关要求。

（2）经过会审的施工图。

（3）施工企业年度施工计划。

（4）施工组织总设计。

（5）工程预算文件及有关定额。

（6）建设单位对工程施工可能提供的条件。

（7）施工条件。

（8）施工现场的勘察资料。

（9）有关的规范、规程和标准。

（10）有关的参考资料及施工组织设计实例。

2. 单位工程施工组织设计的内容

根据工程的性质、规模、结构特点、技术复杂难易程度和施工条件等，单位工程施工组织设计编制内容的深度和广度也不尽相同。但一般来说应包括下述主要内容：

（1）工程概况及施工特点分析。

（2）施工方案。

（3）单位工程施工进度计划表。

（4）单位工程施工平面图。

（5）主要技术经济指标。

3. 工程概况和施工特点分析

（1）工程建设概况。主要介绍拟建工程的建设单位，工程名称、性质、用途和建设的目的，资金来源及工程造价，开竣工日期，设计单位、施工单位、监理单位，施工图纸情况，施工合同是否签订，上级有关文件或要求，以及组织施工的指导思想等。

（2）工程建设地点特征。主要介绍拟建工程的地理位置、地形、地貌、地质、水文地质、气温、冬雨季时间、主导风向、风力和地震烈度等。

（3）建筑、结构设计概况。主要根据施工图纸、结合调查资料，简练地概括工程全貌、综合分析，突出重点问题。对新结构、新材料、新技术、新工艺及施工的难点作重点说明。

（4）施工条件。主要介绍"三通一平"的情况，当地的交通运输条件，资源生产及供应情况，施工现场大小及周围环境情况，预制构件生产及供应情况，施工单位机械、设备、劳动力的落实情况，内部承包方式、劳动组织形式及施工管理水平，现场临时设施、供水、供电问题的解决。

（5）工程施工特点分析。主要介绍拟建工程施工特点和施工中关键问题、难点所在，以便突出重点、抓住关键，使施工顺利进行，提高施工单位的经济效益和管理水平。

4. 施工方案

在选择施工方案时应着重研究以下三个方面的内容：确定各分部分项工程的施工顺序；确定主要分部分项工程的施工方法和选择适用的施工机械；制订主要技术组织措施；进行流水施工。

（1）施工顺序的确定

确定施工顺序应遵循的基本原则：即先地下，后地上；先主体，后围护；先结构，后装修；先土建，后设备。

（2）施工方法和施工机械的选择

1）主要依据：在单位工程施工中，施工方法和施工机械的选择主要应根据工程建筑结构特点、质量要求、工期长短、资源供应条件、现场施工条件、施工单位的技术装备水平和管理水平等因素综合考虑来进行。

2）基本要求：应考虑主要分部分项工程的施工要求；应符合施工组织总设计的要求；应满足施工技术的要求；应考虑如何符合工厂化、机械化的要求；应符合先进、合理、可行、经济的要求；应满足工期、质量、成本和安全的要求。

（3）主要的施工技术、质量、安全及降低成本措施

1）技术措施：对采用新材料、新结构、新工艺、新技术的工程，以及高耸、大跨度、重型构件、深基础等特殊工程，在施工中要表明的平面、剖面示意图以及工程量一览表；施工方法的特殊要求、工艺流程、技术要求；水下混凝土及冬雨季施工措施；材料、构件和机具的特点，使用方法及需用量。

2）质量措施：保证定位放线、轴线尺寸、标高测量等准确无误的措施；保证地基承载力、基础、地下结构及防水施工质量的措施；保证主体结构等关键部位施工质量的措施；保证屋面、装修工程施工质量的措施；保证采用新材料、新结构、新工艺、新技术的工程施工质量的措施；保证和提高工程质量的组织措施。

3）安全措施：保证土方边坡稳定措施；脚手架、吊篮、安全网的设置及各类洞口防止人员坠落措施；外用电梯、井架及塔吊等垂直运输机具的拉结要求和防倒塌措施；安全用电和机电设备防短路、防触电措施；易燃、易爆、有毒作业场所的防火、防暴、防毒措施；季节性安全措施。如雨期的防洪、防雨，夏期的防暑降温，冬期的防滑、防火、防冻措施等；现场周围通行道路及居民安全保护隔离措施；确保施工安全的宣传、教育及检查等组织措施。

4）成本措施：合理进行土方平衡调配，以节约台班费；综合利用吊装机械，减少吊次，以节约台班费；提高模板安装精度，采用整装整拆，加速模板周转，以节约木材或钢材；混凝土、砂浆中掺加外加剂或掺混合料，以节约水泥；采用先进的钢材焊接技术以节约钢材；构件及半成品采用预制拼装、整体安装的方法，以节约人工费、机械费等。

5. 单位工程施工进度计划

单位工程施工进度计划是在施工方案的基础上，根据规定工期和技术物资供应条件，遵循工程的施工顺序，用图表形式表示各分部分项工程搭接关系及工程开竣工时间的一种计划安排。

（1）编制依据

单位工程施工进度计划的编制依据主要包括：施工图、工艺图及有关标准图等技术资料；施工组织总设计对本工程的要求；施工工期要求；施工方案；施工定额以及施工资源供应情况。

（2）编制步骤

1）划分施工过程

2）计算工程量

3) 套用施工定额

4) 计算劳动量及机械台班量

5) 计算确定施工过程的延续时间

6) 初排施工进度

7) 检查与调整施工进度计划

（3）编制资源需用量计划

单位工程施工进度计划编制确定以后，便可编制劳动力需要量计划；编制主要材料、预制构件、门窗等的需用量和加工计划；编制施工机具及周转材料的需用量和进场计划的编制。

6. 单位工程施工平面图

单位工程施工平面图，是对拟建工程的施工现场，根据施工需要的有关内容，按一定的规则而作出的平面和空间的规划。

（1）单位工程施工平面图设计的内容

1) 单位工程施工区域范围内，将已建的和拟建的地上的、地下的建筑物及构筑物的平面尺寸、位置标注出来，并标注出河流、湖泊等的位置和尺寸以及指北针、风向玫瑰图等。

2) 拟建工程所需的起重机械、垂直运输设备、搅拌机械及其他机械的布置位置，起重机械开行的线路及方向等。

3) 施工道路的布置、现场出入口位置等。

4) 各种预制构件堆放及预制场地所需面积、布置位置；大宗材料堆场的面积、位置确定；仓库的面积和位置确定；装配式结构构件的就位位置确定。

5) 生产性及非生产性临时设施的名称、面积、位置的确定。

6) 临时供电、供水、供热等管线的布置；水源、电源、变压器位置确定；现场排水沟渠及排水方向的考虑。

7) 土方工程的弃土及取土地点等有关说明。

8) 劳动保护、安全、防火及防洪设施布置以及其他需要的布置内容。

（2）单位工程施工平面图设计依据

1) 自然条件调查资料。

2) 技术经济条件调查资料。

3) 拟建工程施工图纸及有关资料。

4) 一切已有和拟建的地上、地下的管道位置。

5) 建筑区域的竖向设计资料和土方平衡图。

6) 施工方案与进度计划。

7) 主要材料、半成品、预制构件加工生产计划、需要量计划及施工进度要求等资料。

8) 建设单位能提供的已建房屋及其他生活设施的面积等有关情况。

9) 现场必须搭建的有关生产作业场所的规模要求。

10) 其他需要掌握的有关资料和特殊要求。

（3）单位工程施工平面图设计原则

1) 在确保安全施工以及使现场施工能比较顺利进行的条件下，要布置紧凑，少占或不占农田,尽可能减少施工占地面积。

2)最大限度缩短场内运距,尽可能减少二次搬运。

3)在保证工程施工顺利进行的条件下,尽量减少临时设施的搭设。

4)各项布置内容,应符合劳动保护、技术安全、防火和防洪的要求。

(4)单位工程施工平面设计步骤

1)确定起重机械的位置;

2)布置仓库和堆场位置;

3)布置运输道路;

4)布置临时设施;

5)布置水电管网。

1.5.4 施 工 方 案

施工方案是以分部(分项)工程或专项工程为主要对象编制的施工技术与组织方案,用以具体指导其施工过程。

施工方案包括下列三种情况:专业承包公司独立承包(分包)项目中的分部(分项)工程或专项工程所编制的施工方案;作为单位工程施工组织设计的补充,由总承包单位编制的分部(分项)工程或专项工程施工方案;按规范要求单独编制的强制性专项方案。

1. 施工方案的内容

施工方案的内容包括:工程概况、施工安排、施工进度计划、施工准备与资源配置计划、施工方法及工艺要求等。

(1)编制工程概况

施工方案的工程概况一般比较简单,有些内容已经在单位工程施工组织设计中包含,应对工程主要情况、设计简介和工程施工条件等重点内容加以说明。

(2)编制施工安排

专项工程的施工安排包括专项工程的施工目标、施工顺序与施工流水段、施工重难点分析及主要管理与技术措施、工程管理组织机构与岗位职责等内容。施工安排是施工方案的核心,关系专项工程实施的成败。

(3)编制施工进度计划

分部(分项)工程或专项工程施工进度计划应按照施工安排,并结合总承包单位的施工进度计划进行编制。

(4)编制施工准备与资源配置计划

施工准备的主要内容包括:分部工程或专项工程的技术准备、现场准备和资金准备等。

资源配置计划的主要内容包括:分部工程或专项工程的劳动力配置计划和物资配置计划。

(5)施工方法及工艺要求

1)施工方法:是工程施工期间所采用的技术方案、工艺流程、组织措施、检验手段等。它直接影响施工进度、质量、安全以及工程成本。施工方法中应进行必要的技术核算,对主要分项工程(工序)明确施工工艺要求。施工方法应比施工组织总设计和单位工程施工组织设计的相关内容更细化。

2) 施工重点：专项工程施工方法应对易发生质量通病、易出现安全问题、施工难度大、技术含量高的分项工程（工序）等应做出重点说明。

3) 新技术应用：对开发和使用的新技术、新工艺以及采用的新材料、新设备应通过必要的试验或论证并制定计划。

4) 季节性施工措施：对季节性施工应提出具体要求。根据施工地点的实际气候特点，提出具有针对性的施工措施。

2. 危险性较大工程专项施工方案的内容和编制方法

（1）危险性较大工程专项施工方案的内容

它是在编制施工组织设计的基础上，针对危险性较大的分部分项工程单独编制的安全技术措施文件。专项方案包括以下内容：

1) 工程概况：危险性较大的分部分项工程概况、施工平面布置、施工要求和技术保证条件。

2) 编制依据：相关法律、法规、规范性文件、标准、规范及图纸（国标图集）、施工组织设计等。

3) 施工计划：包括施工进度计划、材料与设备计划。

4) 施工工艺技术：技术参数、工艺流程、施工方法、检查验收等。

5) 施工安全保证措施：组织保障、技术措施、应急预案、监测监控等。

6) 劳动力计划：专职安全生产管理人员、特种作业人员等。

7) 计算书及相关图纸。

（2）危险性较大工程专项方案的编制、审核与论证

1) 专项施工方案的编制

施工单位应当在危险性较大的分部分项工程施工前编制专项施工方案，编制步骤和方法与施工方案基本相同，只是编制内容略有区别，主要是更加强调施工安全技术、施工安全保证措施和安全管理人员及特种作业人员等要求。

对于超过一定规模的危险性较大的分部分项工程，施工单位应当组织专家组对其专项方案进行充分论证。对于实行施工总承包的建筑工程项目，其专项施工方案应当由施工总承包单位组织编制。其中，起重机械安装拆卸工程、深基坑工程、附着式升降脚手架等专业工程实行分包的，其专项方案可由专业承包单位组织编制。

2) 专项施工方案的审核

专项方案应当由施工单位技术部门组织本单位施工技术、安全、质量等部门的专业技术人员进行审核。经审核合格的，由施工单位技术负责人签字。实行施工总承包的，专项方案应当由总承包单位技术负责人及相关专业承包单位技术负责人签字。

不需专家论证的专项方案，经施工单位审核合格后报监理单位，由项目总监理工程师审核签字。

3) 专项施工方案的论证

超过一定规模的危险性较大的分部分项工程专项方案应当由施工单位组织召开专家论证会。实行施工总承包的，由施工总承包单位组织召开专家论证会。

1.5.5 土建工程施工组织设计技术经济分析

施工方案的技术经济分析涉及的因素多而且复杂，一般来说施工方案的技术经济分析有定性分析和定量分析两种。

1. 定性分析

施工方案的定性分析是人们根据自己的个人实践和一般的经验，对若干个施工方案进行优缺点比较，从中选择出比较合理的施工方案。如技术上是否可行、安全上是否可靠、经济上是否合理、资源上能否满足要求等。此方法比较简单，但主观随意性较大。

2. 定量分析

施工方案的定量分析是通过计算施工方案的几个相同的主要技术经济指标，进行综合分析比较选择出各项指标较好的施工方案。这种方法比较客观，但指标的确定和计算比较复杂。主要的评价指标有以下几种：

（1）工期指标：当要求工程尽快完成以便尽早投入生产或使用时，选择施工方案就要在确保工程质量、安全和成本较低的条件下，优先考虑缩短工期，在钢筋混凝土工程主体施工时往往用增加模板的套数来缩短主体工程的施工工期。

（2）机械指标：包括 施工机械化程度、施工机械完好率、施工机械利用率。

1）施工机械化程度，即机械化施工完成工程量与总工程量的比值。在考虑施工方案时应尽量提高施工机械化程度，降低工人的劳动强度。

$$施工机械化程度 = \frac{机械完成的实物工程量}{全部实物工程量} \times 100\%$$

2）施工机械完好率，即机械化施工：完成台班数与计划内机械制度台班数的比值。

3）施工机械利用率，即计划内机械工作台班数与计划内机械制度台班数的比值。

（3）主要材料消耗指标：反映若干施工方案的主要材料节约情况。

（4）降低成本指标：它综合反映工程项目或分部分项工程由于采用不同的施工方案而产生不同的经济效果。其指标可以用降低成本额和降低成本率来表示。

$$降低成本额 = 预算成本 - 计划成本$$

$$降低成本率 = \frac{降低成本额}{预算成本} \times 100\%$$

除此之外，还有如下指标进行定量分析：

1）劳动生产率：应计算的相关指标包括：全员劳动生产率（元/人·年）；单位用工（工日/m^2竣工面积）；劳动力不均衡系数（施工期高峰人数与平均人数的比值）。

2）单位工程质量优良率。

3）安全指标：工伤事故率等。

4）预制加工程度：预制加工完成的工作量与总工作量的比值。

5）临时工程：临时工程投资比例，即全部临时工程投资与建安工程总值的比值。临时工程费用比例，即含租用费的临时工程投资扣除预计回收费后与建安工程总值的比值。

6）节约三大材百分比：节约钢材百分比；节约木材百分比；节约水泥百分比。

7）施工现场场地综合利用指标临时设施及材料堆场占地面积与扣减了待建建筑物占地面积的施工现场占地面积的比值。

第 2 章 工 程 计 量

第 1 节 建筑工程识图基本原理与方法

2.1.1 概 述

1. 建筑制图标准

（1）图纸幅面

图纸幅面是图纸宽度与长度组成的图面。可分为 A0 号图纸、A1 号图纸、A2 号图纸、A3 号图纸、A4 号图纸。

（2）标题栏与会签栏

每一张图纸右下角有一个会签栏，用于填写设计单位名称、注册师签章、项目经理、修改记录及工程名称等。标题栏是指工程图纸上由各工种负责人填写其所代表的有关专业、姓名、日期等表格，一般位于图纸的左上角。

（3）图线、字体和比例

图线：建筑施工图采用线型有实线、虚线、单点长画线、双点长画线、折断线和波浪线等线型，其中前四种线型有粗、中、细三种。

字体：图纸上的汉字采用长仿宋体或黑体。

比例：是图样中的图形与实物相应要素的线性尺寸之比。比例的大小即为比值的大小。

（4）尺寸标注

尺寸界线、尺寸线、尺寸起止符号、尺寸数字称为尺寸四要素。

2. 房屋建筑施工图的分类和内容

房屋建筑施工图根据专业分工不同，一般分为三大类，即建筑施工图、结构施工图、设备施工图。

（1）建筑施工图

建筑施工图，简称建施。主要表示新建建筑的位置和周围环境的总体布置、建筑物的外形、内部布置、细部构造、装饰做法和施工要求的图样。建筑施工图分基本图和详图两种。

基本图包括建筑施工总说明、总平面图、建筑平面图（建筑立面图、建筑剖面图。建筑详图包括建筑的局部放大图，节点构造图，构、配件详图。

建筑施工图在施工中主要用作新建筑定位、放线、砌筑墙体、安装门窗、室内外装饰和细部构造施工的依据。

（2）结构施工图

结构施工图，简称结施。主要表示房屋承重构件的布置，构件间的相互位置关系，构件的形状，以及构件内部的配筋情况。结构施工图包括结构施工说明、结构平面布置图、结构构件详图、标准图等。

结构施工图在施工中主要用作新建建筑定位、放线、挖土、基础施工、安置结构构件、配置构件模板、绑扎构件内部钢筋、放置构件内部的预埋件和浇捣构件混凝土的依据。

（3）设备施工图

设备施工图，简称设施。主要表示建筑内电气、给水排水、采暖通风的管道位置、走向和做法要求。设备施工图包括电气施工图、给水排水施工图、采暖通风施工图。

设备施工图在施工中主要用作新建建筑电气线路的布置、给水排水管道的设置、走向、采暖通风管道的布置和管道制作的依据。

以上三类施工图中，通常把建筑施工图和结构施工图称为土建施工图，设备施工图称为安装施工图。

对于装饰要求较高的建筑，也可把建筑施工图分为土建施工图和装饰施工图。

3. 房屋建筑图的编排顺序

房屋建筑图的编排顺序为：全局性的施工图在前，局部性的施工图在后；基本施工图在前，详图在后。所以整套房屋建筑图的编排顺序为：

建筑施工图：目录，施工总说明，总平面图，建筑平面图，建筑立面图，建筑剖面图，建筑详图。

结构施工图：结构施工说明，结构平面布置图，结构构件详图，标准图。

设备施工图：电气施工图，给水排水施工图，采暖通风施工图。

4. 房屋建筑图的特点

（1）房屋建筑施工图大多数采用正投影原理绘制。通常在水平投影面上绘制建筑平面图，在正立投影面上绘制建筑立面图，在侧立投影面上绘制建筑剖面图或者侧立面图。

（2）房屋建筑施工图采用缩小比例绘制。由于建筑形体庞大一般采用缩小比例绘制，不同的施工图采用不同的比例，如总平面图常用比例为 1∶1000，建筑平面图常用比例为 1∶100 等。一般一个图样采用同一种比例，特殊情况可以采用两种比例，如建筑中的梁、柱等细长构件。

（3）房屋建筑施工图图例、符号应严格按照国家标准绘制。为了作图简便，国家标准《建筑制图标准》及《房屋建筑制图统一标准》中规定了一系列图例、符号表示建筑材料、建筑构配件等。

5. 房屋建筑图的规定画法

（1）图线：在房屋建筑施工图中，为了表示不同的内容，可采用不同的线型来表示。

（2）尺寸标注：在房屋建筑图中尺寸数字后面都不注单位，按国家建筑制图标准，总平面图和标高的尺寸单位为 m，其他施工图的尺寸单位均为 mm。

（3）定位轴线及其编号：在房屋建筑中凡是墙、柱、梁、屋架等主要承重构件，都用一根细点画线来表示其位置，这根细点画线称为定位轴线。对于次承重构件，如分隔墙等，可用附加定位轴线来表示。

（4）索引符号：房屋建筑图中的某一局部或构件、配件，如需另见详图，应以索引符号索引。索引符号用直径为 10mm 的圆和沿水平直径方向的细实线表示。

(5) 详图符号：详图符号用来表示详图所在的位置和编号。详图符号用一直径为14mm 的粗实线圆圈来表示，圆圈内注写详图编号。

(6) 引出线：引出线采用细实线，可以画成水平线，也可以画成与水平方向成 30°、45°、60°、90°的直线，并在引出线的上方或者端部注写文字说明。

(7) 对称符号：绘制房屋建筑工程图时，若构配件结构对称时，不需画出全部图样，可用对称符号表示。对称符号用细点画线绘制，两端画两根平行的细实线，长度为 6～10mm，每对平行线的间距为 2～3mm。

(8) 指北针：指北针是用细实线绘制直径为 24mm 的圆圈，指针尾部的宽度为 3mm，指针头部应注"北"或"N"字。指北针用于表明房屋的朝向。

(9) 风向频率玫瑰图：风向频率玫瑰图的作用是表明房屋的朝向和当地的风向频率，图中的实线表示当地常年的风向频率，虚线表示夏季的风向频率。

2.1.2 建筑总平面图

1. 建筑施工总说明

建筑施工总说明主要是对本建筑工程的设计和施工作具体的说明，一般包括：工程概况，标高关系，有关设计资料以及建筑工程的施工要求和工艺做法。

2. 总平面图

(1) 总平面图的内容

总平面图的内容有拟建房屋的位置，周围环境的布置，拟建房屋所处位置的地形，地下的建筑物、构筑物的位置，设备管道的走向等。

(2) 建筑总平面图识读

1) 看图名、比例、图例及有关的文字说明。
2) 了解工程的用地范围、地形地貌和周围环境情况。
3) 了解拟建房屋的平面位置和定位依据。
4) 了解拟建房屋的朝向和主要风向。
5) 了解道路交通及管线布置情况。
6) 了解绿化、美化的要求和布置情况。

2.1.3 建筑平面图

建筑平面图是整幢房屋的水平剖面图。一幢三层或者三层以上的房屋，其建筑平面图至少应有三张，即底层平面图、标准层平面图、顶层平面图。

底层平面图既要反映建筑物的内容，又要反映建筑物周围的构造设施，如台阶、散水或明沟、花坛、雨水管等构造。标准层平面图既要反映建筑物的内容，又要反映雨篷等凸出建筑物外墙的构造。顶层平面图只需反映建筑物的内容。

建筑平面图在施工中作为拟建房屋定位、放线、砌墙、安装门窗、室内外装饰、编制预算、备料的依据。

1. 建筑平面图的内容

建筑平面图主要表示建筑的平面形状，建筑内部同一水平面上各部分的布置和相互间关系（如出入口、走廊、房间、楼梯等），门窗的位置，墙、柱位置以及其他构配件的大小和位置等。

2. 建筑平面图识读

（1）了解图名、比例及文字说明。

（2）了解纵横定位轴线及编号。

（3）了解房屋的平面形状和总尺寸。

（4）了解房间的布置、用途及交通联系。

（5）了解门窗的布置、数量及型号。

（6）了解房屋的开间、进深、细部尺寸和室内外标高。

（7）了解房屋细部构造和设备配置等情况。

（8）了解剖切位置及索引符号。

2.1.4 建筑立面图

用平行于建筑物的某一外墙面的平面作为投影面，向其作正投影，所得到的投影图称为建筑立面图。建筑立面图是建筑物各立面（外墙面）的正投影图。

由于建筑物有若干个方向的墙面，故建筑立面图的命名有多种方式。

① 按朝向命名如某一外墙面正朝南，即为南立面图，以此类推，这一命名方法是立面图中常用的一种方法。

② 按轴线命名当建筑物的某一外墙面朝东南向时，按平面图中的定位轴线编号命名，如①～⑦立面图等。

③ 按主次命名一般把建筑物的主要出入口和反映建筑物主要特征的外墙面称之为主立面图，其余称为次立面图，这一方法一般适于临街建筑。

建筑立面图在施工中主要作为建筑物门窗标高、尺寸及外墙面装饰等的依据。

1. 建筑立面图的图示内容

建筑立面图主要反映建筑物的外形轮廓和各部分配件的形状及相互关系，如门窗的形式、开启方向、角度等，在立面图上还应标注外墙面的装饰材料和做法，建筑各主要部位的标高以及定位轴线的编号等。

2. 建筑立面图识读

（1）了解图名及比例。

（2）了解立面图与平面图的对应关系。

（3）了解房屋的外貌特征。

（4）了解房屋的竖向标高。

（5）了解房屋外墙面的装修做法。

2.1.5 建筑剖面图

建筑剖面图是整幢建筑物的垂直剖面图。建筑剖面图剖切方向有两个，即横向和纵向。沿横向轴线剖切，得到的剖面图为横向剖面图。沿纵向轴线剖切，得到的剖面图为纵向剖面图。

建筑剖面图在施工中作为房屋竖向定位、放线，安装门窗、结构构件（过梁、圈梁），屋面找坡等的依据。

1. 建筑剖面图的图示内容

建筑剖面图表示建筑物内部垂直方向的构、配件的标高，楼层的分层情况，垂直空间的利用，以及结构形式和节点构造的方式（如屋顶的形式、屋顶的坡度、楼板的搁置方向、楼梯的形式、过梁、圈梁的断面形状等）。建筑剖面图（除备有地下室外）一般只需表达建筑物室外地坪以上部分，以下部分省略，在图中用折断线断开。

建筑剖面图是建筑物上某一垂直面的投影图，因此它反映的内容有局限性，要全面了解建筑物形状、内部构造和构配件的相互关系，应结合建筑平面图、建筑立面图和其他有关图样一起阅读。

2. 建筑剖面图识读

（1）了解图名及比例。

（2）了解剖面图与平面图的对应关系。

（3）了解房屋的结构形式。

（4）了解主要标高和尺寸。

（5）了解屋面、楼面、地面的构造层次及做法。

（6）了解屋面的排水方式。

（7）了解索引详图所在的位置及编号。

2.1.6 建 筑 详 图

建筑详图是建筑施工图中的局部性图样，它是建筑构备的细部施工图，也是建筑平面图、建筑立面图、建筑剖面图的补充图。由于建筑平、立、剖面图采用比例较小，在某些建筑的构造细部上无法表达清楚。根据施工的需要必须用较大的比例绘制，这样的图称为建筑详图。建筑详图在施工中作为建筑细部构造施工（定位、放线、细部构造的作法和施工要求）、建筑配件的制作等的依据。

1. 建筑详图的种类

根据表达内容的不同，建筑详图可分为以下三种：

（1）建筑平面局部放大图。局部放大图既是原图的放大，也是原图的进一步充实和具体化，一般局部放大图采用的比例为1∶50、1∶30等。

（2）构配件详图。建筑的构配件繁多，为了清楚地反映构配件的形状、大小和具体的施工要求，就得把这些构配件放大绘制，以方便施工，常用构配件详图有楼梯详图、门窗详图等。

（3）节点构造详图。节点构造详图就是反映构配件在组合中的相互关系（即位置关系和搭接关系），常用的节点构造详图有墙身节点构造详图等，节点构造详图常用比例为1∶20、1∶10、1∶5、1∶2、1∶1等。

2. 建筑详图识图

绘制建筑详图，一般采用较大比例，如墙身详图采用1∶20，楼梯详图采用1∶50等，并在图例上严格按照国家制图标准上规定的图例绘制。

建筑详图识图步骤为：

（1）了解图名（或详图符号）、比例；

（2）了解构配件各部分的构造连接方法及相对位置关系；

(3) 了解各部位、各细部的详细尺寸；
(4) 了解构配件或节点所用的各种材料及其规格；
(5) 了解有关施工要求、构造层次及制作方法说明等。

2.1.7 结构施工图

1. 结构施工图的内容

(1) 结构施工说明

结构施工说明一般都安排在具体图纸上，它主要对结构中的材料和施工要求作具体的说明。

(2) 结构平面图

结构平面图有基础平面图、楼层结构平面图、屋盖结构平面图等。

(3) 构件详图

构件详图有柱、梁、板、基础、楼梯、屋架等详图和其他构件（如支撑、预埋件等）详图。

2. 基础图

基础图是表示基础的平面布置和详细构造的图样。进行基础施工时，它作为定位、放线、砌筑和浇筑基础的依据。基础图通常包括基础平面图、基础详图。

(1) 基础平面图

基础平面图是假设用一个水平的剖切平面沿相对标高±0.000处剖切，移去上部建筑及基础周围的泥土，由上向下作正投射，所得到图形称为基础平面图。基础平面图采用的比例一般与建筑平面图相同（1：100），以便与建筑平面图对照阅读。

基础平面图中一般只需画出条形基础墙的厚度，基础底面的宽度；独立基础画出杯口的大小及基础底面的大小。用粗点画线画基础中的基础梁和地圈梁。其他细部，如条形基础大放脚台阶等，均省略不画，这些细部的构造和尺寸在基础详图中反映。

基础平面图包括基础的构造形式，平面布置，基础墙的厚度，基础底面的宽度，基础梁、地圈梁的平面布置，基础墙上预留孔的位置、规格、标高，基础详图的剖切位置、剖视方向和编号。

(2) 基础详图

基础详图是根据基础平面图上的剖切位置和剖视方向所得到的基础垂直断面图，基础详图采用的比例为1：20或1：10。

基础详图主要表示基础的详细构造、尺寸和材料，基础的埋置深度，以及基础的底面标高，具体内容如下：

① 基础的编号，如J_1、J_2等，在阅读基础详图中要与基础平面图中的编号相对应。

② 轴线编号，表示基础墙与定位轴线的位置关系。

③ 基础的断面形状、大小和材料；基础梁的断面形状、尺寸和配筋等。

④ 基础断面各部分的详细构造和尺寸。

⑤ 基础的埋置深度，室外设计地坪面的标高，底层室内地坪面标高，基础底面标高。

⑥ 基础材料、构造作法的有关说明。

3. 结构平面布置图

结构平面布置图（结构平面图），主要表示在楼层和屋盖水平面上，结构构件平面位置、尺寸和现浇构件的位置、构造及相互间关系等。结构平面布置图同时可作为楼层和屋盖结构构件安装，现浇板制作的依据。

在楼层结构图中，如每一层楼层结构布置相同时，只需画一张结构平面图即可。

结构平面图主要表示楼层、屋盖中各种构件的平面关系，如轴线间尺寸与构件的尺寸关系，墙体与构件的位置关系，各种构件的代号、型号、位置及定位的尺寸以及结构说明等。

4. 结构构件详图

结构构件是指结构中的主要承重构件，如梁、板、柱等。在结构平面图中只表示出各种结构构件的布置情况，对于各种构件的形状、大小、材料和构造等情况则必须用构件的详图表示。

（1）钢筋混凝土构件详图种类

钢筋混凝土构件详图一般包括模板图、配筋图及钢筋表。

1）模板图也称外形图，表示钢筋混凝土构件的外形，预埋件、预留箍筋、预留孔洞的位置和尺寸，有关标高和构件预埋件的名称和位置关系。模板图适用于较复杂的构件，以便于模板制作和安装。

2）配筋图包括立面图、断面图和钢筋详图，表示构件内部各种钢筋的位置、直径大小、形状和钢筋型号、数量等。

3）钢筋表为便于编制施工预算，统计用料，对配筋较复杂的钢筋混凝土构件应列出钢筋表，用来计算材料用量，具体内容见表2-1-1。

钢筋表   表2-1-1

构件名称	构件数	钢筋编号	钢筋规格	简图	长度/mm	每件支数	总支数	重量总计/kg
L₁	1	1	Φ16		6790	2	2	24.3
		2	Φ18		6790	2	2	30.8
		3	Φ18		5974	1	1	11.5
		4	Φ18		5074	1	1	11.5
		5	Φ8		1580	40	40	28.3

（2）钢筋混凝土构件详图的主要内容

钢筋混凝土构件详图主要表示构件代号、比例、构件定位，构件的形状、大小和构件上预埋件的代号及布置，构件内部的钢筋布置，施工说明等内容。

5. 混凝土结构平法施工图识图

所谓"平法"表达方法，是把结构构件（如梁、柱和剪力墙）的尺寸和配筋等，整体直接表达在该构件的结构平面布置图上，再配合标准构造详图，构成完整的结构施工图。

平面图上表示各构件尺寸和配筋值的方式,有平面注写方式(标注梁)、列表注写方式(标注墙和剪力墙)和截面注写方式(标注柱和梁)。

2.1.8 建筑装饰施工图

1. 装饰施工图的内容

一套装饰施工图包括首页图、平面布置图、立面图、顶棚平面图、剖面图、节点详图,必要时增绘效果图及家具图。

2. 装饰平面图

装饰平面布置图的主要内容及图线表示:

1)图名及比例。图名是按房间的使用功能命名,比例不小于1:50(常用1:50)。

2)室内家具、陈设、隔断、卫生设备的布置方式。

3)尺寸标注。分为外部尺寸和内部尺寸,外部尺寸有三道,各道尺寸的标注与建筑施工图基本相同。

4)文字说明。包括家具及陈设的名称,材料、色彩的选择,地面的材料、色彩的要求等。

5)立面的投影关系、视图编号及其他。

另外,图中凡是属于建筑施工图的部分(如墙、柱、门窗等),都与建筑施工图的线型、粗细相同;图中的家具、地面的图案、尺寸线、引出线均为细实线;木骨架或轻钢龙骨隔墙用中粗线表示。

3. 装饰立面图

装饰立面图的基本内容及图线表示:

① 图名及比例。装饰立面图的图名应与平面布置图内的立面图投影编号相一致,比例不小于1:50(最好与平面布置图比例相同)。

② 表明墙面的造型样式,电器设备的位置(如壁灯等),若家具固定在墙面上(如壁柜),则应表示出家具的外观样式及尺寸。

③ 墙面造型样式简单时,立面图上应画出活动式家具及其陈设;墙面造型样式复杂时,为避免家具对墙面造型的遮挡则不用表示。

④ 尺寸标注。包括水平尺寸、垂直尺寸和细部尺寸,其中细部尺寸表明台阶和踏步的高度尺寸、造型块内部的定位尺寸、顶棚跌级造型的相互关系尺寸等。

⑤ 如有门窗、隔断等构件,则应表明它们的位置、样式、材料及尺寸。

⑥ 表明墙面与顶棚的衔接处理方式。

⑦ 用文字说明各造型部位的材料、颜色、线脚的类型、窗帘的材料以及颜色等。

⑧ 若从装饰立面图中引有详图或剖面图,应表明详图索引符号及剖面图的剖切位置、编号,标出墙面两端的定位轴线及编号。

在装饰立面图中,墙面的外轮廓线及墙面展开图中的面与面的转折线用中粗线表示;墙面造型、灯具及开关等设备,门窗、隔断的分格线等均用细实线表示。

4. 装饰剖面图

装饰剖面图是将室内某一装饰部位沿水平或铅垂剖切面作整体或局部剖切,以表达其内部结构、细部构造、尺寸大小、材料的选择、工艺要求的视图。其数量应根据室内各部位装修的复杂程度和施工要求而定。装饰剖面图一般用较大的比例绘制,如1∶20、1∶10、1∶5等。剖面图的剖切位置和剖切方向可从顶棚平面图、立面图、平面布置图中查到。

(1) 顶棚剖面图主要内容及图线表示:

① 图名及比例。图名应与顶棚平面图内的剖切位置的编号相一致,比例不小于1∶50。

② 剖切位置及顶棚块面的划分情况。

③ 吊顶龙骨的材料、吊筋的分部情况及顶棚跌级变化处龙骨的连接关系;不同材料面层之间及跌级变化部位面层的接缝处理;顶棚与墙面的连接处理;顶棚剖切处的灯具、灯槽、通风口、窗帘盒的构造等。

④ 尺寸标注,包括水平尺寸、垂直尺寸、细部尺寸。其中细部尺寸包括灯槽的尺寸、线脚的尺寸、通风口的尺寸等。还应标出顶棚剖面图两端的定位轴线及编号,若引有节点详图应注明详图索引号。

⑤ 文字说明,包括材料的要求、线脚的编号、灯具的规格等。用多层构造引出线标出顶棚的构造做法。

在顶棚剖面图中被剖到的墙体、面板、线脚的轮廓线均为中粗线;玻璃、灯具、内部填充材料、吊筋等可见部分为细实线。

(2) 墙身剖面图的主要内容:

① 图名及比例。墙身剖面图的剖切位置及编号一般标注在立面图中,其图名应与剖切位置的编号相一致;墙身剖面图一般选用较大的比例(如1∶20、1∶30)。

② 踢脚、墙裙、台度内部的结构、材料、工艺要求等。

③ 剖切处墙身各造型部位的基本构造层次。墙面与顶棚的衔接收口方式。

④ 门窗的位置,窗台的构造及墙裙、台度与窗台板的连接方式等。窗帘盒与顶棚的衔接方式及窗帘轨道的材料。

⑤ 若墙面在剖切位置设有灯槽,则应表示出灯槽的剖面构造及灯具的规格类型。

⑥ 标注尺寸。垂直尺寸的第一道标注踢脚、墙裙(或台度)、造型块、窗帘盒等的高度尺寸;第二道标注垂直方向的细部尺寸。水平尺寸:标注水平方向的细部尺寸。

⑦ 文字说明。各部位材料、色彩、连接固定方式及线脚的要求等。用多层构造引出线标出各部位的构造做法。

⑧ 定位轴线及编号。图中若引有详图,应标注详图索引符号。

(3) 隔墙剖面图

隔墙主要有木龙骨胶合板隔墙、轻钢龙骨隔墙、铝合金玻璃隔墙等。

1) 轻钢龙骨隔墙剖面图的主要内容

① 轻钢龙骨的类型。每个系列都是由沿地龙骨、沿墙龙骨、沿顶龙骨、竖向龙骨、横撑龙骨等组成。

② 连接方式。龙骨和墙面、地面、楼板的连接方式。一般采用膨胀螺栓、膨胀尼龙塞、预埋木砖连接;竖向龙骨与沿墙、沿地、沿顶龙骨的连接方式(有焊接、自攻螺钉、组合件连接);如隔墙上设有门窗,应表明门窗框与龙骨的连接方法。

③ 轻钢龙骨隔墙的饰面材料;如有隔声要求应绘出隔墙内部的填充材料。

④ 踢脚板、墙裙的材料和尺寸。

⑤ 定型定位尺寸。包括竖向龙骨的间距等。

2) 木龙骨胶合板隔墙剖面图的主要内容

① 骨的类型及尺寸。木龙骨胶合板隔墙的骨架分大方木骨架（截面为 50mm×80mm，双向间距为 500mm）和小方木骨架（截面为 23mm×30mm，双向间距为 300mm）。

② 骨架与楼板的连接方式。

③ 基层胶合板的厚度和面层的材料、颜色、工艺的要求。

④ 门窗框或玻璃与骨架的固定方式。

⑤ 踢脚、墙裙的材料、尺寸等。

5. 装饰节点详图

在装饰平面布置图、立面图、剖面图中，一些部位的详细构造做法、工艺要求无法表达清楚，必须绘制节点详图将一些节点（如线脚、装饰柱、地面、灯槽、通风口、固定家具等）的形状、尺寸、材料、做法详细地表达出来。节点详图是装饰平面布置图、立面图、剖面图的补充，是指导装饰施工和编制装饰预算的依据。

节点详图的内容和数量应根据装饰工程的复杂程序而定。它可以分为剖切放大详图和投影放大详图。

第2节 建筑面积计算规则及应用

2.2.1 概 述

建筑面积是以平方米为计量单位反映房屋建筑规模的实物量指标，它广泛应用于建设计划、统计、设计、施工和工程概预算等各个方面，在建筑工程造价管理方面起着非常重要的作用，是房屋建筑计价的主要指标之一。

1. 建筑面积的概念

建筑面积是指建筑物（包括墙体）所形成的楼地面面积，附属于建筑物的室外阳台、雨篷、檐廊、室外走廊、室外楼梯等并入建筑面积中。

2. 建筑面积的组成

建筑面积的组成，包括使用面积、辅助面积和结构面积。

（1）使用面积

使用面积是指建筑物各层平面布置中直接为生产或生活使用的净面积总和。例如客厅、卧室、卫生间、厨房等。

（2）辅助面积

辅助面积是指建筑物各层平面布置中为辅助生产或生活服务所占的净面积总和，如楼梯间、走廊、电梯井等。

（3）结构面积

结构面积是指建筑物各层平面布置中的墙体、柱等结构在平面布置上所占的面积之和。

3. 建筑面积的作用

建筑面积计算是工程计量的最基础工作,在工程建设中具有重要意义。它是核定估算、概算、预算工程造价的一个重要基础数据,是计算和确定工程造价,并分析工程造价和工程设计合理性的一个基础指标,也是国家进行建设工程数据统计、固定资产宏观调控的重要指标,同时,建筑面积还是房地产交易、工程承发包交易、建筑工程有关运营费用的核定等的一个关键指标。其具体作用,表现在以下几个方面。

(1) 建筑面积是控制建设规模的重要指标

建筑面积能直接反映建设项目的规模大小,因此,可作为控制建设项目投资的重要指标。对于国家投资的项目,施工图的建筑面积不得超过初步设计的 5%,否则必须重新报批。

(2) 建筑面积是评价设计方案的依据

建筑设计和建筑规划中,经常使用建筑面积控制"容积率""建筑密度""建筑系数"等指标,在评价设计方案时,居住面积系数、土地利用系数、有效面积系数等指标也与建筑面积密切相关。

$$容积率 = \frac{建筑总面积}{建筑规划用地面积} \times 100\%$$

$$建筑密度 = \frac{建筑物底层面积}{建筑规划用地面积} \times 100\%$$

其中,容积率计算中的建筑总面积,必须是 ±0.00 标高以上的建筑面积,容积率越低,居民舒适度越高,反之则舒适度越低;建筑密度反映建筑物的面积占用率。

(3) 建筑面积是确定各项技术经济指标的基础

建筑面积是一项重要的技术经济指标,根据建筑面积可以确定单位建筑面积的工程造价指标、单位建筑面积的材料消耗量指标,以及单位建筑面积的人工用量指标等。

$$单方造价 = \frac{总造价}{建筑总面积} \times 100\%$$

(4) 建筑面积是计算有关分项工程量的依据和基础

在编制一般土建工程预算时,建筑面积是一个重要的工程量指标。例如:综合脚手架、垂直运输工程量是以建筑面积表示的,楼地面整体面层和找平层的工程量是以使用面积或辅助面积表示的。

(5) 建筑面积是利用概算指标编制概算的基础数据

概算指标通常是以建筑面积为计量单位,用概算指标编制概算时,要以建筑面积为计算基础。

2.2.2 建筑面积计算规则

根据 2013 年 12 月 19 日,住房城乡建设部第 269 号公告批准的《建筑工程建筑面积计算规范》GB/T 50353—2013 的要求,该规范适用于新建、扩建、改建的工业与民用建筑工程建设全过程的建筑面积计算,既适用于工程造价计价活动,也适用于项目规划、设计阶段,但房屋产权面积的计算不适用于该规范。

《建筑工程建筑面积计算规范》GB/T 50353—2013 自 2014 年 7 月 1 日起实施,如遇有下述未尽事宜,应符合国家现行的有关标准规范的规定。

1. 计算建筑面积的规定

(1) 建筑物的建筑面积应按自然层外墙结构外围水平面积之和计算。结构层高在 2.20m 及以上的，应计算全面积；结构层高在 2.20m 以下的，应计算 1/2 面积。

建筑面积计算，在主体结构内形成的建筑空间，满足计算面积结构层高要求的均应按本条规定计算建筑面积。主体结构外的室外阳台、雨篷、檐廊、室外走廊、室外楼梯等按相应条款计算建筑面积。当外墙结构本身在一个层高范围内不等厚时，以楼地面结构标高处的外围水平面积计算。

(2) 建筑物内设有局部楼层（图 2-2-1）时，对于局部楼层的二层及以上楼层，有围护结构的应按其围护结构外围水平面积计算，无围护结构的应按其结构底板水平面积计算，且结构层高在 2.20m 及以上的，应计算全面积，结构层高在 2.20m 以下的，应计算 1/2 面积。

局部楼层的首层面积已包括在原建筑物中，不能重复计算，应从二层以上开始计算局部楼层的建筑面积。

(3) 对于形成建筑空间的坡屋顶，结构净高在 2.10m 及以上的部位应计算全面积；结构净高在 1.20m 及以上至 2.10m 以下的部位应计算 1/2 面积；结构净高在 1.20m 以下的部位不应计算建筑面积。

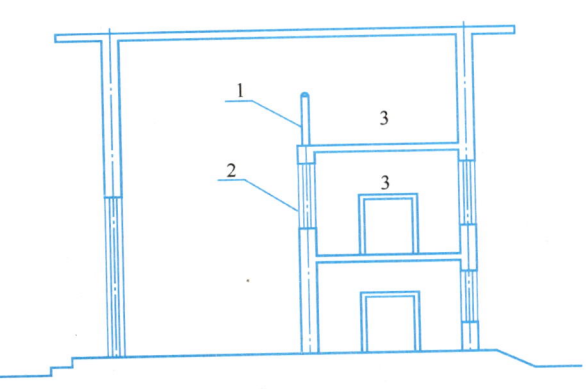

图 2-2-1 建筑物内的局部楼层
1—围护设施；2—围护结构；3—局部楼层

(4) 对于场馆看台下的建筑空间，结构净高在 2.10m 及以上的部位应计算全面积；结构净高在 1.20m 及以上至 2.10m 以下的部位应计算 1/2 面积；结构净高在 1.20m 以下的部位不应计算建筑面积。室内单独设置的有围护设施的悬挑看台，应按看台结构底板水平投影面积计算建筑面积。有顶盖无围护结构的场馆看台应按其顶盖水平投影面积的 1/2 计算面积。

场馆看台下的建筑空间因其上部结构多为斜板，所以采用净高的尺寸划定建筑面积的计算范围和对应规则。室内单独设置的有围护设施的悬挑看台，因其看台上部设有顶盖且可供人使用，所以按看台板的结构底板水平投影计算建筑面积。"有顶盖无围护结构的场馆看台"所称的"场馆"为专业术语，指各种"场"类建筑，如：体育场、足球场、网球场、带看台的风雨操场等，当有双层看台时，各层分别计算建筑面积，顶盖及上层看台均视为下层看台的盖，无顶盖的场馆看台不计算建筑面积。

(5) 地下室、半地下室应按其结构外围水平面积计算。结构层高在 2.20m 及以上的，应计算全面积；结构层高在 2.20m 以下的，应计算 1/2 面积。

地下室、半地下室按"结构外围水平面积"计算，而不按"外墙上口"取定，当外墙为变截面时，按地下室、半地下室楼地面结构标高处的外围水平面积计算，地下室的外墙结构不包括找平层、防水（潮）层、保护墙等。地下室作为设备、管道层按第 26 条执行；地下室的各种竖向井道按第 19 条执行；地下室的围护结构不垂直于水平面的按第 18 条规定执行。

（6）出入口外墙外侧坡道有顶盖的部位，应按其外墙结构外围水平面积的 1/2 计算面积。

出入口坡道分有顶盖出入口坡道和无顶盖出入口坡道，出入口坡道顶盖的挑出长度，为顶盖结构外边线至外墙结构外边线的长度；顶盖以设计图纸为准，对后增加及建设单位自行增加的顶盖等，不计算建筑面积。顶盖不分材料种类（如钢筋混凝土顶盖、彩钢板顶盖、阳光板顶盖等）。地下室出入口见图 2-2-2。

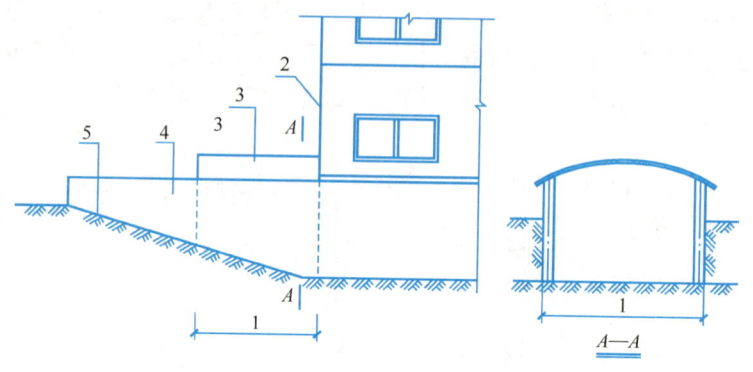

图 2-2-2　地下室出入口
1—计算 1/2 投影面积部位；2—主体建筑；3—出入口
4—封闭出入口侧墙；5—出入口坡道

（7）建筑物架空层及坡地建筑物吊脚架空层，应按其顶板水平投影计算建筑面积。结构层高在 2.20m 及以上的，应计算全面积；结构层高在 2.20m 以下的，应计算 1/2 面积。

本条既适用于建筑物吊脚架空层、深基础架空层建筑面积的计算，也适用于目前部分住宅、学校教学楼等工程在底层架空或在二楼或以上某个甚至多个楼层架空，作为公共活动、停车、绿化等空间的建筑面积的计算。架空层中有围护结构的建筑空间按相关规定计算。建筑物吊脚架空层见图 2-2-3。

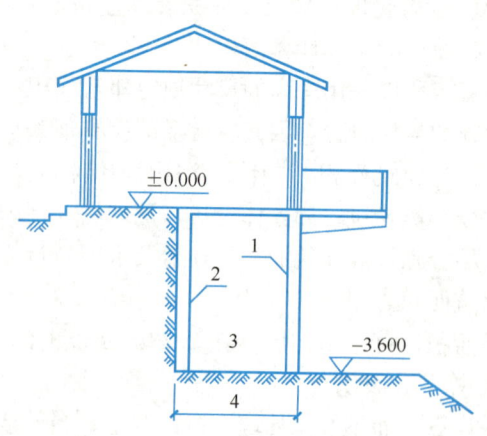

图 2-2-3　建筑物吊脚架空层
1—柱；2—墙；3—吊脚架空层；
4—计算建筑面积部位

（8）建筑物的门厅、大厅应按一层计算建筑面积，门厅、大厅内设置的走廊应按走廊结构底板水平投影面积计算建筑面积。结构层高在 2.20m 及以上的，应计算全面积；结构层高在 2.20m 以下的，应计算 1/2 面积。

（9）对于建筑物间的架空走廊，有顶盖和围护结构的，应按其围护结构外围水平面积计算全面积；无围护结构、有围护设施的，应按其结构底板水平投影面积计算 1/2 面积。

无围护结构、有围护设施，无论是否有顶盖，均计算 1/2 面积。无围护结构的架空走廊见图 2-2-4。有围护结构的架空走廊见图 2-2-5。

（10）对于立体书库、立体仓库、立体车

图 2-2-4 无围护结构的架空走廊
1—栏杆；2—架空走廊

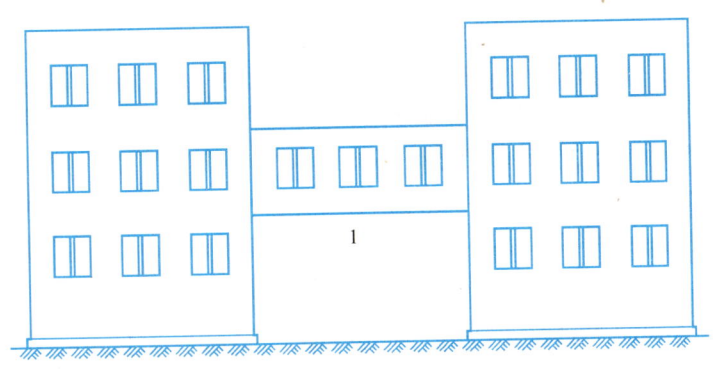

图 2-2-5 有围护结构的架空走廊
1—架空走廊

库，有围护结构的，应按其围护结构外围水平面积计算建筑面积；无围护结构、有围护设施的，应按其结构底板水平投影面积计算建筑面积。无结构层的应按一层计算，有结构层的应按其结构层面积分别计算。结构层高在 2.20m 及以上的，应计算全面积；结构层高在 2.20m 以下的，应计算 1/2 面积。

本条主要规定了图书馆中的立体书库、仓储中心的立体仓库、大型停车场的立体车库等建筑的建筑面积计算规定。起局部分隔、存储等作用的书架层、货架层或可升降的立体钢结构停车层均不属于结构层，故该部分分层不计算建筑面积。

(11) 有围护结构的舞台灯光控制室，应按其围护结构外围水平面积计算。结构层高在 2.20m 及以上的，应计算全面积；结构层高在 2.20m 以下的，应计算 1/2 面积。

(12) 附属在建筑物外墙的落地橱窗，应按其围护结构外围水平面积计算。结构层高在 2.20m 及以上的，应计算全面积；结构层高在 2.20m 以下的，应计算 1/2 面积。

(13) 窗台与室内楼地面高差在 0.45m 以下且结构净高在 2.10m 及以上的凸（飘）窗，应按其围护结构外围水平面积计算 1/2 面积。

(14) 有围护设施的室外走廊（挑廊），应按其结构底板水平投影面积计算 1/2 面积；有围护设施（或柱）的檐廊（图 2-2-6），应按其围护设施（或柱）外围水平面积计算 1/2 面积。

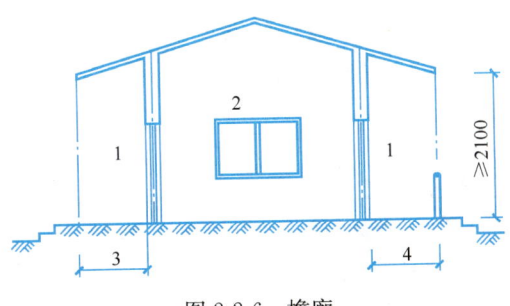

图 2-2-6 檐廊
1—檐廊；2—室内；3—不计算建筑面积部位；
4—计算 1/2 建筑面积部位

无论是哪一种廊，除了必须有地面结构外，还必须有栏杆、栏板等围护设施（或柱），这两个条件缺一不可，缺少任何一个条件都不计算建筑面积。

（15）门斗应按其围护结构外围水平面积计算建筑面积，且结构层高在 2.20m 及以上的，应计算全面积；结构层高在 2.20m 以下的，应计算 1/2 面积。

（16）门廊应按其顶板的水平投影面积的 1/2 计算建筑面积；有柱雨篷应按其结构板水平投影面积的 1/2 计算建筑面积；无柱雨篷的结构外边线至外墙结构外边线的宽度在 2.10m 及以上的，应按雨篷结构板的水平投影面积的 1/2 计算建筑面积。

雨篷分为有柱雨篷（包括独立柱雨篷、多柱雨篷、柱墙混合支撑雨篷、墙支撑雨篷）和无柱雨篷（悬挑雨篷）。有柱雨篷，没有出挑宽度的限制，也不受跨越层数的限制，均计算建筑面积。无柱雨篷，其结构板不能跨层，并受出挑宽度的限制，设计出挑宽度大于或等于 2.10m 时才计算建筑面积。出挑宽度，系指雨篷结构外边线至外墙结构外边线的宽度，弧形或异形时，取最大宽度。

（17）设在建筑物顶部的、有围护结构的楼梯间、水箱间、电梯机房等，结构层高在 2.20m 及以上的应计算全面积；结构层高在 2.20m 以下的，应计算 1/2 面积。

建筑物房顶上的建筑部件属于建筑空间的可以计算建筑面积，不属于建筑空间的则归为屋顶造型（装饰性结构构件），不计算建筑面积。

（18）围护结构不垂直于水平面的楼层，应按其底板面的外墙外围水平面积计算。结构净高在 2.10m 及以上的部位，应计算全面积；结构净高在 1.20m 及以上至 2.10m 以下的部位，应计算 1/2 面积；结构净高在 1.20m 以下的部位，不应计算建筑面积。

在划分高度上，本条使用的是"结构净高"，与其他正常平楼层按层高划分不同，但与斜屋面的划分原则相一致。由于目前很多建筑设计追求新、奇、特，造型越来越复杂，很多时候根本无法明确区分什么是围护结构、什么是屋顶，因此对于斜围护结构与斜屋顶采用相同的计算规则，即只要外壳倾斜，就按结构净高划段，分别计算建筑面积。斜围护结构见图 2-2-7。

（19）建筑物的室内楼梯、电梯井、提物井、管道井、通风排气竖井、烟道，应并入建筑物的自然层计算建筑面积。有顶盖的采光井应按一层计算面积，且结构净高在 2.10m 及以上的，应计算全面积；结构净高在 2.10m 以下的，应计算 1/2 面积。

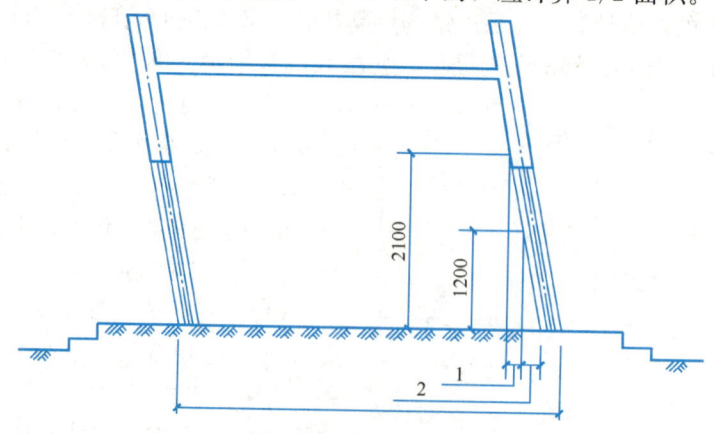

图 2-2-7　斜围护结构
1—计算 1/2 建筑面积部位；2—不计算建筑面积部位

建筑物的楼梯间层数按建筑物的层数计算。有顶盖的采光井包括建筑物中的采光井和地下室采光井。地下室采光井见图 2-2-8。

（20）室外楼梯应并入所依附建筑物自然层，并应按其水平投影面积的 1/2 计算建筑面积。

室外楼梯不论是否有顶盖都需要计算建筑面积。层数为室外楼梯所依附的楼层数，即梯段部分投影到建筑物范围的层数。利用室外楼梯下部的建筑空间不得重复计算建筑面积；利用地势砌筑的为室外踏步，不计算建筑面积。

（21）在主体结构内的阳台，应按其结构外围水平面积计算全面积；在主体结构外的阳台，应按其结构底板水平投影面积计算 1/2 面积。

建筑物的阳台，不论其形式如何，均以建筑物主体结构为界分别计算建筑面积。

（22）有顶盖无围护结构的车棚、货棚、站台、加油站、收费站等，应按其顶盖水平投影面积的 1/2 计算建筑面积。

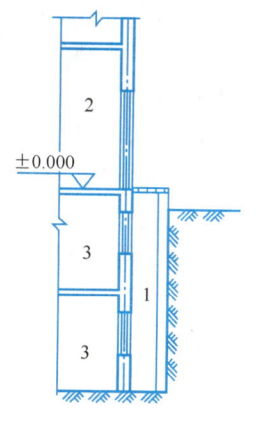

图 2-2-8　地下室采光井
1—采光井；2—室内；
3—地下室

（23）以幕墙作为围护结构的建筑物，应按幕墙外边线计算建筑面积。

幕墙以其在建筑物中所起的作用和功能来区分，直接作为外墙起围护作用的幕墙，按其外边线计算建筑面积；设置在建筑物墙体外起装饰作用的幕墙，不计算建筑面积。

（24）建筑物的外墙外保温层，应按其保温材料的水平截面积计算，并计入自然层建筑面积。

为贯彻国家节能要求，鼓励建筑外墙采取保温措施，规定将保温材料的厚度计入建筑面积。建筑物外墙外侧有保温隔热层的，保温隔热层以保温材料的净厚度乘以外墙结构外边线长度按建筑物的自然层计算建筑面积，其外墙外边线长度不扣除门窗和建筑物外已计算建筑面积构件（如阳台、室外走廊、门斗、落地橱窗等部件）所占长度。当建筑物外已计算建筑面积的构件（如阳台、室外走廊、门斗、落地橱窗等部件）有保温隔热层时，其保温隔热层也不再计算建筑面积。外墙是斜面者按楼面楼板处的外墙外边线长度乘以保温材料的净厚度计算。外墙外保温以沿高度方向满铺为准，某层外墙外保温铺设高度未达到全部高度时（不包括阳台、室外走廊、门斗、落地橱窗、雨篷、飘窗等），不计算建筑面积。保温隔热层的建筑面积是以保温隔热材料的厚度来计算的，不包含抹灰层、防潮层、保护层（墙）的厚度。建筑外墙外保温见图 2-2-9。

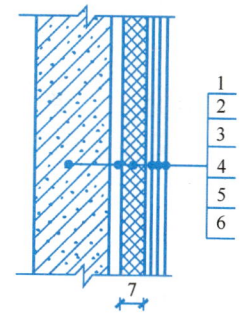

图 2-2-9　建筑物外墙外保温
1—墙体；2—粘结胶浆；
3—保温材料；4—标准网；
5—加强网；6—抹面胶浆；
7—计算建筑面积部位

（25）与室内相通的变形缝，应按其自然层合并在建筑物建筑面积内计算。对于高低联跨的建筑物，当高低跨内部连通时，其变形缝应计算在低跨面积内。

与室内相通的变形缝是指暴露在建筑物内，在建筑物内可以看得见的变形缝，应计算建筑面积，与室内不相通的变形缝不计算建筑面积。

根据外界破坏因素的不同，变形缝一般分为伸缩缝、沉降缝、抗震缝三种。

（26）对于建筑物内的设备层、管道层、避难层等有结构层的楼层，结构层高在2.20m及以上的，应计算全面积；结构层高在2.20m以下的，应计算1/2面积。

设备层、管道层虽然其具体功能与普通楼层不同，但在结构上及施工消耗上并无本质区别，因此设备、管道楼层归为自然层，其计算规则与普通楼层相同。在吊顶空间内设置管道的，则吊顶空间部分不能被视为设备层、管道层，不计算建筑面积。

2. 不计算建筑面积的规定

（1）与建筑物内不相连通的建筑部件。建筑部件指的是依附于建筑物外墙外不与户室开门连通，起装饰作用的敞开式挑台（廊）、平台，以及不与阳台相通的空调室外机搁板（箱）等设备平台部件。

（2）骑楼、过街楼底层的开放公共空间和建筑物通道。

骑楼见图 2-2-10，过街楼见图 2-2-11。

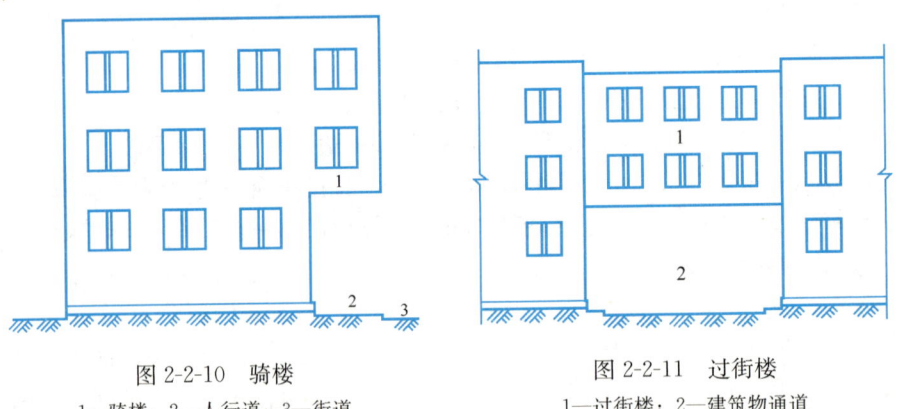

图 2-2-10　骑楼　　　　　　　图 2-2-11　过街楼
1—骑楼；2—人行道；3—街道　　1—过街楼；2—建筑物通道

（3）舞台及后台悬挂幕布和布景的天桥、挑台等。

这里指的是影剧院的舞台及为舞台服务的可供上人维修、悬挂幕布、布置灯光及布景等搭设的天桥和挑台等构件设施。

（4）露台、露天游泳池、花架、屋顶的水箱及装饰性结构构件。

露台是设置在屋面、首层地面或雨篷上的供人室外活动的有围护设施的平台。露台应满足四个条件：一是位置，设置在屋面、地面或雨篷顶，二是可出入，三是有围护设施，四是无盖，这四个条件须同时满足。如果设置在首层并有围护设施的平台，且其上层为同体量阳台，则该平台应视为阳台，按阳台的规则计算建筑面积。

（5）建筑物内的操作平台、上料平台、安装箱和罐体的平台。

建筑物内不构成结构层的操作平台、上料平台（包括：工业厂房、搅拌站和料仓等建筑中的设备操作控制平台、上料平台等），其主要作用为室内构筑物或设备服务的独立上人设施，因此不计算建筑面积。

（6）勒脚、附墙柱、垛、台阶、墙面抹灰、装饰面、镶贴块料面层、装饰性幕墙，主体结构外的空调室外机搁板（箱）、构件、配件，挑出宽度在2.10m以下的无柱雨篷和顶盖高度达到或超过两个楼层的无柱雨篷。

勒脚是在房屋外墙接近地面部位设置的饰面保护构造。

附墙柱是指非结构性装饰柱。

台阶是联系室内外地坪或同楼层不同标高而设置的阶梯形踏步,即在建筑物出入口不同标高地面或同楼层不同标高处设置的供人行走的阶梯式连接构件。室外台阶还包括与建筑物出入口连接处的平台。

(7) 窗台与室内地面高差在 0.45m 以下且结构净高在 2.10m 以下的凸(飘)窗,窗台与室内地面高差在 0.45m 及以上的凸(飘)窗。

(8) 室外爬梯、室外专用消防钢楼梯。

室外钢楼梯需要区分具体用途,如专用于消防楼梯,则不计算建筑面积,如果是建筑物唯一通道,兼用于消防,则需要按第 20 条计算建筑面积。

(9) 无围护结构的观光电梯。

(10) 建筑物以外的地下人防通道,独立的烟囱、烟道、地沟、油(水)罐、气柜、水塔、贮油(水)池、贮仓、栈桥等构筑物。

2.2.3 建筑面积计算规则的应用

合理、准确地计算建筑面积是工程造价确定与控制过程中的一项重要工作。

1. 一般原则

凡在结构上、使用上形成具有一定使用功能的建筑物和构筑物,并能单独计算出其水平面积的,应计算建筑面积;反之,不应计算建筑面积。

2. 规则应用

1) 有围护结构的,按围护结构计算面积;无围护结构、有底板的,按底板计算面积(如室外走廊、架空走廊);底板也不便于计算的,则取顶盖计算面积(如车棚、货棚等);主体结构外的附属设施按结构底板计算面积。

2) 计算建筑面积时,围护结构优于底板,底板优于顶盖。

3) 阳台、架空走廊、楼梯是利用其底板计算建筑面积,有盖无盖不作为计算建筑面积的必备条件,顶盖只是起遮风挡雨的辅助功能。

【案例 2-2-1】某建筑物,地下 1 层车库,结构层高 2.4m,地上 9 层,其中顶层为设备层、结构层高 2.1m,其余为标准层、结构层高均为 2.8m,墙体尺寸如图 2-2-12 所示,墙厚均为 240mm,轴线为墙体中心线,试计算该建筑物的建筑面积。

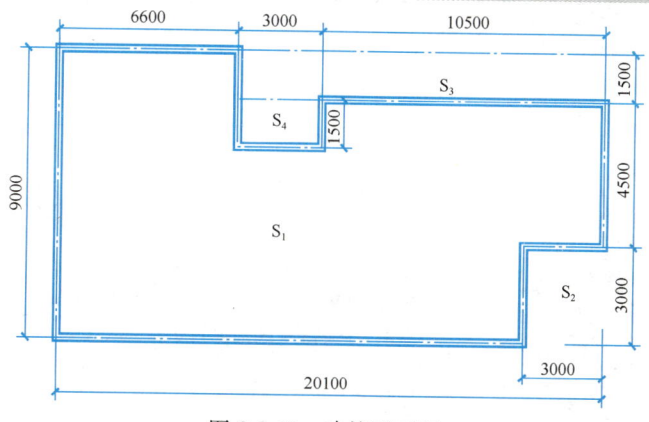

图 2-2-12 建筑平面图

分析：

1) 建筑物地上9层，其中设备层的结构层高为2.1m<2.2m，应计算1/2面积，其余8层的结构层高≥2.2m，应计算全面积。地下室的结构层高2.4m≥2.2m，应计算全面积。

2) 其建筑面积按建筑物外墙结构外围水平面积计算，可以采用面积分割法，对于矩形面积的组合图形，可先按最大的长、宽尺寸计算出基本部分的面积，然后将多余的部分逐一扣除。在计算扣除部分面积时，注意轴线尺寸的运用。

解： 1) 单层建筑面积

$$S = S_1 - S_2 - S_3 - S_4$$
$$= 20.34 \times 9.24 - 3 \times 3 - 13.5 \times 1.5 - 2.76 \times 1.5$$
$$= 154.55 (m^2)$$

2) 根据以上分析，地上计算（8+0.5）个全面积，地下计算1个全面积，共计9.5个全面积。

因此，总建筑面积=154.55×9.5=1468.23（m²）

第3节 土建工程工程量计算规则与方法

2.3.1 概 述

土建工程量是计算工程造价的原始数据，也是计算人工费、材料费、施工机械使用费，确定工程造价的主要依据。因此，本节主要介绍土建工程工程量计算规则与方法，以《房屋建筑与装饰工程工程量计算规范》GB50854—2013为主，还参考《房屋建筑与装饰工程消耗量定额》TY01-31-2015。

各省、市、自治区在国家统一规则的基础上，编制了适用本地区的消耗量定额和工程量计算规则。如湖北省住建厅组织编制了最新的《房屋建筑与装修工程消耗量定额及统一基价表》（以下简称2018版定额），并于2018年4月1日起施行。2018版定额结构发生变化，新增装配式工程，补充增加了装配式工程相关子目，详见表2-3-1。

房建定额结构变化——装配式工程　　表2-3-1

序号	章节名称	主要内容
一	装配式混凝土结构工程	
1	装配式混凝土构件安装	柱、梁、板、墙、楼梯、阳台及其他、套筒注浆、嵌缝
2	装配式后浇混凝土浇捣	后浇混凝土、钢筋
二	装配式钢结构工程	
1	预制钢构件安装	钢网架、厂房钢结构、住宅钢结构、装配式钢结构
2	围护体系安装	楼层板、墙面板、天沟
3	其他金属构件安装	混凝土浇捣收边板、零星钢构件、现场拼装平台摊销、螺栓安装
三	建筑构件及部品工程	
1	单元式幕墙安装	单元式幕墙、防火隔断、槽型埋件及连接件
2	非承重隔墙安装	钢丝网架轻质夹芯隔墙板、轻质条板隔墙、预制轻钢龙骨隔墙
3	预制烟道及通风道安装	烟道、通风道　成品风帽安装
4	成品护栏安装	成品护栏安装
5	装饰成品部件安装	踢脚线、木门、橱柜
四	措施项目	

续表

序号	章节名称	主要内容
1	装配式工程模板	预制构件后浇混凝土模板、铝合金模板
2	脚手架工程	钢结构工程综合脚手架、工具式脚手架
3	住宅钢结构工程垂直运输	住宅钢结构工程垂直运输

2.3.2 土石方工程（编码0101）

1. 土方工程（编码：010101）

（1）清单工程量计算规则（见表2-3-2）

土方工程（编号：010101）　　　　　表2-3-2

项目编码	项目名称	计量单位	工程量计算规则
010101001	平整场地	m²	按设计图示尺寸以建筑物首层建筑面积计算
010101002	挖一般土方	m³	按设计图示尺寸以体积计算
010101003	挖沟槽土方	m³	按设计图示尺寸以基础垫层底面积乘以挖土深度计算
010101004	挖基坑土方	m³	按设计图示尺寸以基础垫层底面积乘以挖土深度计算
010101005	冻土开挖	m³	按设计图示尺寸开挖面积乘以厚度以体积计算
010101006	挖淤泥、流砂	m³	按设计图示位置、界限以体积计算
010101007	管沟土方	1. m 2. m³	1. 按设计图示以管道中心线长度计算 2. 以立方米计算，按设计图示管底垫层面积乘以挖土深度计算；无管底垫层按管外径的水平投影面积乘以挖土深度计算。不扣除各类井的长度，井的土方并入

（2）清单工程量计算规则解释

1）挖土方平均厚度应按自然地面测量标高至设计地坪标高间的平均厚度确定。基础土方开挖深度应按基础垫层底表面标高至交付施工场地标高确定，无交付施工场地标高时，应按自然地面标高确定。

2）平整场地适用于建筑物场地厚度≤±300mm的挖、填、运、找平。当厚度>±300mm的竖向布置挖土或山坡切土应按一般土方项目编码列项。

3）沟槽、基坑、一般土方的划分：底宽≤7m，底长>3倍底宽为沟槽；底长≤3倍底宽、底面积≤150m²为基坑；超出上述范围则为一般土方。

湖北省规定：挖沟槽、基坑、一般土方因工作面和放坡增加的工程量应计入相应土方项目的清单工程量中。工作面和放坡系数施工组织设计无规定时，按表2-3-3和表2-3-4计算。

放坡系数表　　　　　表2-3-3

土壤类别	放坡起点（m）	人工挖土	机械挖土		
			在坑内作业	在坑上作业	顺沟槽在坑上作业
一、二类土	1.20	1：0.50	1：0.33	1：0.75	1：0.50
三类土	1.50	1：0.33	1：0.25	1：0.67	1：0.33
四类土	2.00	1：0.25	1：0.10	1：0.33	1：0.25

注：1. 沟槽、基坑中土类别不同时，分别按其放坡起点、放坡系数，依不同土类别厚度加权平均计算。
　　2. 计算放坡时，在交接处的重复工程量不予扣除，原槽、坑作基础垫层时，放坡自垫层上表面开始计算。

基础施工所需工作面宽度计算表　　　　　　　　　　　表 2-3-4

基础材料	每边各增加工作面宽度（mm）
砖基础	200
浆砌毛石、条石基础	150
混凝土基础垫层支模板	300
混凝土基础支模板	300
基础垂直面做防水层	1000（防水层面）

注：本表按《全国统一建筑工程预算工程量计算规则》GJDG 2-101-95 整理。

4）管沟土方：按湖北省规定，清单工程量计算规则选择按设计图示管底垫层面积乘以挖土深度计算；无管底垫层按管外径的水平投影面积乘以挖土深度计算。不扣除各类井的长度，井的土方并入。编制工程量清单时，可按表 2-3-5 规定计算。

管沟施工每侧所需工作面宽度计算表　　　　　　　　　表 2-3-5

管沟材料 \ 管道结构 mm	≤500	≤1000	≤2500	>2500
混凝土及钢筋混凝土管道（mm）	400	500	600	700
其他材质管道（mm）	300	400	500	600

注：1 本表按《全国统一建筑工程预算工程量计算规则》GJDG 2-101-95 整理。
　　2 管道结构宽：有管座的按基础外缘，无管座的按管道外径。

5）挖土方如需截桩头时，应按桩基工程相关项目列项。桩间挖土不扣除桩的体积，并在项目特征中加以描述。

6）土壤的不同类型决定了土方施工的难易程度、施工方法、功效及工程成本，所以计算土方工程量前应掌握土壤类别的确定，土壤的分类应按表 2-3-6 确定。

土壤分类表　　　　　　　　　　　　　　　　　　　　表 2-3-6

土壤分类	土壤名称	开挖方法
一、二类土	粉土、砂土（粉砂、细砂、中砂、粗砂、砾砂）、粉质黏土、弱中盐渍土、软土（淤泥质土、泥炭、泥炭质土）、软塑红黏土、冲填土	用锹、少许用镐、条锄开挖。机械能全部直接铲挖满载者
三类土	黏土、碎石土（圆砾、角砾）混合土、可塑红黏土、硬塑红黏土、强盐渍土、素填土、压实填土	主要用镐、条锄、少许用锹开挖。机械需部分刨松方能铲挖满载者或可直接铲挖但不能满载者
四类土	碎石土（卵石、碎石、漂石、块石）、坚硬红黏土、超盐渍土、杂填土	全部用镐、条锄挖掘、少许用撬棍挖掘。机械须普遍刨松方能铲挖满载者

注：本表土的名称及其含义按国家标准《岩土工程勘察规范》GB 50021—2017（2017 年版）定义。

7）土方体积应按挖掘前的天然密实体积计算。非天然密实土方应按表 2-3-7 折算。

土方体积折算系数表　　　　　　　　　　　　　　　　表 2-3-7

天然密实度体积	虚方体积	夯实后体积	松填体积
0.77	1.00	0.67	0.83
1.00	1.30	0.87	1.08
1.15	1.50	1.00	1.25
0.92	1.20	0.80	1.00

注：1. 虚方指未经碾压、堆积时间≤1 年的土壤。
　　2. 本表按《全国统一建筑工程预算工程量计算规则》GJDG 2-101-95 整理。
　　3. 设计密实度超过规定的，填方体积按工程设计要求执行；无设计要求按各省、自治区、直辖市或行业建设行政主管部门规定的系数执行。

2. 石方工程（编号：010102）

（1）清单工程量计算规则（见表2-3-8）

石方工程（编号：010102）　　　　　　　　　表2-3-8

项目编码	项目名称	计量单位	工程量计算规则
010102001	挖一般石方	m^3	按设计图示尺寸以体积计算
010102002	挖沟槽石方	m^3	按设计图示尺寸沟槽底面积乘以挖石深度以体积计算
010102003	挖基坑石方	m^3	按设计图示尺寸基坑底面积乘以挖石深度以体积计算
010102004	挖管沟石方	1. m 2. m^3	1. 以米计算，按设计图示以管道中心线长度计算 2. 以立方米计算，按设计图示截面积乘以场地计算

（2）清单工程量计算规则解释

1）沟槽、基坑、一般石方的划分与前面土方工程的划分相同，挖石方厚度的确定也与土方工程相同。

2）按设计图示尺寸以体积计算：挖沟槽石方按沟槽底面积乘以挖石深度计算。基坑石方按基坑底面积乘以挖石深度计算。管沟石方按管道中心线长度计算，或按设计图示截面积乘以场地计算。

3）挖石方工程中岩石的分类应按表2-3-9确定。

岩石分类表　　　　　　　　　　　　　表2-3-9

岩石分类		代表性岩石	开挖方法
极软岩		1. 全风化的各种岩石 2. 各种半成岩	部分用手凿工具、部分用爆破法开挖
软质石	软岩	1. 强风化的坚硬岩或较硬岩 2. 中等风化～强风化的较软岩 3. 未风化～微风化的页岩、泥岩、泥质砂岩等	用风镐和爆破法开挖
	较软岩	1. 中等风化～强风化的坚硬岩或较硬岩 2. 未风化～微风化的凝灰岩、千枚岩、泥灰岩、砂质泥岩等	用爆破法开挖
硬质岩	较硬岩	1. 微风化的坚硬岩 2. 未风化～微风化的大理岩、板岩、石灰岩、白云岩、钙质砂岩等	用爆破法开挖
	坚硬岩	未风化～微风化的花岗岩、闪长岩、辉绿岩、玄武岩、安山岩、片麻岩、石英岩、石英砂岩、硅质砾岩、硅质石灰岩等	用爆破法开挖

4）按挖掘前的天然密实体积计算：非天然密实石方应按表2-3-10折算。

石方体积折算系数表　　　　　　　　　　表2-3-10

石方类别	天然密实度体积	虚方体积	松填体积	码方
石方	1.0	1.54	1.31	—
块石	1.0	1.75	1.43	1.67
砂夹石	1.0	1.07	0.94	—

3. 回填（编号：010103）

（1）清单工程量计算规则（见表 2-3-11）

回填（编码：010103）　　　　　　　　　表 2-3-11

项目编码	项目名称	计量单位	工程量计算规则
010103001	回填方	m³	按设计图示尺寸以体积计算 注：1. 场地回填：回填面积乘以平均回填厚度 2. 室内回填：主墙间净面积乘以回填厚度 3. 基础回填：挖方体积减去设计室外地坪以下埋没的基础体积（包括基础垫层及其他构筑物）
010103002	余方弃置		按挖方清单项目工程量减利用回填方体积（正数）计算

（2）清单工程量计算规则解释

① 室内回填按主墙间净面积乘以回填厚度：主墙指结构墙厚大于 120mm 的各类墙体。"主墙之间的净面积"强调的含义是：当墙厚小于 120mm 时，其所占的面积不扣除，砌块墙厚在 180mm 以上（含）或超过 100mm 以上（含）的钢筋混凝土剪力墙，其他非承重的间壁墙都视为非主墙。

② 余方弃置按挖方清单项目工程量减利用回填方体积（正数）计算。项目特征包括废弃料品种、运距（由余方点装料运输至弃置点的距离）。

4. 清单工程量计算综合实例

【案例 2-3-1】某工程基础工程施工图如图 2-3-1～图 2-3-3 所示，室内外高差为 450mm，C10 基础垫层为非原槽浇筑，垫层支模，地圈梁混凝土强度等级为 C20。砖基础为普通页岩标准砖，M5.0 水泥砂浆砌筑。土壤类别为二类土，均为天然密实土。室内地坪为±0.00，C15 混凝土地面垫层 80mm，1∶2 水泥砂浆面层 20 厚。试计算土方工程清单工程量。

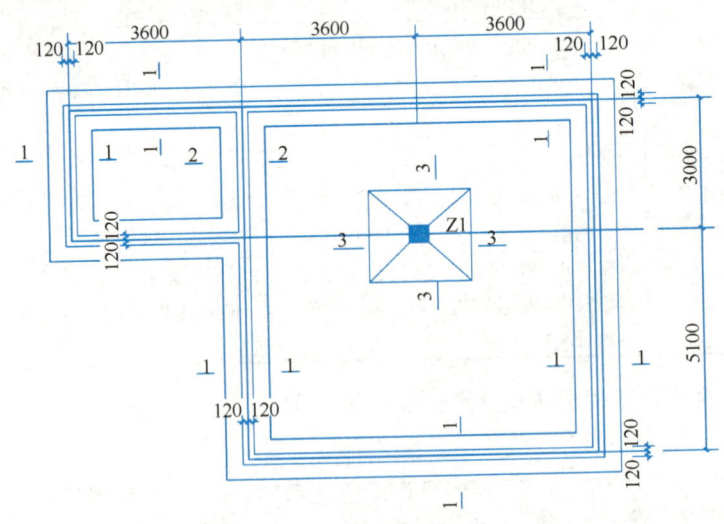

图 2-3-1　某工程基础平面图

解：根据题目已知条件查表 2-3-4，工作面 $C=300$mm，放坡系数 $k=0.5$。计算过程及结果见表 2-3-12。

第3节 土建工程工程量计算规则与方法

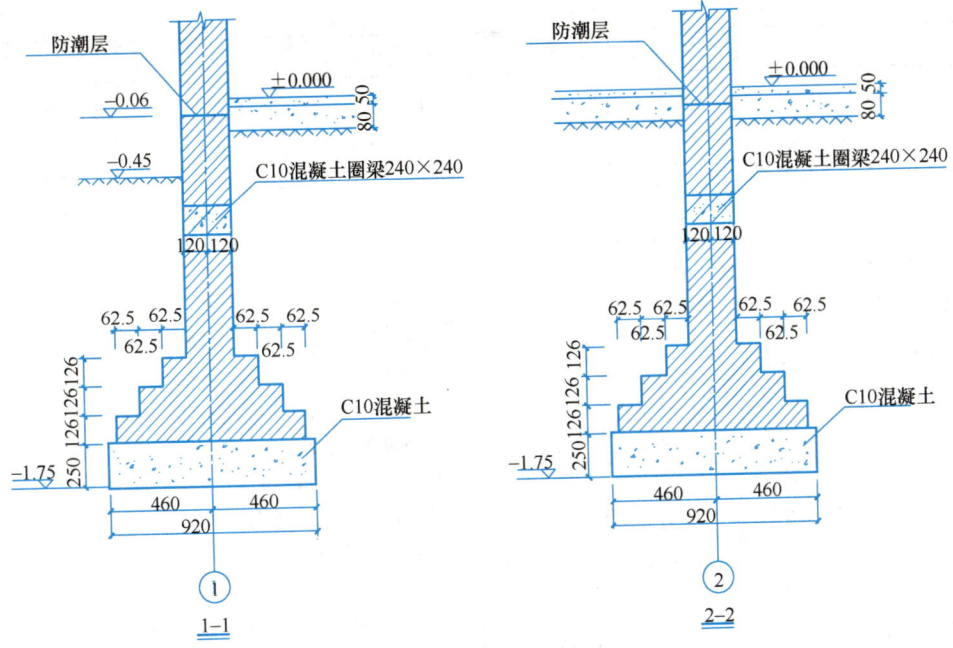

图 2-3-2 砖基础剖面图

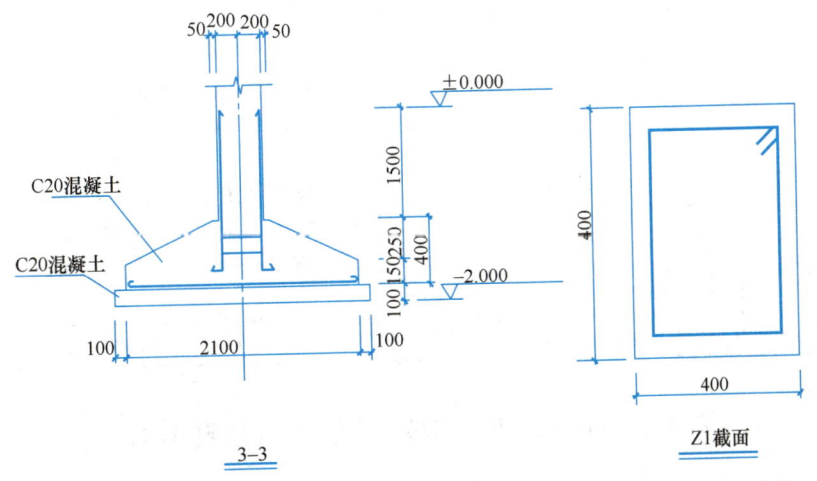

图 2-3-3 独立基础剖面图

清单工程量计算表

表 2-3-12

序号	项目编码	项目名称	计量单位	工程量	计算式
1	010101001001	平整场地	m^2	73.71	$S=(3.6\times3+0.12\times2)\times(3.0+0.24)+(3.6+0.12)\times2\times5.10=73.71$
2	010101003001	挖沟槽土方	m^3	110.81	$L_内=(10.8+8.1)\times2=37.8$ $L_内=3-0.92-0.3\times2=1.48$ $H=1.75-0.45=1.3m>1.2m$,要放坡,放坡系数$k=0.5$ $V=(0.92+2\times0.3+0.5\times1.3)\times(37.8+1.48)\times1.3=110.81$

续表

序号	项目编码	项目名称	计量单位	工程量	计算式
3	010101004001	挖基坑土方	m³	21.24	$H=2.0-0.45=1.55\text{m}$，$>1.2\text{m}$，要放坡，放坡系数$k=0.5$ $V=(2.3+0.3\times2+0.5\times1.55)^2\times1.55+1/3\times0.5^2\times1.55^3=21.24$
4	010103002001	土方回填	m³	129.31	①沟槽： 垫层：$L_内=(10.8+8.1)\times2=37.8$ $L_内=3-0.92=2.08$ $V=(37.8+2.08)\times0.92\times0.25=9.17$ 室外地坪以下砖基础 $L_内=3-0.24=2.76$ $V=(37.8+2.76)\times(1.05\times0.24+0.0625\times3\times0.126\times4)=40.56\times0.3465=14.05$ 沟槽回填 $V=110.81-9.17-14.05=87.59$ ② 基坑 垫层：$V=2.3\times2.3\times0.1=0.529$ 室外地坪以下独立基础 $V=\frac{1}{3}\times0.25\times(0.5^2+2.1^2+0.5\times2.1)+1.05\times0.4\times0.4+2.1\times2.1\times0.15=1.31$ 室内回填：$V=(3.36\times2.76+7.86\times6.96-0.4\times0.4)\times(0.45-0.08-0.02)=22.32$ 基坑回填 $V=21.24-0.529-1.31=19.40$ 基础回填 $V=87.59+19.40=106.99$ 土方回填 $V=106.99+22.32=129.31$
5	010103001001	余土弃置	m³	2.74	$V=(110.81+21.24)-129.21=2.74$

2.3.3 地基处理与边坡支护工程（编码0102）

1. 地基处理（编号：010201）

（1）清单工程量计算规则（见表2-3-13）

地基处理（编号：010201） 表2-3-13

项目编码	项目名称	计量单位	工程量计算规则
010201001	换填垫层	m³	按设计图示尺寸以体积计算
010201002	铺设土工合成材料	m²	按设计图示尺寸以面积计算
010201003	预压地基	m²	按设计图示处理范围以面积计算
010201004	强夯地基		
010201005	振冲密实（不填料）		

续表

项目编码	项目名称	计量单位	工程量计算规则
010201006	振冲桩（填料）	m m³	1. 以米计量，按设计图示尺寸以桩长计算 2. 以立方米计量，按设计桩截面乘以桩长以体积计算
010201007	砂石桩		1. 以米计量，按设计图示尺寸以桩长（包括桩尖）计算 2. 以立方米计量，按设计桩截面乘以桩长（包括桩尖）以体积计算
010201008	水泥粉煤灰碎石桩	m	按设计图示尺寸以桩长（包括桩尖）计算
010201009	深层搅拌桩		
010201010	粉喷桩		按设计图示尺寸以桩长计算
010201011	夯实水泥土桩		按设计图示尺寸以桩长（包括桩尖）计算
010201012	高压喷射注浆桩		按设计图示尺寸以桩长计算
010201013	石灰桩		按设计图示尺寸以桩长（包括桩尖）计算
010201014	灰土（土）挤密桩		
010201015	柱锤冲扩桩		按设计图示尺寸以桩长计算
010201016	注浆地基	m m³	1. 以米计量，按设计图示尺寸以钻孔深度计算 2. 以立方米计量，按设计图示尺寸以加固体积计算
010201017	褥垫层	m² m³	1. 以平方米计量，按设计图示尺寸以铺设面积计算 2. 以立方米计量，按设计图示尺寸以体积计算

（2）清单工程量计算规则解释

1）换填垫层按设计图示尺寸以体积计算。

2）对于"预压地基"、"强夯地基"和"振冲密实（不填料）"项目的工程量按设计图示处理范围以面积计算，即根据每个点位所代表的范围乘以点数计算，如图2-3-4所示。

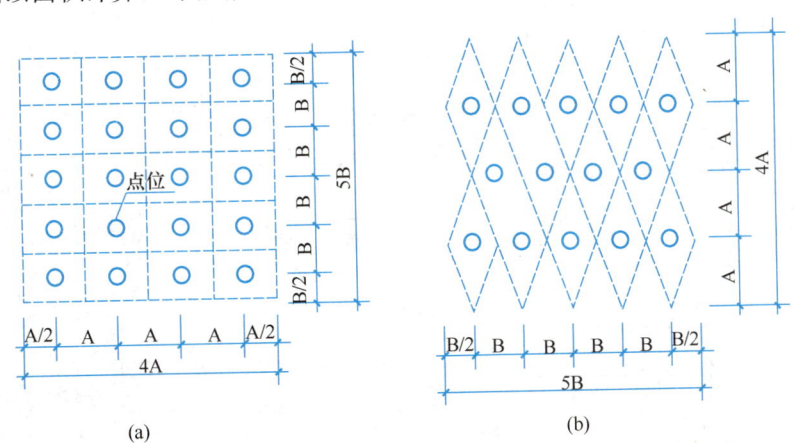

图2-3-4 工程量计算示意

(a) 正方形布置夯击点；(b) 等腰三角形布置夯击点

图2-3-4（a）所示的清单工程量为20×A×B；图2-3-4（b）所示的清单工程量为14

×A×B，A、B分别为X、Y方向夯击点的中心距离。

3) 振冲桩（填料）和砂石桩：有两种计算规则，以米计量，按设计图示尺寸以桩长（包括桩尖）计算；或者以立方米计量，按设计桩截面乘以桩长（包括桩尖）以体积计算。

按湖北省规定，清单编制时应选择以"m^3"为计量单位。

4) 项目特征中的桩长应包括桩尖，空桩长度＝孔深－桩长，孔深为自然地面至设计桩底的深度。

5) 高压喷射注浆类型包括旋喷、摆喷、定喷，高压喷射注浆方法包括单管法、双重管法、三重管法。

6) 如采用泥浆护壁成孔，工作内容包括土方、废泥浆外运，如采用沉管灌注成孔，工作内容包括桩尖制作、安装。

7) 褥垫层有两种计算规则，以平方米计量，按设计图示尺寸以铺设面积计算；或者以立方米计量，按设计图示尺寸以体积计算。

按湖北省规定，清单编制时应选择以"m^3"为计量单位。

(3) 地基处理清单工程量计算案例

【案例 2-3-2】 背景资料：某住宅工程基底为可塑粘土，采用水泥粉煤灰碎石桩进行地基处理，桩径为400mm，桩体强度等级为C20，桩数为52根，设计桩长为10m，桩端进入硬塑黏土层不少于1.5m，桩顶在地面以下1.5m～2m，水泥粉煤灰碎石桩（CFG桩）采用振动沉管灌注桩施工，桩顶采用200mm厚人工级配砂石作为褥垫层，如图2-3-5、图2-3-6所示。

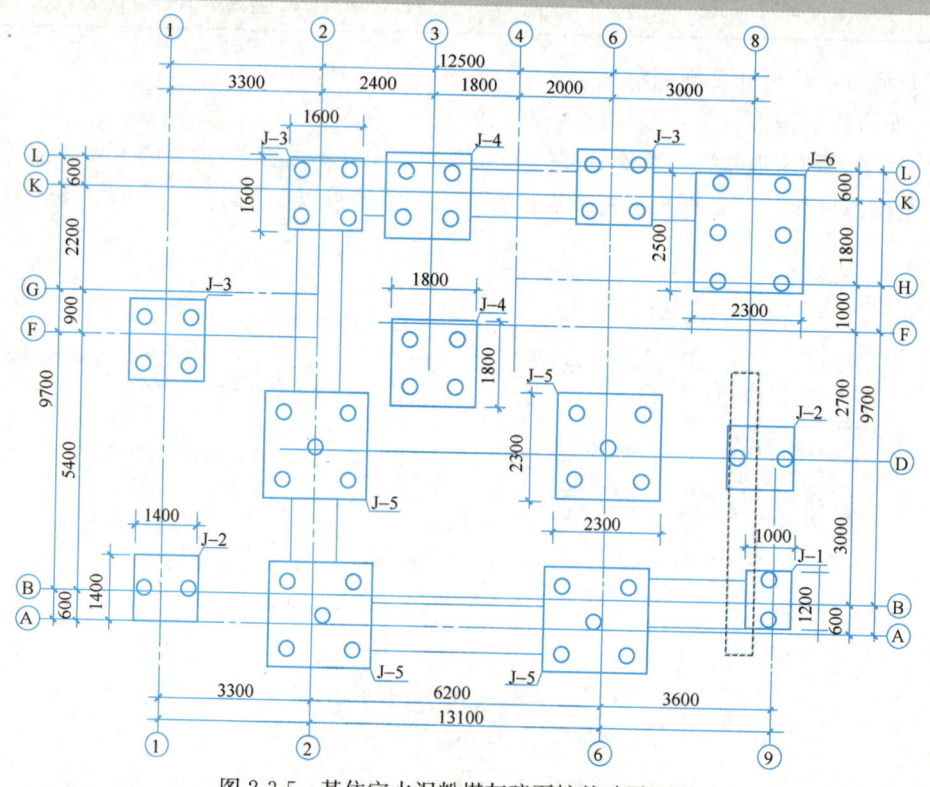

图 2-3-5 某住宅水泥粉煤灰碎石桩基础平面图

第3节 土建工程工程量计算规则与方法

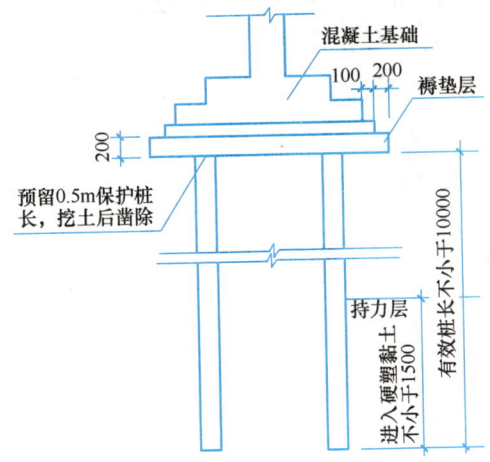

图 2-3-6 水泥粉煤灰碎石桩详图

问题： 根据以上背景资料及现行计量规范和湖北省有关文件规定，试计算该工程地基处理分部分项工程清单工程量。

解： ①水泥粉煤灰碎石桩工程量
按湖北省规定：以立方米计量，按设计桩截面乘以桩长（包括桩尖）以体积计算。

J-1：V1=2根/基础×1个基础×(π×0.2×0.2×10)立方/根=2.512m³
J-2：V2=2根/基础×2个基础×(π×0.2×0.2×10)立方/根=5.024m³
J-3：V3=4根/基础×3个基础×(π×0.2×0.2×10)立方/根=15.072m³
J-4：V4=4根/基础×2个基础×(π×0.2×0.2×10)立方/根=10.048m³
J-5：V5=5根/基础×4个基础×(π×0.2×0.2×10)立方/根=25.12m³
J-6：V6=6根/基础×1个基础×(π×0.2×0.2×10)立方/根=7.536m³
V=V1+V2+V3+V4+V5+V6=2.512+5.024+15.072+10.048+25.12+7.536
=65.31m³

② 褥垫层工程量
工程量计算规则按湖北省规定选择：以立方米计量，按设计图示尺寸以体积计算。
J-1：(1.2+0.1×2+0.2×2)×(1.0+0.1×2+0.2×2)×1个×0.2厚=1.8×1.6×1×0.2=0.58m³
J-2：(1.4+0.1×2+0.2×2)×(1.4+0.1×2+0.2×2)×2个×0.2厚=2.0×2.0×2×0.2=1.60m³
J-3：(1.6+0.1×2+0.2×2)×(1.6+0.1×2+0.2×2)×3个×0.2厚=2.2×2.2×3×0.2=2.90m³
J-4：(1.8+0.1×2+0.2×2)×(1.8+0.1×2+0.2×2)×2个×0.2厚=2.4×2.4×2×0.2=2.30m³
J-5：(2.3+0.1×2+0.2×2)×(2.3+0.1×2+0.2×2)×4个×0.2厚=2.9×2.9×4×0.2=6.73m³
J-6：(2.3+0.1×2+0.2×2)×(2.5+0.1×2+0.2×2)×1个×0.2厚=2.9×3.1×1×0.2=1.80m³

$V = 0.58 + 1.60 + 2.90 + 2.30 + 6.73 + 1.80 = 15.91 \text{m}^3$

2. 基坑与边坡支护（编号：010202）

（1）清单工程量计算规则（见表2-3-14）

基坑与边坡支护（编号：010202）　　　　　　　表2-3-14

项目编码	项目名称	计量单位	工程量计算规则
010202001	地下连续墙	m³	按设计图示墙中心线长乘以厚度乘以槽深以体积计算
010202002	咬合灌注桩	1. m 2. 根	1. 以米计量，按设计图示尺寸以桩长计算 2. 以根计量，按设计图示数量计算
010202003	圆木桩		
010202004	预制钢筋混凝土板桩	1. m 2. 根	1. 以米计量，按设计图示尺寸以桩长（包括桩尖）计算 2. 以根计量，按设计图示数量计算
010202005	型钢桩	1. t 2. 根	1. 以吨计量，按设计图示尺寸以质量计算 2. 以根计量，按设计图示数量计算
010202006	钢板桩	1. t 2. m²	1. 以吨计量，按设计图示尺寸以质量计算 2. 以平方米计量，按设计图示墙中心线长乘以桩长以面积计算
010202007	锚杆（锚索）	1. m 2. 根	1. 以米计量，按设计图示尺寸以钻孔深度计算 2. 以根计量，按设计图示数量计算
010202008	土钉		
010202009	喷射混凝土、水泥砂浆	m²	按设计图示尺寸以面积计算
010202010	钢筋混凝土支撑	m³	按设计图示尺寸以体积计算
010202011	钢支撑	t	按设计图示尺寸以质量计算。不扣除孔眼质量，焊条、铆钉、螺栓等不另增加质量

（2）清单工程量计算规则解释

1）地下连续墙按设计图示墙中心线长、厚度、槽深之乘积以体积计算。

【案例2-3-3】 地下连续墙墙身长度纵轴线80m，两道横轴线60m，两道成封闭状态，墙底标高−12m 墙顶标高−3.6m，自然地坪标高−0.6m，墙厚1000mm，试计算地下连续墙清单工程量。

解：地下连续墙长度＝(80＋60)×2＝280m，

成槽深度 12−0.6＝11.4m，

地下连续墙高 12−3.6＝8.4m

地下连续墙工程量＝280×11.4×1＝3192m³

2）锚杆支护按设计图示尺寸以钻孔深度计算或按设计图示数量计算。

按湖北省规定，清单编制时应选择以"m"为计量单位。

3）土钉置入方法包括钻孔置入、打入或射入等。按设计图示尺寸以钻孔深度计算或按设计图示数量计算。按湖北省规定，清单编制时应选择以"m"为计量单位。

（3）基坑与边坡支护清单工程量计算案例

【案例2-3-4】背景资料：某边坡工程采用土钉支护，土钉成孔直径为90mm，采用1根HRB335，直径25的钢筋作为杆体，成孔深度均为10m，土钉入射倾角为15度，杆筋送入钻孔后，灌注M30水泥砂浆。混凝土面板采用C20喷射混凝土，厚度为120mm，如图2-3-7、图2-3-8所示。试计算该边坡分部分项工程清单工程量。

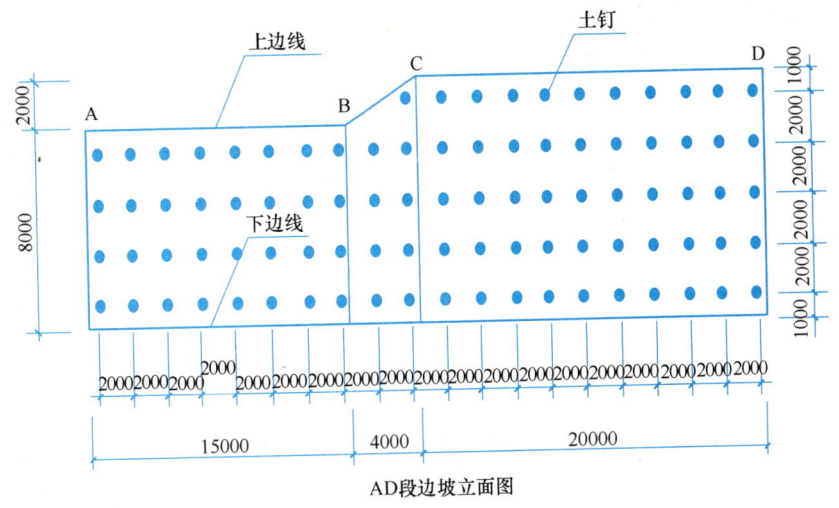

图 2-3-7　AD段边坡立面图

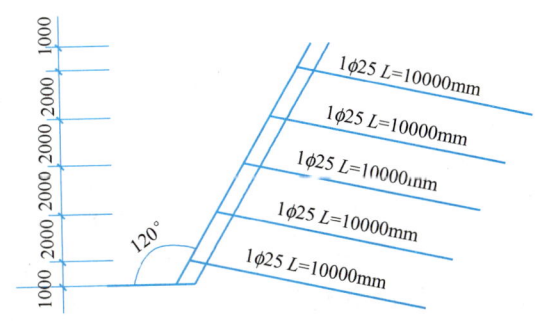

图 2-3-8　AD段边坡剖面图

解：① 土钉工程量，按照湖北省规定，以米计量，按设计图示尺寸以钻孔深度计算。

AB 段 $H_1 = 8 \times 4 \times 10 = 320$m

BC 段 $H_2 = (4+5) \times 10 = 90$m

CD 段 $H_3 = 10 \times 5 \times 10 = 500$m

$H = H_1 + H_2 + H_3 = 320 + 90 + 500 = 910$m

② 喷射混凝土工程量

工程量计算规则：按设计图示尺寸以面积计算。

由图 2-3-7 已知 AB 段高度为 8m，可以求出 AB 段斜面长为 $8/\sin(\pi/3)$，AB 段长度为 15m，则面积为：

AB 段 $S_1 = 8 \div \sin(\pi/3) \times 15 = 138.56$m^2

BC 段 S2=(10+8)÷2÷sin(π/3)×4=41.57m²
CD 段 S3=10÷sin(π/3)×20=230.94m²
S=S1+S2+S3=138.56+41.57+230.94=411.07m²

2.3.4 桩基础工程(编码0103)

1. 打桩(编号：010301)

(1)清单工程量计算规则(见表2-3-15)

打桩(编号：010301)　　　　　　　　　表2-3-15

项目编码	项目名称	计量单位	工程量计算规则
010301001	预制钢筋混凝土方桩	1. m 2. m³ 3. 根	1. 以米计量，按设计图示尺寸以桩长(包括桩尖)计算 2. 以立方米计量，按设计图示截面积乘以桩长(包括桩尖)以实体积计算 3. 以根计量，按设计图示数量计算
010301002	预制钢筋混凝土管桩		
010301003	钢管桩	1. t 2. 根	1. 以吨计量，按设计图示尺寸以质量计算 2. 以根计量，按设计图示数量计算
010301004	截(凿)桩头	1. m³ 2. 根	1. 以立方米计量，按设计桩截面乘以桩头长度以体积计算 2. 以根计量，按设计图示数量计算

(2)清单工程量计算规则解释

1)预制钢筋混凝土方桩、预制钢筋混凝土管桩有三种算法：以米计量，按设计图示尺寸以桩长(包括桩尖)计算；以根计量，按设计图示数量计算；以立方米计量，按设计图示截面积乘以桩长(包括桩尖)以实体积计算。

湖北省规定预制钢筋混凝土方桩取一项计量单位"m³"，即按设计图示截面积乘以桩长(包括桩尖)以实体积计算。预制钢筋混凝土管桩取一项计量单位"m"，即按设计图示尺寸以桩长(包括桩尖)计算。

2)钢管桩有两种算法：以吨计量，按设计图示尺寸以质量计算；或以根计量，按设计图示数量计算。

湖北省规定钢管桩取一项计量单位"t"，即按设计图示尺寸以质量计算。

3)截(凿)桩头有两种算法：以立方米计量，按设计桩截面乘以桩头长度以体积计算；或以根计量，按设计图示数量计算。

湖北省规定截(凿)桩头取一项计量单位"m³"，即按设计桩截面乘以桩头长度以体积计算。

4)打试验桩和打斜桩应按相应项目单独列项，并应在项目特征中注明试验桩或斜桩(斜率)。

(3) 打桩清单工程量计算实例

【案例 2-3-5】 某工程用打桩机,打如图 2-3-9 所示钢筋混凝土预制方桩,共 120 根,求其清单工程量。

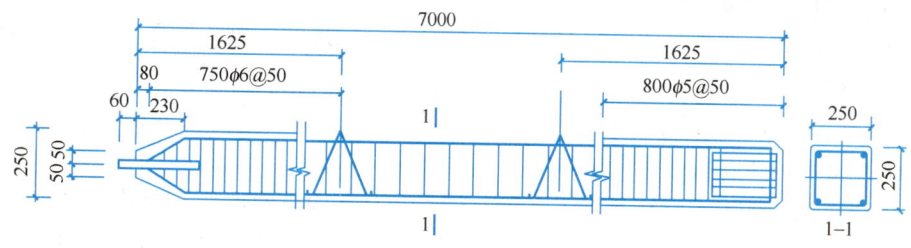

图 2-3-9 预制桩示意图

解: 钢筋混凝土预制方桩清单工程量按设计图示截面积乘以桩长(包括桩尖)以实体积计算。

V = 7×(0.25×0.25)×120 根 = 52.50(m³)

2. 灌注桩(编号:010302)

(1) 清单工程量计算规则(见表 2-3-16)

灌注桩(编号:010302)　　　　　　　　　　表 2-3-16

项目编码	项目名称	计量单位	工程量计算规则
010302001	泥浆护壁成孔灌注桩	1. m 2. m³ 3. 根	1. 以米计量,按设计图示尺寸以桩长(包括桩尖)计算 2. 以立方米计量,按不同截面在桩上范围内以体积计算 3. 以根计量,按设计图示数量计算
010302002	沉管灌注桩		
010302003	干作业成孔灌注桩		
010302004	挖孔桩土(石)方	m³	按设计图示尺寸(含护壁)截面积乘以挖孔深度以立方米计算
010302005	人工挖孔灌注桩	1. m³ 2. 根	1. 以立方米计量,按桩芯混凝土体积计算 2. 以根计量,按设计图示数量计算
010302006	钻孔压浆桩	1. m 2. 根	1. 以米计量,按设计图示尺寸以桩长计算 2. 以根计量,按设计图示数量计算
010302007	灌注桩后压浆	孔	按设计图示以注浆孔数计算

(2) 清单工程量计算规则解释

1) 泥浆护壁成孔灌注桩、沉管灌注桩、干作业成孔灌注桩、人工挖孔灌注桩有三种算法:以米计量,按设计图示尺寸以桩长(包括桩尖)计算;以根计量,按设计图示数量计算;以立方米计量,按不同截面在桩上范围内以体积计算。

湖北省规定泥浆护壁成孔灌注桩、沉管灌注桩、干作业成孔灌注桩取一项计量单位"m^3",即按不同截面在桩上范围内以体积计算。

2) 挖孔桩土(石)方:按设计图示尺寸(含护壁)截面积乘以挖孔深度以立方米计算。

3) 人工挖孔灌注桩:以立方米计量,按桩芯混凝土体积计算。

4) 钻孔压浆桩有两种算法,以米计量,按设计图示尺寸以桩长计算。或者以根计量,按设计图示数量计算。

湖北省规定钻孔压浆桩取一项计量单位"m",即按设计图示尺寸以桩长计算。

5) 灌注桩后压浆:按设计图示以注浆孔数计算。

6) 桩长应包括桩尖,空桩长度=孔深-桩长,孔深为自然地面至设计桩底的深度。

7) 混凝土灌注桩的钢筋笼制作、安装,按混凝土及钢筋混凝土工程中的相关项目编码列项。

(3) 灌注桩清单工程量计算实例

【案例2-3-6】某别墅工程采用排桩进行基坑支护,排桩采用旋挖钻孔灌注桩进行施工。场地地面标高为495.50m,旋挖桩桩径为1000mm,桩长为20m,采用水下商品混凝土C30,桩顶标高493.50m,桩数为220根,超灌高度不少于1m。根据地质情况,采用5mm厚钢护筒,护筒长度不少于3m。试计算该项目的清单工程量。

解:① 泥浆护壁成孔灌注桩工程量

$V_1 = $ 桩截面面积 × 桩长 × 桩的数量 $= \pi \times R^2 \times L \times n = \pi \times (1.000/2)^2 \times 20$m/根 $\times 220$根 $= 3454.00 m^3$

② 截(凿)桩头工程量

$V_2 = \pi \times (1.000/2)^2 \times 1 \times 220$ 根 $= 172.70 m^3$

2.3.5 砌筑工程(编码0104)

1. 砖砌体(010401)

(1) 清单工程量计算规则(见表2-3-17)

砖砌体(编码:010401)   表2-3-17

项目编码	项目名称	计量单位	工程量计算规则
010401001	砖基础	m^3	按设计图示尺寸以体积计算。 包括附墙垛基础宽出部分体积,扣除地梁(圈梁)、构造柱所占体积,不扣除基础大放脚T形接头处的重叠部分及嵌入基础内的钢筋、铁件、管道、基础砂浆防潮层和单个面积 $\leq 0.3 m^2$ 的孔洞所占体积,靠墙暖气沟的挑檐不增加体积。 基础长度:外墙按中心线,内墙按净长线计算
010401002	砖砌挖孔桩护壁		按设计图示尺寸以立方米计算

第3节　土建工程工程量计算规则与方法

续表

项目编码	项目名称	计量单位	工程量计算规则
010401003	实心砖墙	m³	按设计图示尺寸以体积计算。 扣除门窗洞口、洞口、嵌入墙内的钢筋混凝土柱、梁、圈梁、挑梁、过梁及凹进墙内的壁龛、管槽、暖气槽、消火栓箱所占体积，不扣除梁头、板头、檩头、垫木、木楞头、沿缘木、木砖、门窗走头、砖墙内加固钢筋、木筋、铁件、钢管及单个面积≤0.3 m²的孔洞所占体积。凸出墙面的腰线、挑檐、压顶、窗台线、虎头砖、门窗套亦不增加体积。凸出墙面的砖垛并入墙体体积内计算。 1. 墙长度：外墙按中心线，内墙按净长计算 2. 墙高度： （1）外墙：斜（坡）屋面无檐口天棚者算至屋面板底；有屋架且室内外均有天棚者算至屋架下弦底另加200mm；无天棚者算至屋架下弦底另加300mm，出檐宽度超过600mm时按实砌高度计算；有钢筋混凝土楼板隔层者算至板顶；平屋面算至钢筋混凝土板底。 （2）内墙：位于屋架下弦者，算至屋架下弦底；无屋架者算至天棚底另加100mm；有钢筋混凝土楼板隔层者算至楼板顶；有框架梁时算至梁底 （3）女儿墙：从屋面板上表面算至女儿墙顶面（如有混凝土压顶时算至压顶下表面） （4）内外山墙：按其平均高度计算 3. 框架间墙：不分内外墙按墙体净尺寸以体积计算 4. 围墙：高度算至压顶上表面（如有混凝土压顶时算至压顶下表面），围墙柱并入围墙体积内
010401004	多孔砖墙		
010401005	空心砖墙		
010401006	空斗墙		按设计图示尺寸以空斗墙外形体积计算。墙角、内外墙交接处、门窗洞口立边、窗台砖、屋檐处的实砌部分体积并入空斗墙体积内
010401007	空花墙		按设计图示尺寸以空花部分外形体积计算，不扣除空洞部分体积
010401008	填充墙		按设计图示尺寸以填充墙外形体积计算
010401009	实心砖柱		按设计图示尺寸以体积计算。扣除混凝土及钢筋混凝土梁垫、梁头、板头所占体积
010401010	多孔砖柱		
010401011	砖检查井	座	按设计图示数量计算
010401012	零星砌砖	1. m³ 2. m² 3. m 4. 个	1. 以立方米计量，按设计图示尺寸截面积乘以长度计算 2. 以平方米计量，按设计图示尺寸水平投影面积计算 3. 以米计量，按设计图示尺寸长度计算 4. 以个计量，按设计图示数量计算
010401013	砖散水、地坪	m²	按设计图示尺寸以面积计算
010401014	砖地沟、明沟	m	以米计量，按设计图示以中心线长度计算

(2) 清单工程量计算规则解释

1) 砖砌体勾缝按墙面抹灰中"墙面勾缝"项目编码列项,实心砖墙、多孔砖墙、空心砖墙等项目工作内容中不包括勾缝,包括刮缝。

2) 标准砖尺寸应为 240mm×115mm×53mm,标准砖墙厚度应按表 2-3-18 计算。

标准砖砌体计算厚度表　　　　　表 2-3-18

砖数（厚度）	1/4	1/2	3/4	1	2	2.5	3
计算厚度（mm）	53	115	180	240	490	615	740

3) 基础与墙(柱)身的划分:基础与墙(柱)身使用同一种材料时,以设计室内地面为界(有地下室者,以地下室室内设计地面为界),地面以下为基础,地面以上为墙(柱)身。

基础与墙身使用不同材料时,位于设计室内地面高度≤±300mm 时,以不同材料为分界线,高度>±300mm 时,以设计室内地面为分界线。

砖围墙应以设计室外地坪为界,以下为基础,以上为墙身。

4) 详解砖基础计算规则

砖基础按设计图示尺寸以体积计算。其中基础长度:外墙墙基按外墙的中心线 $L_中$ 计算;内墙墙基按内墙的净长线 $L_内$ 计算。

计算公式为:

$$V_{砖基础} = S \times L = S \times (L_中 + L_内) \quad (2-3-1)$$

式中:$V_{砖基础}$——砖基础体积
　　　　S——基础断面积
　　　　L——基础长度
　　　　$L_中$——外墙中心线
　　　　$L_内$——内墙净长线长

不扣除:基础大放脚 T 形接头处的重叠部分(如图 2-3-10 所示),嵌入基础内的钢筋、铁件、管道、基础防潮层、单个面积在 0.3m² 以内孔洞所占体积。

应扣除:地梁(圈梁)、构造柱所占体积。

应增加:附墙垛基础宽出部分体积

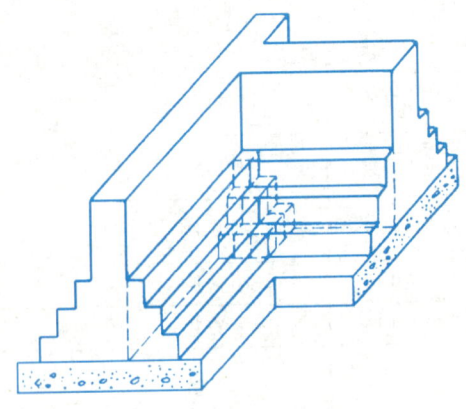

图 2-3-10　基础放脚 T 型接头重复部分示意

5) 砖基础工程量的计算一般分为墙下条形砖基础和柱下独立砖基础。条形砖基础一般做成阶梯形,"大放脚",有等高式和不等高式(间隔式)两种。

6) 实心砖墙、多孔砖墙、空心砖墙:按设计图示尺寸以体积计算。

$V_{砖墙}$ = 墙厚度×墙长度×墙高度+应增加体积-应扣除体积

(2-3-2)

计算中应注意:

第3节 土建工程工程量计算规则与方法

扣除：门窗、洞口、嵌入墙内的钢筋混凝土柱、梁、圈梁、挑梁、过梁及凹进墙内的壁龛、管槽、暖气槽、消火栓箱所占体积。

不扣除：梁头、板头、檩头、垫木、木楞头、沿椽木、木砖、门窗走头、砖墙内加固钢筋、木筋、铁件、钢管及单个面积≤$0.3m^2$的孔洞所占体积。

不增加：凸出墙面的腰线、挑檐、压顶、窗台线、虎头砖、门窗套的体积。

应增加：凸出墙面的砖垛并入墙内体积计算。

墙高度：分外墙和内墙，按下列规定计算。

外墙墙高：斜（坡）屋面无檐口天棚者算至屋面板底；有屋架且室内外均有天棚者算至屋架下弦底另加200mm；无天棚者算至屋架下弦底另加300mm，出檐宽度超过600mm时按实砌高度计算；有钢筋混凝土楼板者算至板顶；平屋面算至钢筋混凝土板底。

内墙墙高：位于屋架下弦者，算至屋架下弦底；无屋架者算至天棚底另加100mm；有钢筋混凝土楼板隔层者算至楼板顶，有框架梁时算至梁底。

女儿墙墙高：从屋面板上表面算至女儿墙顶面（如有混凝土压顶时算至压顶下表面）。

内、外山墙墙身高度：按其平均高度计算。

7）空斗墙、空花墙：按设计图示尺寸以空花部分的外形体积计算，不扣除空洞部分体积。

空斗墙的窗间墙、窗台下、楼板下、梁头下等的实砌部分，按零星砌砖项目编码列项。

空花墙项目适用于各种类型的空花墙，使用混凝土花格砌筑的空花墙，实砌墙体与混凝土花格应分别计算，混凝土花格按混凝土及钢筋混凝土中预制构件相关项目编码列项。

8）填充墙：按设计图示尺寸以填充墙外形体积计算。

9）实心砖柱、多孔砖柱：按设计图示尺寸以体积计算，扣除混凝土及钢筋混凝土梁垫、梁头、板头所占体积。

10）砖检查井：按设计图示数量计算。

检查井内的爬梯应按混凝土及钢筋混凝土附录中相关项目编码列项；井内的混凝土构件按混凝土及钢筋混凝土预制构件编码列项。

11）砖砌锅台与炉灶可按外形尺寸以个计算，砖砌台阶可按水平投影面积以平方米计算，小便槽、地垄墙可按长度计算，其他工程量按立方米计算。

台阶、台阶挡墙、梯带、锅台、炉灶、蹲台、池槽、池槽腿、砖胎膜、花台、楼梯栏板、阳台栏板、地垄墙、≤$0.3m^2$的孔洞填塞等，应按零星砌砖项目编码列项。

（3）清单工程量计算案例

【案例2-3-7】背景材料：某单位新建传达室工程室外标高为-0.150，±0.000以下条形基础平面、剖面大样图详见图2-3-11，室内外高差为150mm。基础垫层为原槽浇注，垫层为3∶7灰土，现场拌和。砌石部分采用清条石1000mm×300mm×300mm，M7.5水泥砂浆砌筑。砌砖部分，页岩标砖，强度等级MU7.5，M5水泥砂浆砌筑。

问题：根据以上背景资料及现行国家计量规范，试计算该工程砖基础的清单工程量。

解：计算结果见表2-3-19。

第2章 工程计量

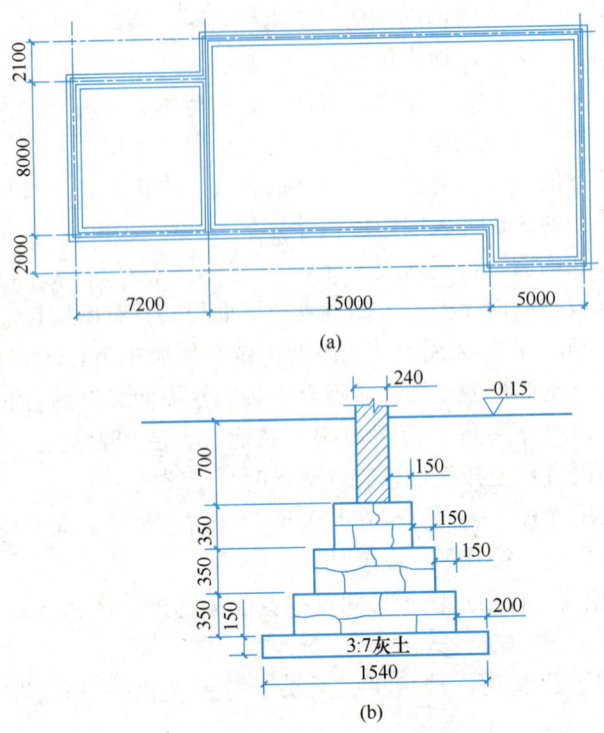

图 2-3-11 某传达室基础工程示意图
（a）基础平面图；（b）基础剖面大样图

清单工程量计算表　　　　　　　　　　　　　　表 2-3-19

序号	项目编码	项目名称	计量单位	工程量	计算式
1	010401001001	砖基础	m³	17.62	$L_中=[(7.2+15.0+5.0)+12.1]\times 2=78.60m$ $L_内=8-0.24=7.76m$（内墙净长度） $H=0.7+0.15=0.85$ $V=S_断\times(L_中+L_内)=(0.24\times 0.85)\times(78.6+7.76)$

【案例 2-3-8】 某房屋平面图如下图 2-3-12 所示，已知砖墙体计算高度为 3m，M5 混合砂浆砌筑，门窗洞口尺寸及墙体内埋件体积见下表 2-3-20。

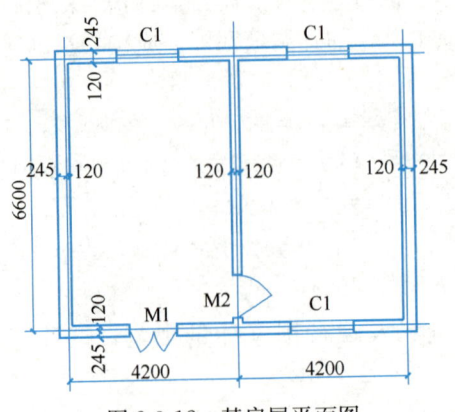

图 2-3-12 某房屋平面图

第3节 土建工程工程量计算规则与方法

门窗表

表 2-3-20

门窗代码	洞口尺寸（mm）	构件名称		构件体积
M1	1200×2100	过梁	外墙	0.51
M2	1000×2100		内墙	0.06
C1	1500×1500	圈梁	外墙	2.23
			内墙	0.31

问题：试计算墙体的清单工程量。

解：外墙轴线距外墙中心线的距离 $L=0.245-0.365/2=0.0625$

外墙中心线长 $=(4.2\times2+0.0625\times2+6.6+0.0625\times2)\times2=30.5\mathrm{m}$

内墙净长线长 $=6.6-0.24=6.36\mathrm{m}$

外墙 $V=$ 墙长×墙厚×墙高－门窗洞口及埋件所占的体积
$=30.5\times0.365\times3.0-(1.2\times2.1+1.5\times1.5\times3)\times0.365-0.51-2.23$
$=27.27\mathrm{m}^3$

内墙 $V=$ 墙长×墙厚×墙高－门窗洞口及埋件所占的体积
$=6.36\times0.24\times3-1.0\times2.1\times0.24-0.06-0.31=3.71\mathrm{m}^3$

墙体的清单工程量 $=27.27+3.71=30.98\mathrm{m}^3$

2. 砌块砌体（010402）

（1）清单工程量计算规则（见表 2-3-21）

砌块砌体（编码：010402）

表 2-3-21

项目编码	项目名称	计量单位	工程量计算规则
010402001	砌块墙	m^3	按设计图示尺寸以体积计算。 扣除门窗、洞口、嵌入墙内的钢筋混凝土柱、梁、圈梁、挑梁、过梁及凹进墙内的壁龛、管槽、暖气槽、消火栓箱所占体积，不扣除梁头、板头、檩头、垫木、木楞头、沿缘木、木砖、门窗走头、砖墙内加固钢筋、木筋、铁件、钢管及单个面积≤0.3m^2 的孔洞所占体积。凸出墙面的腰线、挑檐、压顶、窗台线、虎头砖、门窗套亦不增加体积。凸出墙面的砖垛并入墙体体积内计算。 1. 墙长度：外墙按中心线，内墙按净长计算 2. 墙高度： （1）外墙：斜（坡）屋面无檐口天棚者算至屋面板底；有屋架且室内外均有天棚者算至屋架下弦底另加 200mm；无天棚者算至屋架下弦底另加 300mm，出檐宽度超过 600mm 时按实砌高度计算；有钢筋混凝土楼板隔层者算至板顶；平屋面算至钢筋混凝土板底。 （2）内墙：位于屋架下弦者，算至屋架下弦底；无屋架者算至天棚底另加 100mm；有钢筋混凝土楼板隔层者算至楼板顶；有框架梁时算至梁底。 （3）女儿墙：从屋面板上表面算至女儿墙顶面（如有混凝土压顶时算至压顶下表面）。 （4）内外山墙：按其平均高度计算 3. 框架间墙：不分内外墙按墙体净尺寸以体积计算 4. 围墙：高度算至压顶上表面（如有混凝土压顶时算至压顶下表面），围墙柱并入围墙体积内
010402002	砌块柱		按设计图示尺寸以体积计算。扣除混凝土及钢筋混凝土梁垫、梁头、板头所占体积

(2) 清单工程量计算规则解释

1) 砌体内加筋、墙体拉结的制作、安装，应按"混凝土及钢筋混凝土工程"中相关项目编码列项。

2) 砌块排列应上、下错缝搭砌，如果搭错缝长度满足不了规定的压搭要求，应采取压砌钢筋网片的措施，具体构造要求按设计规定。若设计无规定时，应注明由投标人根据工程实际情况自行考虑；钢筋网片按"混凝土及钢筋混凝土工程"中相应编码列项。

3) 砌块砌体中工作内容包括了勾缝，工程量计算时，砌块墙和砌块柱分部与实心砖墙和实心砖柱一致。

4) 砌体垂直灰缝宽大于 30mm 时，采用 C20 细石混凝土灌实。灌注的混凝土应按"混凝土及钢筋混凝土工程"相关项目编码列项。

5) 砌块墙清单工程量计算规则同实心砖墙。

6) 砌块柱清单工程量计算规则同实心砖柱。

3. 石砌体（010403）

(1) 清单工程量计算规则（见表 2-3-22）

表 2-3-22
石砌体（编码：010403）

项目编码	项目名称	计量单位	工程量计算规则
010403001	石基础	m³	按设计图示尺寸以体积计算。包括附墙垛基础宽出部分体积，不扣除基础砂浆防潮层及单个面积≤0.3m² 的孔洞所占的体积，靠墙暖气沟的挑檐不增加体积。 基础长度：外墙按中心线，内墙按净长线计算
010403002	石勒脚		按设计图示尺寸以体积计算，扣除单个面积＞0.3m² 的孔洞所占的体积
010403003	石墙	m³	按设计图示尺寸以体积计算。 扣除门窗、洞口、嵌入墙内的钢筋混凝土柱、梁、圈梁、挑梁、过梁及凹进墙内的壁龛、管槽、暖气槽、消火栓箱所占体积，不扣除梁头、板头、檩头、垫木、木楞头、沿缘木、木砖、门窗走头、砖墙内加固钢筋、木筋、铁件、钢管及单个面积≤0.3 m² 的孔洞所占体积。凸出墙面的腰线、挑檐、压顶、窗台线、虎头砖、门窗套亦不增加体积。凸出墙面的砖垛并入墙体体积内计算。 1. 墙长度：外墙按中心线，内墙按净长计算 2. 墙高度： (1) 外墙：斜（坡）屋面无檐口天棚者算至屋面板底；有屋架且室内外均有天棚者算至屋架下弦底另加 200mm；无天棚者算至屋架下弦底另加 300mm，出檐宽度超过 600mm 时按实砌高度计算；有钢筋混凝土楼板隔层者算至板顶；平屋面算至钢筋混凝土板底。 (2) 内墙：位于屋架下弦者，算至屋架下弦底；无屋架者算至天棚底另加 100mm；有钢筋混凝土楼板隔层者算至楼板顶；有框架梁时算至梁底。 (3) 女儿墙：从屋面板上表面算至女儿墙顶面（如有混凝土压顶时算至压顶下表面） (4) 内外山墙：按其平均高度计算 3. 围墙：高度算至压顶上表面（如有混凝土压顶时算至压顶下表面），围墙柱并入围墙体积内
010403004	石挡土墙		按设计图示尺寸以体积计算
010403005	石柱		

续表

项目编码	项目名称	计量单位	工程量计算规则
010403006	石栏杆	m	按设计图示以长度计算
010403007	石护坡	m³	按设计图示尺寸以体积计算
010403008	石台阶	m³	
010403009	石坡道	m²	按设计图示以水平投影面积计算
010403010	石地沟、明沟	m	按设计图示以中心线长度计算

（2）清单工程量计算规则解释

1）石基础、石勒脚、石墙的划分：基础与勒脚应以设计室外地坪为界。勒脚与墙身应以设计室内地面为界。石围墙内外地坪标高不同时，应以较低地坪高为界，以下为基础；内外标高之差为挡土墙时，挡土墙以上为墙身。

2）石挡土墙、石柱、石护坡、石台阶：按设计图示尺寸以体积计算。

3）石栏杆：按设计图示以长度计算。

4）石坡道：按设计图示以水平投影面积计算。

（3）石砌体清单工程量计算实例

【案例 2-3-9】依据【案例 2-3-7】计算石基础的清单工程量。

解：计算结果见表 2-3-23。

清单工程量计算表　　　　表 2-3-23

序号	项目编码	项目名称	计量单位	工程量	计算式
1	010403001001	石基础	m³	76.17	$L_中=[(7.2+15.0+5.0)+12.1]\times 2=78.60m$ $L_内=8-0.24=7.76m$（内墙净长） $V=(78.6+7.76)\times(1.14+0.84+0.54)\times 0.35$

【案例 2-3-10】某工程用 M2.5 混合砂浆砌筑毛石护坡，长度 200m，如图 2-3-13 所示，求其清单工程量。

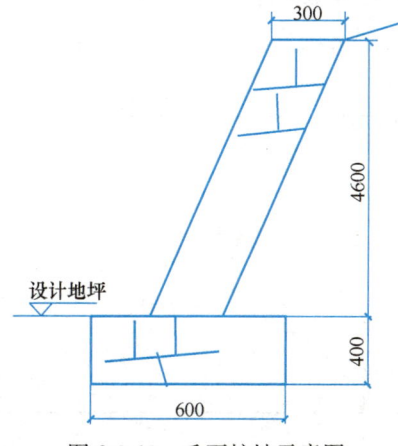

图 2-3-13　毛石护坡示意图

解：计算结果见表2-3-24。

清单工程量计算表 表2-3-24

序号	项目编码	项目名称	计量单位	工程量	计算式
1	010403007001	石护坡	m³	276	$0.3 \times 4.6 \times 200 = 276.00 \text{m}^3$

4. 垫层（010404）

（1）清单工程量计算规则（见表2-3-25）

垫层（编码：010404） 表2-3-25

项目编码	项目名称	计量单位	工程量计算规则
010404001	垫层	m³	按设计图示尺寸以立方米计算

（2）清单工程量计算规则解释

除混凝土垫层应按混凝土及钢筋混凝土工程中相关编码列项外，没有包括垫层要求的清单项目应按此项目编码列项。例如：灰土垫层、楼地面等（非混凝土）垫层。按设计图示尺寸以体积计算：垫层截面面积乘以垫层长。

（3）垫层清单工程量计算实例

【案例2-3-11】依据【案例2-3-7】计算垫层的清单工程量。

解：计算结果见表2-3-26。

清单工程量计算表 表2-3-26

序号	项目编码	项目名称	计量单位	工程量	计算式
1	010404001001	垫层	m³	19.65	$L_{中}=[(7.2+15.0+5.0)+12.1] \times 2 = 78.60\text{m}$ $L_{内}=8-1.54=6.46\text{m}$（垫层净长） $V=(78.6+6.46) \times 1.54 \times 0.15$

2.3.6 混凝土及钢筋混凝土工程（编码0105）

1. 现浇混凝土基础（编号：010501）

（1）清单工程量计算规则（见表2-3-27）

现浇混凝土基础（编号：010501） 表2-3-27

项目编码	项目名称	计量单位	工程量计算规则
010501001	垫层	m³	按设计图示尺寸以体积计算。不扣除伸入承台基础的桩头所占体积
010501002	带形基础		
010501003	独立基础		
010501004	满堂基础		
010501005	桩承台基础		
010501006	设备基础		

（2）清单工程量计算规则解释

1) 混凝土基础与墙或柱的划分，均按基础扩大顶面为界，以上为墙、柱，以下为基础。基础扩大面，就是基础截面开始变大的起来。

2) 带形基础，分有肋带形基础、无肋带形基础，应分别编码（第五级编码）列项计算，并注明肋高。

(3) 清单工程量计算实例

【案例 2-3-12】某混凝土筏形基础如图 2-3-14 所示，底板尺寸 39m×17m，板厚 300mn，凸梁断面 400mm×400mm，纵横间距均为 2000mm，边端各距板边 500mm，试求该筏形基础的混凝土体积。

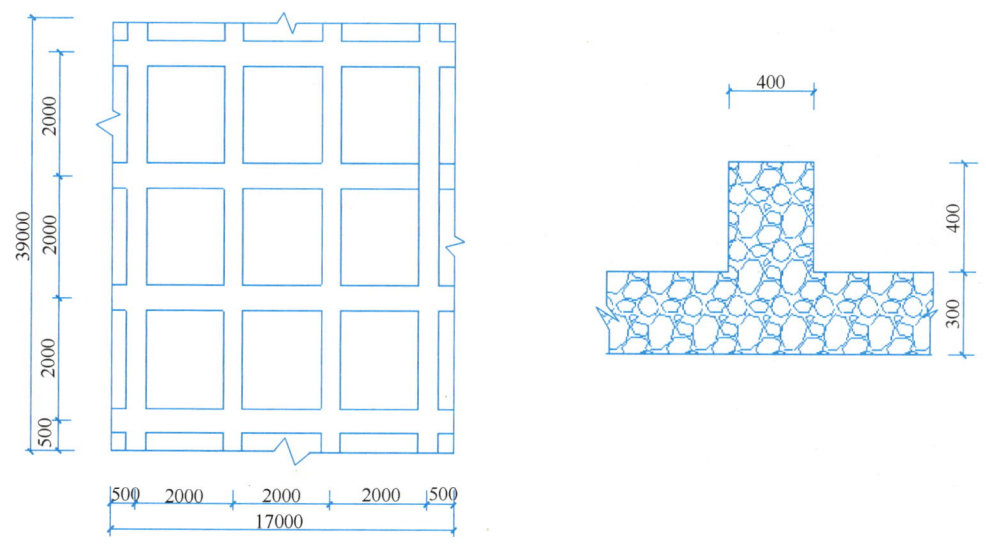

图 2-3-14　某筏形基础

解：计算结果见表 2-3-28。

清单工程量计算表　　　　　　　　　　　　　　表 2-3-28

序号	编码	名称	计算式	工程量合计	计量单位
1	010501004001	满堂基础	①板体积 $V_1=39×17×0.3=198.90$ ②凸梁 纵梁根数 $n=(17-0.5×2)/2+1=9$ 根 横梁根数 $n=(39-0.5×2)/2+1=20$ 根 梁长 $L=39×9+(17-0.4×9)×20=691m$ 凸梁体积 $V_2=0.4×0.4×619=99.04$ ③筏形基础的混凝土体积 $V=198.90+=99.04=297.94m^3$	297.94	m³

2. 现浇混凝土柱（编号：010502）

(1) 清单工程量计算规则（见表 2-3-29）

第2章 工程计量

现浇混凝土柱（编号：010502） 表 2-3-29

项目编码	项目名称	计量单位	工程量计算规则
010502001	矩形柱	m³	按设计图示尺寸以体积计算。 柱高： 1. 有梁板的柱高，应自柱基上表面（或楼板上表面）至上一层楼板上表面之间的高度计算。 2. 无梁板的柱高，应自柱基上表面（或楼板上表面）至柱帽下表面之间的高度计算。 3. 框架柱的柱高，应自柱基上表面至柱顶高度计算。 4. 构造柱按全高计算，嵌接墙体部分（马牙槎）并入柱身体积。 5. 依附柱上的牛腿和升板的柱帽，并入柱身体积计算。
010502002	构造柱		
010502003	异形柱		

(2) 清单工程量计算规则解释

1) 矩形柱、异形柱，按设计图示尺寸以体积计算。

$$\text{计算公式：柱体积} = \text{柱截面积} \times \text{柱高} \qquad (2-3-3)$$

柱高的确定分下列几种情况：

有梁板的柱高（图 2-3-15）：应自柱基上表面（或楼板上表面）至柱顶高度计算。

无梁板的柱高（图 2-3-16）：应自柱基上表面（或楼板上表面）至柱帽下表面之间的高度计算。

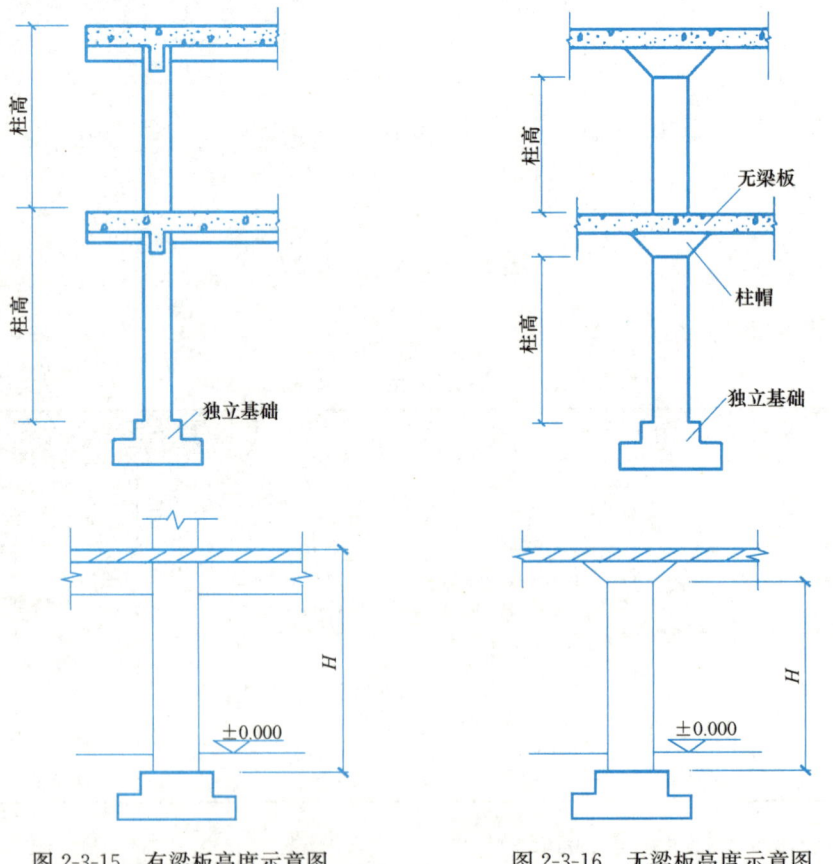

图 2-3-15 有梁板高度示意图　　图 2-3-16 无梁板高度示意图

框架柱的柱高（图 2-3-17）：应自柱基上表面至柱顶高度计算。

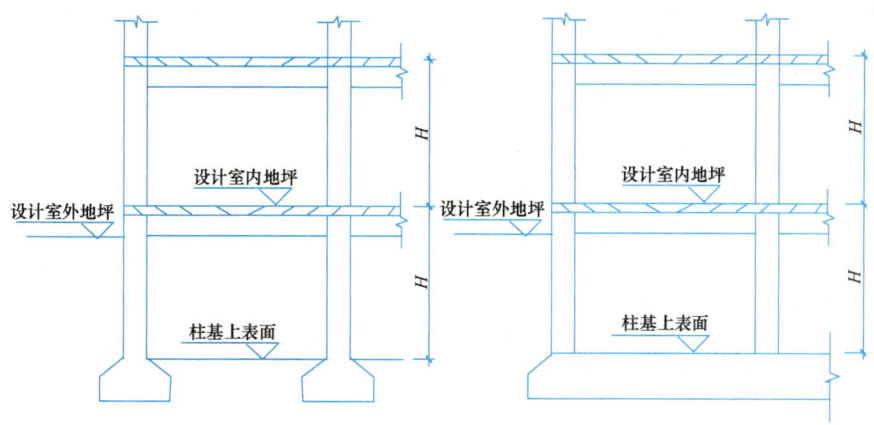

图 2-3-17 框架柱柱高示意图

依附于柱上的牛腿:并入柱身体积计算,如图 2-3-18 所示。

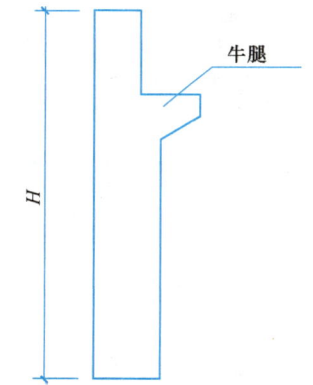

图 2-3-18 带牛腿的柱

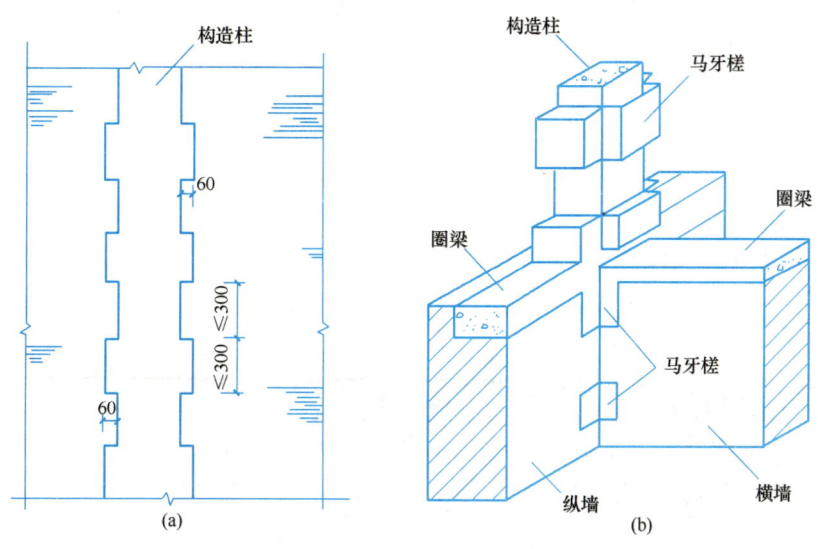

图 2-3-19 构造柱计算示意图
(a)构造柱立面示意图;(b)构造柱及与砖墙嵌接部分体积(马牙槎)示意图

2) 构造柱，按全高计算（图 2-3-19a），与砖墙嵌接部分的体积（马牙槎）并入柱身体积内计算。如图 2-3-19b 所示。

由于构造柱根部一般锚固在地圈梁内，因此，柱高应自地圈梁的顶部至柱顶部高度计算。

构造柱横截面面积：构造柱一般是先砌砖后浇混凝土。在砌砖时一般每隔五皮砖（约 300mm）两边各留一马牙槎，槎口宽度为 60mm。因此，可按基本截面宽度两边各加 30mm 计算。

(3) 清单工程量计算实例

【案例 2-3-13】 某工程 C20 混凝土构造柱如图 2-3-20 所示，计算其清单工程量。

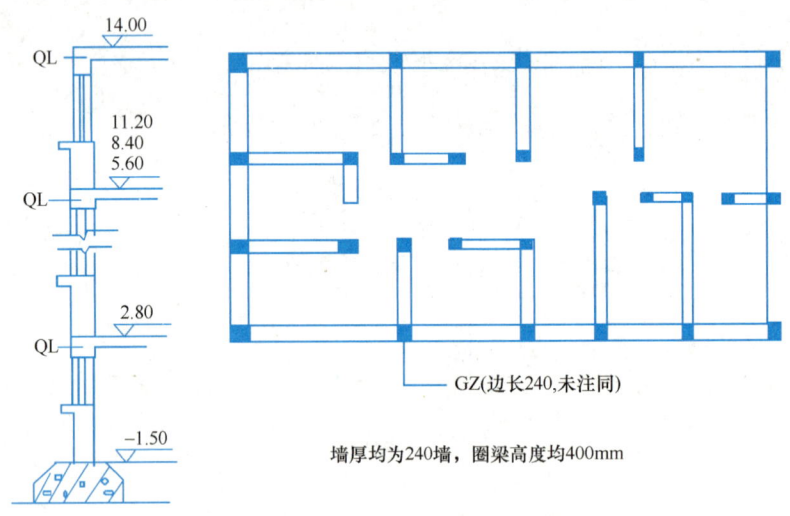

图 2-3-20 某工程构造柱平面及剖面图

解：由图 2-32 可知，该建筑物共有构造柱 27 根，若考虑有马牙槎，则带 1 个槎：9 根；带 2 个槎：8 根；带 3 个槎：10 根。构造柱计算高度为：$H = 14.0 - (-1.5) = 15.5（m）$。则构造柱工程量为：

$$V = 0.24 \times [(0.24 + 0.03) \times 9 + (0.24 + 0.03 \times 2) \times 8 \\ + (0.24 + 0.03 \times 3) \times 10] \times 15.5 \\ = 30.24 m^3$$

3. 现浇混凝土梁（编号：010503）

(1) 清单工程量计算规则

现浇混凝土梁（编号：010503） 表 2-3-30

项目编码	项目名称	计量单位	工程量计算规则
010503001	基础梁	m³	按设计图示尺寸以体积计算。伸入墙内的梁头、梁垫并入梁体积内。 梁长： 1. 梁与柱连接时，梁长算至柱侧面。 2. 主梁与次梁连接时，次梁长算至主梁侧面
010503002	矩形梁		
010503003	异形梁		
010503004	圈梁		
010503005	过梁		
010503006	弧形、拱形梁		

(2) 清单工程量计算规则解释

1) 伸入墙内的梁头、梁垫并入梁体积内。如图 2-3-21 所示。

2) 梁长的计算：主梁、次梁与柱连接时，梁长算至柱侧面。次梁与主梁连接时，次梁长度算至主梁侧面。如图 2-3-22 所示。

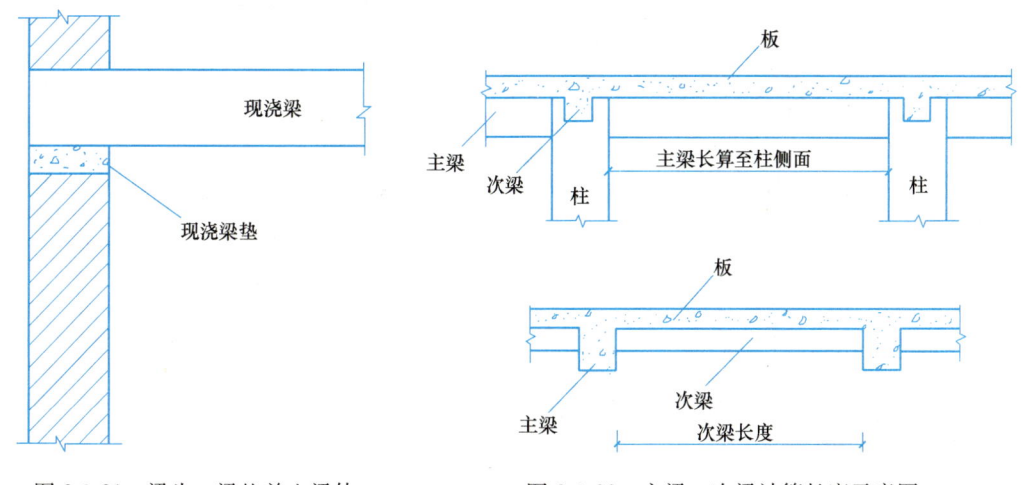

图 2-3-21 梁头、梁垫并入梁体积内计算示意图

图 2-3-22 主梁、次梁计算长度示意图

3) 圈梁按内外墙和不同断面分别计算，圈梁长度外墙按中心线，内墙按净长线计算。且圈梁长度应扣除构造柱部分。

4) 过梁长度若设计没有明确规定时，按门窗洞口外围宽度两端共加 500mm 计算，有明确规定时，按规定计算。

5) 当圈梁与过梁连接时，分别计算圈梁、过梁的工程量。

(3) 清单工程量计算实例

【案例 2-3-14】某办公楼一层框架梁结构平面图如图 2-3-23 所示，梁顶标高为 3.8m，混凝土强度等级为 C30，未标注框架柱截面尺寸为 500×500mm 且定位居中；图中两个框架柱截面尺寸为 500×600mm 且位置已标出，框架梁截面尺寸详见图 2-3-23，弧形梁半径为 2500mm。

问题：根据题意，试计算一层框架梁混凝土清单工程量。

解：1 轴～4 轴、A 轴～D 轴部分框架梁混凝土体积：

$V_{KL1} = 0.25 \times 0.5 \times [(6-2.5-0.25) + 3.14 \times (2.5-0.125)/2 - 0.25] = 0.841 (m^3)$

$V_{KL2} = 0.3 \times 0.5 \times (3.3 + 6 - 0.5 \times 2) = 1.245 (m^3)$

$V_{KL3} = 0.25 \times 0.5 \times (6 - 0.15 - 0.35) = 0.6875 (m^3)$

$V_{KL5} = 0.3 \times 0.5 \times (3.3 + 6 + 6 - 0.5 \times 3) \times 2 = 4.14 (m^3)$

$V_{KL6} = 0.3 \times 0.5 \times (3.3 + 6 + 6 - 0.5 \times 3) = 2.07 (m^3)$

$V_{KL7} = 0.3 \times 0.5 \times (2.5 + 4.7 + 2.1 + 6.9 - 0.5 \times 3) = 2.205 (m^3)$

$V_{KL8} = 0.3 \times 0.6 \times (2.5 + 4.7 + 6.9 - 0.5 \times 2) = 2.358 (m^3)$

第 2 章 工程计量

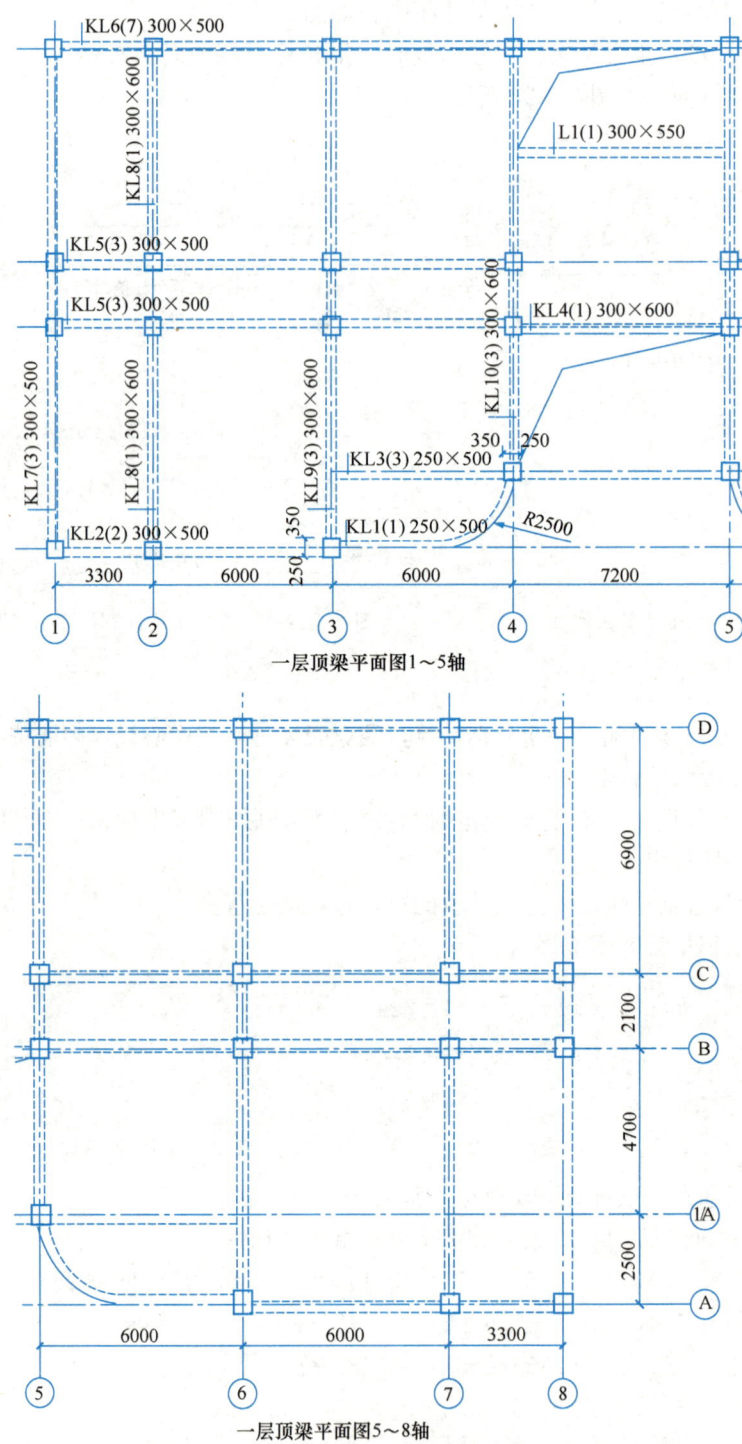

图 2-3-23 某办公楼一层框架梁结构平面图

$V_{KL9}=0.3\times0.6\times(2.5+4.7+2.1+6.9-0.5\times2-0.25-0.35)=2.628(m^3)$

V_{KL10} 混凝土体积 $=0.3\times0.6\times(4.7+2.1+6.9-0.5\times3)=2.196(m^3)$

1 轴~4 轴、A 轴~D 轴部分框架梁混凝土体积小计：18.3705（m^3）

同理，5 轴~8 轴、A 轴~D 轴部分框架梁混凝土体积=18.3705（m^3）

4 轴~5 轴、A 轴~D 轴部分框架梁混凝土体积：

V_{L1} 混凝土体积$=0.3\times0.55\times(7.2-0.3)=1.1385(m^3)$

V_{KL4} 混凝土体积$=0.3\times0.6\times(7.2-0.5)=1.206(m^3)$

V_{KL3} 混凝土体积$=0.25\times0.5\times(7.2-0.5)=0.8375(m^3)$

V_{KL6} 混凝土体积$=0.3\times0.5\times(7.2-0.5)=1.005(m^3)$

4 轴~5 轴、A 轴~D 轴部分框架梁混凝土体积小计：4.187(m^3)

框架梁混凝土总体积合计：40.93（m^3）

4. 现浇混凝土墙（编号：010504）

(1) 清单工程量计算规则（见表 2-3-31）

现浇混凝土墙（编号：010504） 表 2-3-31

项目编码	项目名称	计量单位	工程量计算规则
010505001	直形墙	m^3	按设计图示尺寸以体积计算。不扣除构件内钢筋、预埋铁件所占体积，扣除门窗洞口及单个面积 0.3m^2 以外的孔洞所占体积，墙垛及突出墙面部分并入墙体体积内计算。
010505002	弧形墙		
010505003	断肢剪力墙		
010505004	挡土墙		

(2) 清单工程量计算实例

【案例 2-3-15】某写字楼一层 1 轴/D~E 轴部分剪力墙及柱。已知层高为 3.9m，剪力墙厚为 250mm，现浇板厚为 120mm，梁截面尺寸为 250×500mm，各构件断面尺寸见图 2-3-24。

问题：试计算该部分剪力墙混凝土清单工程量。

解：Q1 混凝土工程量：

体积$=(6.9-0.6-0.6)$〈长度〉$\times3.9$〈墙高〉$\times0.25$〈墙厚〉$=5.5575(m^3)$

GDZ1 混凝土工程量：

体积$=(0.6\times0.6+0.3\times0.25)$〈截面面积〉$\times3.9$〈高度〉$=1.6965(m^3)$

GDZ2 混凝土工程量：

体积$=(0.6\times0.6+0.15\times0.25+0.3\times0.25)$〈截面面积〉$\times3.9$〈高度〉$=1.8428(m^3)$

5. 现浇混凝土板（编号：010505）

(1) 清单工程量计算规则（见表 2-3-32）

1）平板：按板的体积计算，当板与圈梁连接时，板算至圈梁的侧面、与混凝土墙连接时，板算至混凝土墙的侧面，支撑在砖墙上的板头体积并入平板混凝

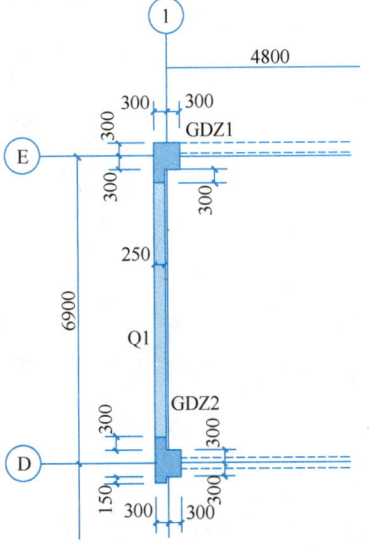

图 2-3-24 某写字楼部分剪力墙示意图

土工程量内。

现浇混凝土板（编号：010505）　　　　　表 2-3-32

项目编码	项目名称	计量单位	工程量计算规则
010505001	有梁板	m^3	按设计图示尺寸以体积计算，不扣除单个面积≤0.3m² 以内的柱、垛以及孔洞所占体积。压型钢板混凝土楼板扣除构件内压形钢板所占体积。有梁板（包括主、次梁与板）按梁、板体积之和，无梁板按板和柱帽体积之和，各类板伸入墙内的板头并入板体积内，薄壳板的肋、基梁并入薄壳体积内计算。
010505002	无梁板		
010505003	平板		
010505004	拱板		
010505005	薄壳板		
010505006	栏板		
010505007	天沟、挑檐板	m^3	按设计图示尺寸以体积计算
010505008	雨篷、阳台板	m^3	按设计图示尺寸以墙外部分体积计算。包括伸出墙外的牛腿和雨篷反挑檐的体积
010505009	空心板		按设计图示尺寸以体积计算，空心板（GBF 高强薄壁蜂巢芯板等）应扣除空心部分体积。
010505010	其他板	m^3	按设计图示尺寸以体积计算

2）现浇挑檐、天沟板、雨篷、阳台与板（包括屋面板、楼板）连接时以外墙外边线为分界线，与圈梁（包括其他梁）连接时，以梁外边线为分界线，外墙边线以外为挑檐、天沟、雨篷或阳台。

3）空心板：按设计图示尺寸以体积计算，空心板（GBF 高强薄壁蜂巢芯板等）应扣除空心部分体积。

(2) 清单工程量计算实例

【案例 2-3-16】某学院档案资料室现浇混凝土框架，如下图 2-3-25 所示。板厚 100mm，层高 4.2m；柱梁板混凝土强度等级均为 C25。试计算该资料室有梁板的清单工程量。

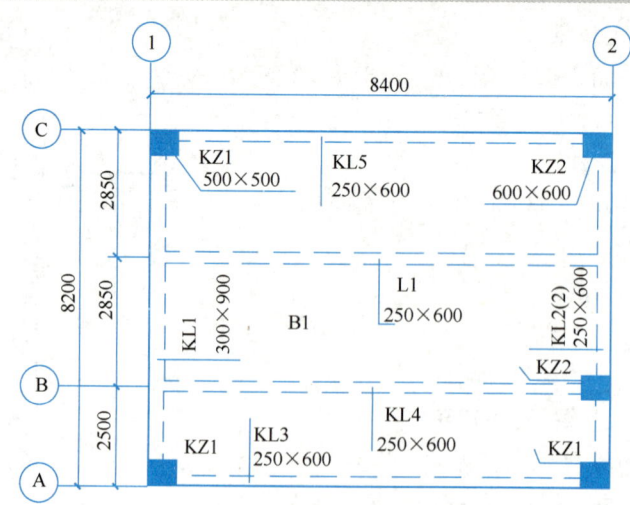

图 2-3-25　+4.2m 处柱梁板结构施工图

解：计算有梁板现浇混凝土清单工程量。

$V_{KL1} = 0.3 \times (0.9 - 0.1) \times (8.2 - 0.5 \times 2) = 1.728 \text{m}^3$

$V_{KL2} = 0.25 \times (0.6 - 0.1) \times (8.2 - 0.6 \times 2 - 0.5) = 0.8125 \text{m}^3$

$V_{KL3} = 0.25 \times (0.6 - 0.1) \times (8.4 - 0.5 \times 2) = 0.925 \text{m}^3$

$V_{KL4} = 0.25 \times (0.6 - 0.1) \times (8.4 - 0.6 - 0.3) = 0.9375 \text{m}^3$

$V_{KL5} = 0.25 \times (0.6 - 0.1) \times (8.4 - 0.6 - 0.5) = 0.9125 \text{m}^3$

$V_{L1} = 0.25 \times (0.6 - 0.1) \times (8.4 - 0.3 - 0.25) = 0.98125 \text{m}^3$

$V_{B1} = 8.4 \times 8.2 \times 0.1 - 0.6 \times 0.6 \times 0.1 \times 2 - 0.5 \times 0.5 \times 0.1 \times 3 \langle 柱 \rangle = 6.741 \text{m}^3$

合计，$V = 1.728 + 0.8125 + 0.925 + 0.9375 + 0.9125 + 0.98125 + 6.741 = 13.04 \text{m}^3$

6. 现浇混凝土楼梯（编号：010506）

(1) 清单工程量计算规则（见表2-3-33）

现浇混凝土楼梯（编号：010506） 表2-3-33

项目编码	项目名称	计量单位	工程量计算规则
010506001	直形楼梯	m²	1. 以平方米计算，按设计图示尺寸以水平投影面积计算。不扣除宽度≤500mm的楼梯井，伸入墙内部分不计算。 2. 以立方米计算，按设计图示尺寸以体积计算
010506002	弧形楼梯		

(2) 清单工程量计算规则解释

1) 楼梯按水平投影面积计算，这个规则里面有三个关键点：休息平台、平台梁、斜梁及楼梯连接梁不再单独计算；只扣除大于500mm的楼梯井；楼梯水平投影面积只算到墙内皮。

2) 楼梯与楼板的划分以楼梯梁的外侧面为分界，当整体楼梯与现浇楼板无梯梁连接时，以楼梯的最后一个踏步边缘加300mm为界。

3) 湖北省规定现浇混凝土楼梯取一项计量单位"m²"，即按水平投影面积计算。

(3) 清单工程量计算实例

【案例2-3-17】 某办公楼工程现浇钢筋混凝土楼梯（如图2-3-26），试计算该楼梯混凝土清单工程量（建筑物4层，共3层楼梯）。

解： 该楼梯混凝土清单工程量计算：

$$S = (1.23 + 0.5 + 1.23) \times (1.23 + 3.0 + 0.20) \times 3$$
$$= 2.96 \times 4.43 \times 3 = 39.34 \text{m}^2$$

7. 现浇混凝土其他构件（编号：010507）

(1) 清单工程量计算规则（见表2-3-34）

现浇混凝土其他构件（编号：010507） 表2-3-34

项目编码	项目名称	计量单位	工程量计算规则
010507001	散水、坡道	m²	按设计图示尺寸以面积计算。不扣除单个0.3m²以内的孔洞所占面积
010507002	室外地坪		
010507003	电缆沟、地沟	m	按设计图示以中心线长度计算

续表

项目编码	项目名称	计量单位	工程量计算规则
010507004	台阶	1. m² 2. m³	1. 以平方米计量，按设计图示尺寸水平投影面积计算。 2. 以立方米计量，按设计图示尺寸体积计算
010507005	扶手、压顶	1. m 2. m³	1. 以米计量，按设计图示尺寸中心线延长米计算。 2. 以立方米计量，按设计图示尺寸体积计算
010507006	化粪池、检查井	1. m³ 2. 座	1. 按设计图示尺寸以体积计算。 2. 以座计算，按设计图示数量计算
010507007	其他构件	m³	

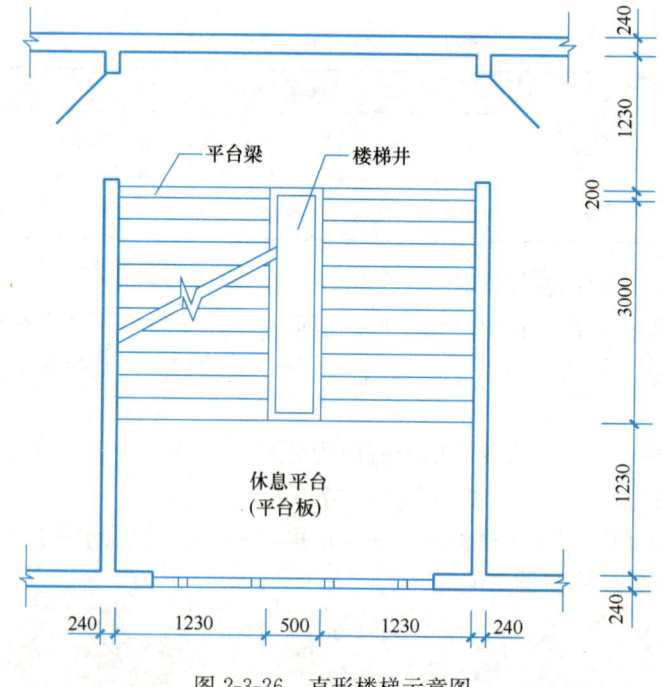

图 2-3-26　直形楼梯示意图

（2）清单工程量计算规则解释

1）散水、坡道按设计图示尺寸以面积计算。不扣除单个 0.3m² 以内的空洞所占面积；扣除坡道、台阶所占面积。

2）台阶的构造有实铺台阶和架空台阶两种。对实铺台阶国家规范规定的有两种算法可选。而湖北省规定取一项计量单位"m²"，即按设计图示尺寸水平投影面积计算。和台阶相连的平台按楼地面编码列项计算。

架空式混凝土台阶，是指将台阶支承在梁上或地垄墙上，按现浇楼梯计算。

3）扶手、压顶有两种算法：按延长米或 m³ 计算。

4）现浇混凝土小型池槽、垫块、门框等，应按其他构件项目编码列项以 m³ 计算。

（3）清单工程量计算实例

【案例 2-3-18】某房屋平面及台阶如图 2-3-27 所示，试计算其台阶和散水工程量。

第3节 土建工程工程量计算规则与方法

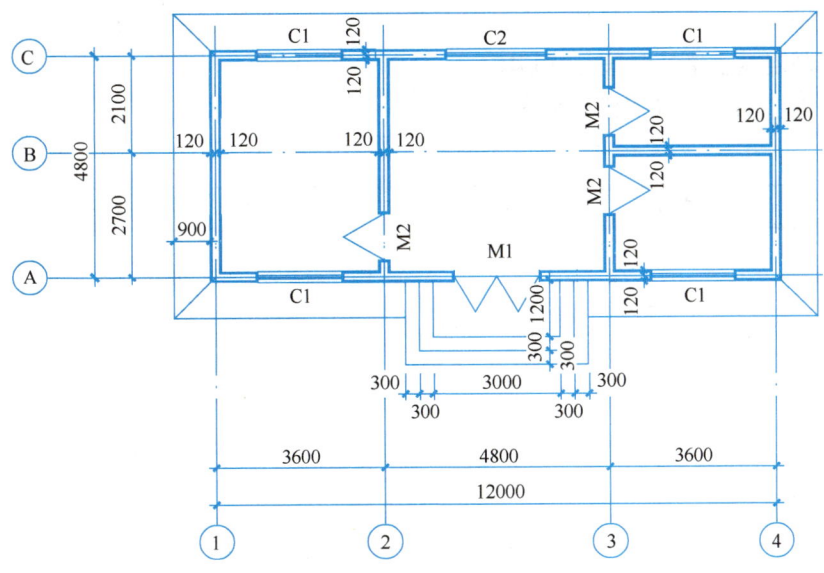

图 2-3-27 某房屋平面及台阶示意图

解：① 台阶工程量＝水平投影面积

$$S=(3.0+0.3\times4)\times(1.2+0.3\times2)-3.0\times1.2$$
$$=7.56-3.6=3.96 \text{ m}^2$$

② 散水工程量＝散水中心线×散水宽－台阶所占面积

$$S=(12+0.24+0.45\times2+4.8+0.24+0.45\times2)\times2\times0.9-(3+0.3\times4)\times0.9$$
$$=38.16\times0.9-4.2\times0.9=30.56 \text{ m}^2$$

8. 后浇带（编号：010508）

（1）清单工程量计算规则（见表 2-3-35）

后浇带（编号：010508） 表 2-3-35

项目编码	项目名称	计量单位	工程量计算规则
010508001	后浇带	m³	按设计图示尺寸以体积计算

（2）清单工程量计算规则解释

后浇带项目适用于梁、墙、板的后浇带。其工程量按长、宽、高算体积即可。

9. 预制混凝土柱（编号：010509）

（1）清单工程量计算规则（见表 2-3-36）

预制混凝土柱（编号：010509） 表 2-3-36

项目编码	项目名称	计量单位	工程量计算规则
010509001	矩形柱	1. m³	1. 以立方米计量，按设计图示尺寸以体积计算。
010509002	异形柱	2. 根	2. 以根计量，按设计图示尺寸以数量计算

（2）清单工程量计算规则解释

清单规则关于预制混凝土柱，给出了两种算法选择，一种是按设计图示尺寸以体积计算；一种是按设计图示尺寸以数量计算。以根计量时，都必须描述单件体积。

湖北省规定预制混凝土柱取一项计量单位"m³"，即按设计图示尺寸以体积计算。

10. 预制混凝土梁（编号：010510）

（1）清单工程量计算规则（见表 2-3-37）

预制混凝土梁（编号：010510） 表 2-3-37

项目编码	项目名称	计量单位	工程量计算规则
010510001	矩形梁	1. m³ 2. 根	1. 以立方米计量，按设计图示尺寸以体积计算。 2. 以根计量，按设计图示尺寸以数量计算
010510002	异形梁		
010510003	过梁		
010510004	拱形梁		
010510005	鱼腹式吊车梁		
010510006	其他梁		

（2）清单工程量计算规则解释

1）预制混凝土梁以根计量时，都必须描述单件体积。

2）关于预制混凝土梁，给出了两种算法选择，一种是按设计图示尺寸以体积计算；一种是按设计图示尺寸以数量计算。以根计量时，都必须描述单件体积。

湖北省规定预制混凝土梁取一项计量单位"m³"，即按设计图示尺寸以体积计算。

11. 预制混凝土屋架（编号：010511）

（1）清单工程量计算规则（见表 2-3-38）

预制混凝土屋架（编号：010511） 表 2-3-38

项目编码	项目名称	计量单位	工程量计算规则
010511001	折线型	1. m³ 2. 榀	1. 以立方米计量，按设计图示尺寸以体积计算。 2. 以榀计量，按设计图示尺寸以数量计算
010511002	组合		
010511003	薄腹		
010511004	门式刚架		
010511005	天窗架		

（2）清单工程量计算规则解释

1）预制混凝土屋架以榀计量时，都必须描述单件体积。

2）三角形屋架应按表 2-3-38 中预制混凝土折线型屋架项目编码列项。

3）湖北省规定预制混凝土屋架取一项计量单位"m³"，即按设计图示尺寸以体积计算。

12. 预制混凝土板（编号：010512）

（1）清单工程量计算规则（见表 2-3-39）

第3节 土建工程工程量计算规则与方法

预制混凝土板（编号：010512）　　　　　　　　　　　表 2-3-39

项目编码	项目名称	计量单位	工程量计算规则
010512001	平板	1. m³ 2. 块	1. 以立方米计量，按设计图示尺寸以体积计算。不扣除单个面积≤300mm×300mm 孔洞所占体积，扣除空心板空洞体积。 2. 以块计量，按设计图示尺寸以数量计算
010512002	空心板		
010512003	槽形板		
010512004	网架板		
010512005	折线板		
010512006	带肋板		
010512007	大型板		
010512008	沟盖板、井盖板、井圈	1. m³ 2. 块（套）	1. 以立方米计量，按设计示尺寸以体积计算。 2. 以块计量，按设计图示尺寸以数量计算

（2）清单工程量计算规则解释

1）预制混凝土板以块、套计量时，都必须描述单件体积。

2）不带肋的预制遮阳板、雨篷板、挑檐板、栏板等，应按表 2-3-39 中预制混凝土板中平板项目编码列项。

3）预制 F 形板、双 T 形板、单肋板和带反挑檐的雨篷板、挑檐板、遮阳板等，应按表 2-3-39 中预制混凝土板中带肋板项目编码列项。

4）预制大型墙板、大型楼板、大型屋面板等，应按表 2-3-39 中预制混凝土板中大型板项目编码列项。

5）湖北省规定预制混凝土板取一项计量单位"m³"，即按设计图示尺寸以体积计算。若图纸上标明了预制空心板的图集标号，查找图集，对照板号，就可以查到混凝土含量（体积）及钢筋含量（kg）。

（3）清单工程量计算实例

【案例 2-3-19】 某工程预制板结构示意图如图 2-3-28 所示。试计算预制空心板清单工程量。

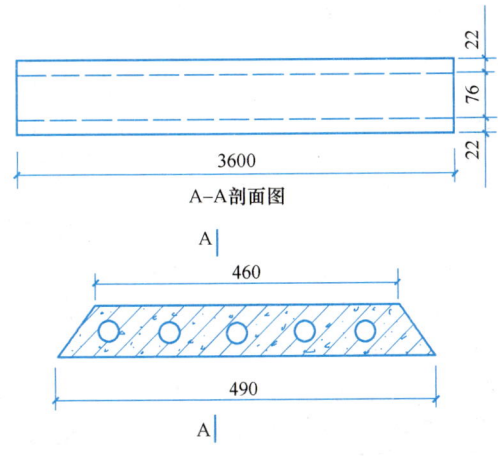

图 2-3-28　预制空心板示意图

解： 空心板清单工程量按体积计算。

$V=[(0.46+0.49)\times 0.12\div 2-\pi\times (0.076/2)^2\times 5]\times 3.6=0.12\text{m}^3$

13. 预制混凝土楼梯（编号：010513）

（1）清单工程量计算规则（见表 2-3-40）

预制混凝土楼梯（编号：010513） 表 2-3-40

项目编码	项目名称	计量单位	工程量计算规则
010513001	楼梯	1. m³ 2. 段	1. 以立方米计量，按设计图示尺寸以体积计算 2. 以段计量，按设计图示尺寸以数量计算

（2）清单工程量计算规则解释

1）预制混凝土楼梯以段计量、其他预制构件以块、根计量时，都必须描述单件体积。

2）湖北省规定预制混凝土楼梯取一项计量单位"m³"，即按设计图示尺寸以体积计算。

14. 其他预制构件（编号：010514）

（1）清单工程量计算规则（见表 2-3-41）

其他预制构件（编号：010514） 表 2-3-41

项目编码	项目名称	计量单位	工程量计算规则
010514001	烟道、垃圾道、通风道	1. m³ 2. m² 3. 根 （块、套）	1. 以立方米计量，按设计图示尺寸以体积计算。不扣除单个面积≤300mm×300mm 的孔洞所占体积，扣除烟道、垃圾道、通风道的孔洞所占体积 2. 以平方米计量，按设计图示尺寸以面积计算。不扣除单个面积≤300mm×300mm 的孔洞所占面积 3. 以根计量，按设计图示尺寸以数量计算
010514002	其他构件		

（2）清单工程量计算规则解释

1）其他预制构件以块、根计量时，都必须描述单件体积。

2）预制钢筋混凝土小型池槽、压顶、扶手、垫块、隔热板、花格等，应按表 2-3-40 中其他预制构件中其他构件项目编码列项。

15. 钢筋工程（编号：010515）

（1）清单工程量计算规则（见表 2-3-42）

（2）清单工程量计算规则解释

1）现浇构件中伸出构件的锚固钢筋应并入钢筋工程量内。除设计（包括规范规定）标明的搭接外，其他施工搭接不计算工程量，在综合单价中综合考虑。

2）现浇构件中固定位置的支撑钢筋、双层钢筋用的"铁马"在编制工程量清单时，如果设计未明确，其工程数量可为暂估量，结算时按现场签证数量计算。

3）钢筋工程量计算的基本方法

钢筋工程量的计算首先计算其图示长度，然后乘以单位长度质量确定。计算公式：

$$\text{钢筋质量}=\text{钢筋计算长度}\times\text{钢筋单位理论质量} \tag{2-3-4}$$

钢筋单位理论质量可根据公式（2-3-5）计算确定（d 为钢筋直径，单位 mm），或查表 2-3-43 确定。

$$\text{钢筋单位理论质量}\ G=0.006165\times d^2\ \text{或}\ G=0.00617\times d^2 \tag{2-3-5}$$

式中：d 为钢筋直径，带入公式时，单位为 mm。

钢筋工程（编号：010515） 表 2-3-42

项目编码	项目名称	计量单位	工程量计算规则
010515001	现浇构件钢筋	t	按设计图示钢筋（网）长度（面积）乘单位理论质量计算
010515002	预制构件钢筋		
010515003	钢筋网片		
010515004	钢筋笼		
010515005	先张法预应力钢筋		按设计图示钢筋长度乘单位理论质量计算
010515006	后张法预应力钢筋		按设计图示钢筋（丝束、绞线）长度乘单位理论质量计算
010515007	预应力钢丝		1. 低合金钢筋两端均采用螺杆锚具时，钢筋长度按孔道长度减 0.35m 计算，螺杆另行计算
010515008	预应力钢绞线		2. 低合金钢筋一端采用镦头插片，另一端采用螺杆锚具时，钢筋长度按孔道长度计算，螺杆另行计算 3. 低合金钢筋一端采用镦头插片，另一端采用帮条锚具时，钢筋增加 0.15m 计算；两端均采用帮条锚具时，钢筋长度按孔道长度增加 0.3m 计算 4. 低合金钢筋采用后张混凝土自锚时，钢筋长度按孔道长度增加 0.35m 计算 5. 低合金钢筋（钢绞线）采用 JM、XM、QM 型锚具，孔道长度≤20m 时，钢筋长度增加 l_m 计算，孔道长度>20m 时，钢筋长度增加 1.8m 计算 6. 碳素钢丝采用锥形锚具，孔道长度≤20m 时，钢丝束长度按孔道长度增加 1m 计算，孔道长度>20m 时，钢丝束长度按孔道长度增加 1.8m 计算 7. 碳素钢丝采用镦头锚具时，钢丝束长度按孔道长度增加 0.35m 计算
010515009	支撑钢筋（铁马）		按钢筋长度乘单位理论质量计算
010515010	声测管		按设计图示尺寸以质量计算

钢筋单位理论质量 表 2-3-43

钢筋直径(mm)	理论重量(kg/m)	钢筋直径(mm)	理论重量(kg/m)	钢筋直径(mm)	理论重量(kg/m)
3	0.055	12	0.888	25	3.850
4	0.099	14	1.208	26	4.170
5	0.154	16	1.578	28	4.830
6	0.222	18	1.998	30	5.550
6.5	0.260	20	2.466	32	6.310
8	0.395	22	2.984	36	7.989
10	0.671	24	3.551	40	9.865

箍筋长度的计算：

计算长度时，要考虑混凝土保护层、箍筋的形式、箍筋的根数和箍筋单根长度。以双肢箍筋为例说明箍筋长度的计算。如图 2-3-29 所示。

计算公式：

箍筋单根长度＝构件截面周长－8×保护层厚
　　　　　　－4×箍筋直径＋2×弯增加长度
(2-3-6)

拉筋单根长度＝构件宽度－2×保护层厚
　　　　　　＋2×弯增加长度　　(2-3-7)

《混凝土结构工程施工规范》GB 5066—2011 的规定，箍筋斜弯钩增加长度为：1.9d＋max（10d，75mm）。

箍筋根数＝箍筋分布长度/箍筋间距＋1 (2-3-8)

钢筋工程量计算时除了要依据平法施工图外，还要参考平法图集中的标准构造详图，方能正确计算钢筋图示长度，然后再确定其质量。

(3) 钢筋工程清单工程量计算规则及应用案例

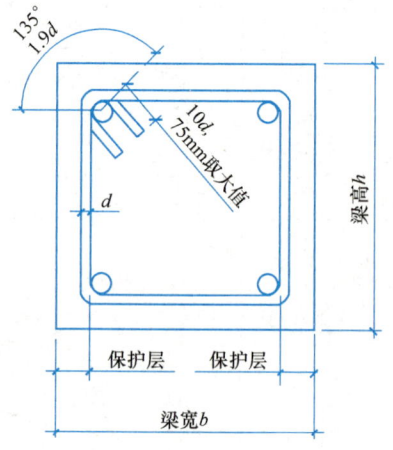

图 2-3-29　双肢箍筋

【案例 2-3-20】某工程独立基础 DJ$_j$01 平法标注如图 2-3-30 所示。混凝土强度等级 C30，独立基础底面、顶面、侧面保护层厚度均为 40mm，计算其钢筋清单工程量。

解：①X 向底筋（带肋）计算

因为独立基础 X、Y 向边长都大于 2500，根据 16G101 规定，外侧钢筋除外，其余钢

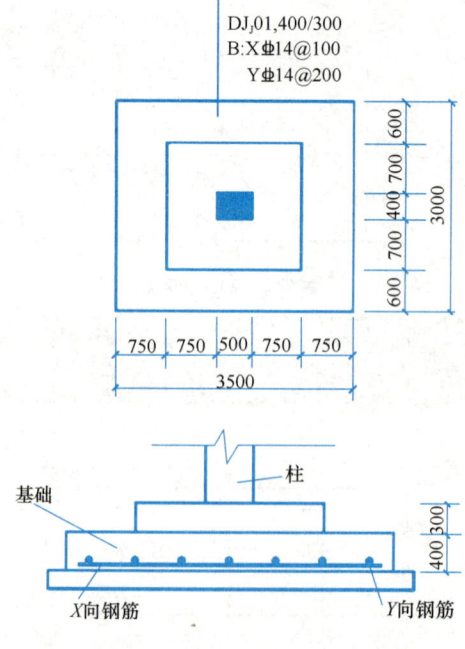

图 2-3-30　独立基础 DJ$_j$01 平法施工图

筋 0.9 倍交错放置。

外侧钢筋长度＝基础边长－2×基础侧面保护层 C＝3500－2×40＝3420(mm)

根数＝2 根

其余钢筋一侧缩短，其长度＝0.9×基础边长＝0.9×3500＝3150mm

根数＝[y－2×min(75，s/2)]/s(结果向上进 1 取整)－1
　　　＝(3000－2×50)/100－1＝28(根)

小计：X 向底筋长度＝3420×2＋3150×28＝95040mm＝95.04(m)

② Y 向底筋(带肋)计算

外侧钢筋长度＝y－2c＝3000－2×40＝2920(mm)

根数＝2 根

其余钢筋一侧缩短，其长度＝0.9×基础边长＝0.9×3000＝2700mm

根数＝[x－2×min(75，s/2)]/s(结果向上进 1 取整)－1
　　　＝(3500－2×75)/200－1＝16(根)

小计：Y 向底筋长度＝2920×2＋2700×16＝49040mm＝49.04(m)

③ 底筋汇总：

$$\Phi 14, L=95.04+49.04=144.08 \text{m}$$

$$G=1.208 \text{kg/m} \times 144.08 \text{m}=174.05 \text{kg}=0.174 \text{t}$$

【案例 2-3-21】某框架结构中 KL2 的平法标注如图 2-3-31 所示，共计 20 根。其混凝土强度等级为 C30，抗震等级为一级，框架柱 500mm×500mm。根据工程量计算规范计算框架梁和钢筋的工程量。(保护层厚度按 25mm 计算，不考虑拉筋和钢筋的搭接长度)

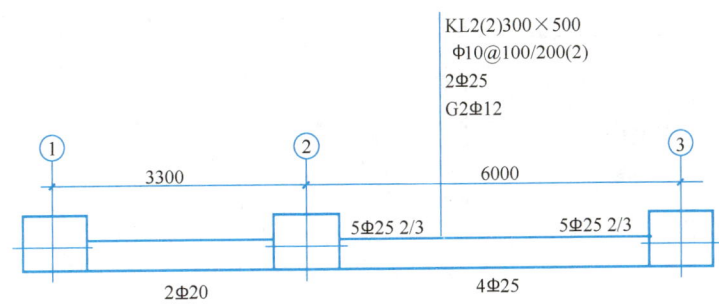

图 2-3-31　KL2 配筋图

解：计算结果见表 2-3-44。

工程量计算表　　　　表 2-3-44

序号	项目编码	项目名称	计量单位	工程量	计算式
1	010503002001	矩形梁	m³	24.90	0.30×5×(3.3－0.5＋6.0－0.5)

续表

序号	项目编码	项目名称	计量单位	工程量	计算式
2	010515001001	现浇构件钢筋$\Phi 25$	t	4.823	1. 上部通长筋 $20 \times 2 \Phi 25$ 锚固长度 $= \max(0.4L_{aE}, 0.5h_c + 5d) + 15d = \max(0.4 \times 33 \times 25, 0.5 \times 500 + 5 \times 25) + 15 \times 25 = 750$ 上部通长筋长度 $=$ 净长 $+$ 锚固长 $\times 2 = (3300 + 6000 - 500 + 750 \times 2) \times 2 \times 20 = 412000$ mm 2. 第一排支座负筋 $20 \times 1 \Phi 25$ 第二跨第一排左支座负筋： 净跨$/3+$左锚固长（中间支座直锚 $33d$）$= (6000 - 500/3 + 33 \times 25) \times 20 = 53166.67$ mm 第二跨第一排右支座负筋： 净跨$/3+$右锚固长（33×25）$= (6000 - 500/3 + 750) \times 20 = 51666.67$ mm 3. 第二排支座负筋 $20 \times \Phi 25$ 第二跨第二排左支座负筋： 净跨$/4+$左锚固长 $= (6000 - 500/4 + 750) \times 2 \times 20 = 85000$ mm 第二跨第二排右支座负筋： $(6000 - 500/4 + 750) \times 2 \times 20 = 85000$ mm 4. 下部非通长筋 $20 \times 4 \Phi 25$ 第二跨下部非通长筋 $20 \times 4 \Phi 25$ 净跨 $+$ 左直锚 $+$ 右弯锚 $= (6000 - 500 + 33 \times 25 + 750) \times 4 \times 20 = 566000$ mm 长度合计：1258833.34mm 质量 $G = 3.85 \times 1252833.34 / 1000 = 4823.41$ kg $= 4.823$ t
3	010515001002	现浇构件钢筋$\Phi 20$		0.405	第一跨下部非通长筋 $20 \times 2 \Phi 20$ 左支座锚固 $= \max(0.4L_{aE}, 0.5h_c + 5d) + 15d = \max(0.4 \times 33 \times 20, 0.5 \times 500 + 5 \times 20) + 15 \times 20 = 650$ 右支座锚固 $= 33d = 33 \times 20 = 660$ [$650 + (3300 - 500) + 660$] $\times 2 \times 20 = 164400$ mm 质量：$2.466 \times 164400 / 1000 = 405.41$ kg $= 0.405$ t
4	010515001003	现浇构件钢筋$\Phi 12$		0.325	侧面构造筋 $20 \times G2 \Phi 12$ 锚固长 $15d$ [$(3300 + 5000 - 500) + 15 \times 12 \times 2$] $\times 2 \times 20 = 366400$ 质量：$0.888 \times 365400 / 1000 = 325.36$ kg $= 0.325$ t
5	010515001004	现浇构件钢筋$\Phi 10$ 钢筋		0.063	1. 单根长 $(300 + 500) \times 2 - 8 \times 25 - 4 \times 10 + $ [$1.9 \times 10 + \max(10 \times 10.75)$] $\times 2 = 1598$ mm 2. 箍筋根数 一级抗震，加密区 $= \max(2hb, 500) = 2 \times 500 = 1000$ mm 第一跨，左加密区：$n = 1000 - 50 / 100 + 1 = 11$ 根 右加密区11根，非加密区 $n = 3300 - 500 - 1000 \times 2 / 200 - 1 = 3$ 根，合计25根。 第二跨：左加密区：$n = 1000 - 50 / 100 + 1 = 11$ 根 右加密区11根，非加密区 $n = 5000 - 500 - 1000 \times 2 / 200 - 1 = 17$ 根，合计39根。 总根数：$25 + 39 = 64$ 根 总长度：$1598 \times 64 = 102272$ mm 质量：$G = 0.617 \times 102272 / 1000 = 63.102$ kg $= 0.063$ t

【案例 2-3-22】 某实训楼标准层的结构平面图如图 2-3-32 所示。已知框架梁的截面尺寸为 250×600，柱截面 300×300，梁板的混凝土强度等级为 C30，板厚为 120mm，在室内干燥环境中使用。试计算有梁板钢筋清单工程量。（板中未注明分布钢筋按 $\phi 6@250$ 计算）

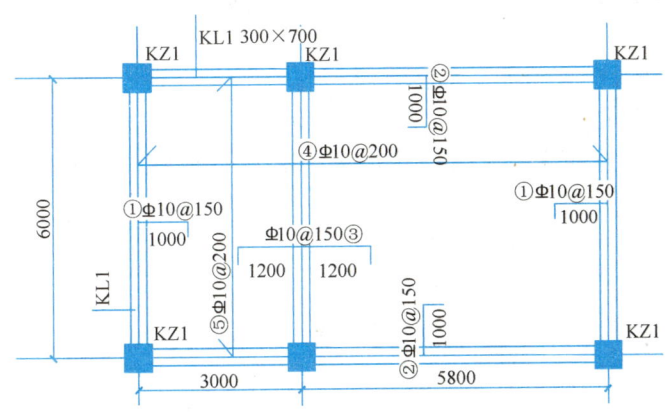

图 2-3-32　某实训楼标准层的结构平面图

解： 查 16G101，可得保护层厚参数，在一类环境下钢筋的保护层厚度，梁 20mm，板 15mm。图中①、②、③号筋为负筋，④、⑤为底筋。

④号筋 $\Phi 10@200$

钢筋总长度＝单根钢筋长度×根数

④号筋单根长度＝梁侧至梁侧净长 L_n＋锚固 $2×\max(5d，支座宽 B/2)$＋光圆钢筋弯钩 $2×6.25d＝(3.0＋5.8－0.125×2)＋2×\max(5×0.01，0.25/2)＝8.8m$

④号筋根数＝[净跨－起步距离(2×板筋间距/2)]/板筋间距＝(6－0.125×2－0.2)/0.2＋1＝29 根

⑤号筋 $\Phi 10@200$

⑤号筋单根长度＝$(6.0－0.125×2)＋2×\max(5×0.01，0.25/2)＝6.0m$

⑤号筋根数＝第一跨[净跨$(3.0－0.125×2)$－板筋间距 0.2]/0.2＋1＋第二跨[净跨$(5.8－0.125×2)$－板筋间距 0.2]/0.2＋1＝14＋28＝42 根

端支座负筋应判断锚固方式，确定锚固长度 确定锚固值。

16G 图集查到 $l_a＝29d＝29×10＝290＞250$（支座梁宽），需弯锚。

其弯锚长度＝梁宽－保护层－梁角筋直径＋15d＝250－20－20＋15×10＝360mm

①号负筋 $\Phi 10@150$

①号负筋长度＝标注长度＋一端弯锚＋一端弯折长度（板厚－板保护层）＝1000＋360＋(120－15)＝1465mm

①号负筋根数＝(净跨－板筋间距/2)/板筋间距＋1＝(6000－150)/150＋1＝40 根

分布筋 $\Phi 6@250$

①号筋分布筋长度＝6000－2000＜两端 2 号负筋的标注水平长＞＋150×2，分布筋

157

与负筋搭接 150＞＝4300mm

① 号筋分布筋的根数＝(支座负筋板内净长－分布筋起步距离 50)/分布筋间距＋1＝(1000－50)/250＋1＝5 根

② 号负筋长度＝同 1 号负筋＝1465mm

② 号负筋根数＝同 1 号负筋＝5 根

② 号筋分布筋长度＝3000－1000－1200＋150×2＋5800－1000－1200＋150×2＝5000mm

② 号筋分布筋根数＝1 号筋分布筋＝5 根

中间支座负弯矩筋 Φ 10@150

③ 号负筋长度＝左标注长＋右标注长＋2 端弯折(板厚－保护层)＝1200＋1200＋(120－15)×2＝2620mm

③ 号负筋根数＝1 号负筋根数＝40 根

③ 号筋分布筋长度＝1 号负筋＝4300mm

③ 号筋分布筋根数＝[(1200－125)－50〈起步距离〉/250＋1]×2＝12 根

钢筋汇总：

Φ 10 长度合计：8.8×29＋6.0×42＋1.465×40×2〈轴数〉＋1.465×5×2〈轴数〉＋2.62×40＝255.2＋252＋117.2＋14.65＋104.8＝743.85m

质量 G＝0.617×743.85＝458.96kg＝0.459t

ø6 长度合计：4.3×5＋5.0×5＋4.3×12＝98.10m

质量 G＝0.222×98.10＝21.778kg＝0.022t

16. 螺栓、铁件（编号：010516）

(1) 清单工程量计算规则（见表 2-3-45）

螺栓、铁件（编号：010516） 表 2-3-45

项目编码	项目名称	计量单位	工程量计算规则
010516001	螺栓	t	按设计图示尺寸以质量计算
010516002	预埋铁件		
010516003	机械连接	个	按数量计算

(2) 清单工程量计算规则解释

编制工程量清单时，如果设计未明确，其工程数量可为暂估量，实际工程量按现场签证数量计算。

2.3.7 金属结构工程（编码 0106）

1. 钢网架（编码：010601）

清单工程量计算规则（见表 2-3-46）

钢网架（编码：010601）

表 2-3-46

项目编码	项目名称	计量单位	工程量计算规则
010601001	钢网架	t	按设计图示尺寸以质量计算，不扣除孔眼的质量，焊条、铆钉等不另增加质量

2. 钢屋架、钢托架、钢桁架、钢架桥（编码：010602）

清单工程量计算规则（见表2-3-47）

钢屋架、钢托架、钢桁架、钢架桥（编码：010602）　　表 2-3-47

项目编码	项目名称	计量单位	工程量计算规则
010602001	钢屋架	1. 榀 2. t	1. 以榀计量，按设计图示数量计算 2. 以吨计量，按设计图示尺寸以质量计算。不扣除孔眼的质量，焊条、螺栓等不另增加质量
010602002	钢托架	t	按设计图示尺寸以质量计算，不扣除孔眼的质量，焊条、螺栓等不另增加质量
010602003	钢桁架		
010602004	钢架桥		

注：以榀计量，按标准图设计的应注明标准图代号，按非标准图设计的项目特征必须描述单榀屋架的质量。

3. 钢柱（编码010603）

清单工程量计算规则（见表2-3-48）

钢柱（编码：010603）　　表 2-3-48

项目编码	项目名称	计量单位	工程量计算规则
010603001	实腹钢柱	t	按设计图示尺寸以质量计算，不扣除孔眼的质量，焊条、铆钉、螺栓等不另增加质量，依附在钢柱上的牛腿及悬臂梁等并入钢柱工程量内
010603002	实腹钢柱		
010603003	钢管柱		按设计图示尺寸以质量计算，不扣除孔眼的质量，焊条、铆钉、螺栓等不另增加质量，钢柱上的节点板、加强环、内衬管、牛腿等并入钢管柱工程量内

注：1. 实腹钢柱类型指十字、T、L、H形等。
　　2. 空腹钢柱类型指箱型、格构等。
　　3. 型钢混凝土柱浇筑钢筋混凝土，其混凝土和钢筋应按"混凝土及钢筋混凝土工程"中相关项目编码列项。

4. 钢梁（编码：010604）

清单工程量计算规则（见表2-3-49）

钢梁（编码：010604）　　表 2-3-49

项目编码	项目名称	计量单位	工程量计算规则
010604001	钢梁	t	按设计图示尺寸以质量计算，不扣除孔眼的质量，焊条、铆钉、螺栓等不另增加质量，制动梁、制动板、制动桁架、车挡并入钢吊车梁工程量内
010604002	钢吊车梁		

注：1　梁类型指T、L、H形、箱形、格构式等。
　　2　型钢混凝土梁浇筑钢筋混凝土，其混凝土和钢筋应按"混凝土及钢筋混凝土工程"中相关项目编码列项。

5. 钢板楼板、墙板（编码：010605）

清单工程量计算规则（见表 2-3-50）

钢板楼板、墙板（编码：010605） 表 2-3-50

项目编码	项目名称	计量单位	工程量计算规则
010605001	钢板楼板	m^2	按设计图示尺寸以铺设水平投影面积计算，不扣除单个面积≤0.3m^2 柱、垛及孔洞所占面积
010605002	钢板墙板		按设计图示尺寸以铺挂展开面积计算。不扣除单个面积≤0.3m^2 的梁、孔洞所占面积，包角、窗台泛水等不另加面积

注：1 钢板楼板上浇筑钢筋混凝土，其混凝土和钢筋应按"混凝土及钢筋混凝土工程"中相关项目编码列项。
    2 压型钢板按本表中钢板楼板项目编码列项。

6. 钢构件（编码：010606）

清单工程量计算规则（见表 2-3-51）

钢构件（编码：010606） 表 2-3-51

项目编码	项目名称	计量单位	工程量计算规则
010606001	钢支撑、钢拉条		
010606002	钢檩条		
010606003	钢天窗架		
010606004	钢挡风架		
010606005	钢墙架		按设计图示尺寸以质量计算，不扣除孔眼的质量，焊条、铆钉、螺栓等不另增加质量
010606006	钢平台		
010606007	钢走道		
010606008	钢梯	t	
010606009	钢护栏		
010606010	钢漏斗		按设计图示尺寸以质量计算，不扣除孔眼的质量，焊条、铆钉、螺栓等不另增加质量，依附漏斗或天沟的型钢并入漏斗或天沟工程量内
010606011	钢板天沟		
010606012	钢支架		按设计图示尺寸以质量计算，不扣除孔眼的质量，焊条、铆钉、螺栓等不另增加质量
010606013	零星钢构件		

注：1 钢墙架项目包括墙架柱、墙架梁和连接杆件。
    2 钢支撑、钢拉条类型指单式、复式；钢檩条类型指型钢式、格构式；钢漏斗形式指方形、圆形；天沟形式指矩形沟或半圆形沟。
    3 加工铁件等小型构件，按本表中零星钢构件项目编码列项。

7. 金属制品（编码：010607）

清单工程量计算规则（见表 2-3-52）

金属制品（编码：010607） 表2-3-52

项目编码	项目名称	计量单位	工程量计算规则
010607001	成品空调金属百叶护栏	m²	按设计图示尺寸以框外围展开面积计算
010607002	成品栅栏		
010607003	成品雨篷	1. m 2. m²	1. 以米计量，按设计图示接触边以米计算 2. 以平方米计量，按设计图示尺寸以展开面积计算
010607004	金属网栏	m²	按设计图示尺寸以框外围展开面积计算
010607005	砌块墙钢丝网加固	m²	按设计图示尺寸以面积计算
010607006	后浇带金属网		

注：抹灰钢丝网加固按本表中砌块墙钢丝网加固项目编码列项。

2.3.8 木结构工程（编码0107）

1. 木屋架（编码：010701）

清单工程量计算规则（见表2-3-53）

木屋架（编码：010701） 表2-3-53

项目编码	项目名称	计量单位	工程量计算规则
010701001	木屋架	1. 榀 2. m³	1. 以榀计量，按设计图示数量计算 2. 以立方米计量，按设计图示的规格尺寸以体积计算
010701002	钢木屋架	榀	以榀计量，按设计图示数量计算

注：1. 屋架的跨度应以上、下弦中心线两点之间的距离计算。
　　2. 带气楼的屋架和马尾、折角以及正交部分的半屋架，按相关屋架项目编码列项。
　　3. 以榀计量，按标准图设计的应注明标准图代号，按非标准图设计的项目特征必须按本表要求予以描述。

2. 木构件（编码：010702）

清单工程量计算规则（见表2-3-54）

木构件（编码：010702） 表2-3-54

项目编码	项目名称	计量单位	工程量计算规则
010702001	木桩	m³	按设计图示尺寸以体积计算
010702002	木梁		
010702003	木檩	1. m³ 2. m	1. 以立方米计量，按设计图示尺寸以体积计算 2. 以米计量，按设计图示尺寸以长度计算
010702004	木楼梯	m²	按设计图示尺寸以水平投影面积计算。不扣除宽度≤300mm的楼梯井，伸入墙内部分不计算
010702005	其他木结构	1. m³ 2. m	1. 以立方米计量，按设计图示尺寸以体积计算 2. 以米计量，按设计图示尺寸以长度计算

注：1. 木楼梯的栏杆（栏板）、扶手，应按"其他装饰工程"中的相关项目编码列项。
　　2. 以米计量，项目特征必须描述构件规格尺寸。

3. 屋面木基层（编码：010703）

清单工程量计算规则（见表2-3-55）

屋面木基层（编码：010703） 表2-3-55

项目编码	项目名称	计量单位	工程量计算规则
010703001	屋面木基层	m²	按设计图示尺寸以斜面积计算 不扣除房上烟囱、风帽底座、风道、小气窗、斜沟等所占面积。小气窗的出檐部分不增加面积

2.3.9 门窗工程（编码0108）

1. 木门（编码：010801）

清单工程量计算规则（见表2-3-56）

木门（编码：010801） 表2-3-56

项目编码	项目名称	计量单位	工程量计算规则
010801001	木质门	1. 樘 2. m²	1. 以樘计量，按设计图示数量计算 2. 以平方米计量，按设计图示洞口尺寸以面积计算
010801002	木质门带套		
010801003	木质连窗门		
010801004	木质防火门		
010801005	木门框	1. 樘 2. m	1. 以樘计量，按设计图示数量计算 2. 以米计量，按设计图示框的中心线以延长米计算
010801006	门锁安装	个（套）	按设计图示数量计算

注：1. 木质门应区分镶板木门、企口木板门、实木装饰门、胶合板门、夹板装饰门、木沙门、全玻门（带木质扇框）、木质半玻门（带木质扇框）等项目，分别编码列项。
2. 木门五金应包括：折页、插销、门碰珠、弓背拉手、搭机、木螺丝、弹簧折页（自动门）、管子拉手（自由门）、地弹簧（地弹门）、角铁、门轧头（地弹门、自由门）等。
3. 木质门带套计量按洞口尺寸以面积计算，不包括门套的面积，但门套应计算在综合单价中。
4. 以樘计量，项目特征必须描述洞口尺寸；以平方米计量，项目特征可不描述洞口尺寸。
5. 单独制作安装木门框按木门框项目编码列项。

2. 金属门（编码：010802）

清单工程量计算规则（见表2-3-57）

金属门（编码：010802） 表2-3-57

项目编码	项目名称	计量单位	工程量计算规则
010802001	金属（塑钢）门	1. 樘 2. m²	1. 以樘计量，按设计图示数量计算 2. 以平方米计量，按设计图示洞口尺寸以面积计算
010802002	彩板门		
010802003	钢质防火门		
010802004	防盗门		

注：1. 金属门应区分金属平开门、金属推拉门、金属地弹门、全玻门（带金属扇框）、金属半玻门（带扇框）等项目，分别编码列项。
2. 铝合金门五金包括：地弹簧、门锁、拉手、门铰、螺丝等。
3. 金属门五金包括L型执手插锁（双舌）、执手锁（单舌）、门轧头、地锁、防盗门机、门眼（猫眼）、门碰珠、电子锁（磁卡锁）闭门器、装饰拉手等。
4. 以樘计量，项目特征必须描述洞口尺寸，没有洞口尺寸必须描述门框或扇外围尺寸；以平方米计量，项目特征可不描述洞口尺寸及框、扇的外围尺寸。
5. 以平方米计量，无设计图示洞口尺寸，按门框、扇外围以面积计算。

3. 金属卷帘（闸）门（编码：010803）
清单工程量计算规则（见表 2-3-58）

金属卷帘（闸）门（编码：010803）　　　　　　　　　表 2-3-58

项目编码	项目名称	计量单位	工程量计算规则
010803001	金属卷帘（闸）门	1. 樘 2. m²	1. 以樘计算，按设计图示数量计算 2. 以平方米计量，按设计图示洞口尺寸以面积计算
010803002	防火卷帘（闸）门		

注：以樘计量，项目特征必须描述洞口尺寸；以平方米计量，项目特征可不描述洞口尺寸。

4. 厂库房大门、特种门（编码：010804）
清单工程量计算规则（见表 2-3-59）

厂库房大门、特种门（编码：010804）　　　　　　　　　表 2-3-59

项目编码	项目名称	计量单位	工程量计算规则
010804001	木板大门	1. 樘 2. m²	1. 以樘计算，按设计图示数量计算 2. 以平方米计量，按设计图示洞口尺寸以面积计算
010804002	钢木大门		
010804003	全钢板大门		
010804004	防护铁丝门		1. 以樘计算，按设计图示数量计算 2. 以平方米计量，按设计图示门窗或扇以面积计算
010804005	金属格栅门		1. 以樘计算，按设计图示数量计算 2. 以平方米计量，按设计图示洞口尺寸以面积计算
010804006	钢质花饰大门		1. 以樘计算，按设计图示数量计算 2. 以平方米计量，按设计图示门窗或扇以面积计算
010804007	特种门		1. 以樘计算，按设计图示数量计算 2. 以平方米计量，按设计图示洞口尺寸以面积计算

注：1. 特种门应区分冷藏门、冷冻间门、保温门、变电室门、隔音门、放射线门、人防门、金库门等项目，分别编码列项。

2. 以樘计量，项目特征必须描述洞口尺寸，没有洞口尺寸必须描述门框或扇外围尺寸；以平方米计量，项目特征可不描述洞口尺寸及框、扇的外围尺寸。

3. 以平方米计量，无设计图示洞口尺寸，按门框、扇外围以面积计算。

5. 其他门（编码：010805）
清单工程量计算规则（见表 2-3-60）

第2章 工程计量

其他门（编码：010805）　　　　　　表 2-3-60

项目编码	项目名称	计量单位	工程量计算规则
010805001	电子感应门	1. 樘 2. m²	1. 以樘计算，按设计图示数量计算 2. 以平方米计量，按设计图示洞口尺寸以面积计算
010805002	旋转门		
010805003	电子对讲门		
010805004	电动伸缩门		
010805005	全玻自由门		
010805006	镜面不锈钢饰面门		
010805007	复合材料门		

注：1. 以樘计量，项目特征必须描述洞口尺寸，没有洞口尺寸必须描述门框或扇外围尺寸；以平方米计量，项目特征可不描述洞口尺寸及框、扇的外围尺寸。

　　2. 以平方米计量，无设计图示洞口尺寸，按门框、扇外围以面积计算。

6. 木窗（编码：010806）

(1) 清单工程量计算规则（见表 2-3-61）

木窗（编码：010806）　　　　　　表 2-3-61

项目编码	项目名称	计量单位	工程量计算规则
010806001	木质窗	1. 樘 2. m²	1. 以樘计算，按设计图示数量计算 2. 以平方米计量，按设计图示洞口尺寸以面积计算
010806002	木飘（凸）窗		1. 以樘计算，按设计图示数量计算 2. 以平方米计量，按设计图示尺寸以框外围展开面积计算
010806003	木橱窗		
010806004	木纱窗		1. 以樘计算，按设计图示数量计算 2. 以平方米计量，按框的外围尺寸以面积计算

注：1. 木质窗应区分木百叶窗、木组合窗、木固定窗、木装饰空花窗等项目，分别编码列项。

　　2. 以樘计量，项目特征必须描述洞口尺寸，没有洞口尺寸必须描述窗框外围尺寸；以平方米计量，项目特征可不描述洞口尺寸及框的外围尺寸。

　　3. 以平方米计量，无设计图示洞口尺寸，按门框、扇外围以面积计算。

　　4. 木橱窗、木飘（凸）窗以樘计量，项目特征必须描述框截面及外围展开面积。

　　5. 木窗五金包括：折页、插销、风钩、木螺丝、滑轮滑轨（推拉窗）等。

(2) 清单工程量计算规则解释

1) 木窗的工程量按设计图示数量以"樘"计算时，特殊五金项目工程量按图示以"个或套"计算。

2) 木窗已考虑木材的干燥损耗、刨光损耗下料后备长度、门窗走头增加的体积。

7. 金属窗（编码：010807）

清单工程量计算规则（见表 2-3-62）

金属窗（编码：010807） 表 2-3-62

项目编码	项目名称	计量单位	工程量计算规则
010807001	金属（塑钢、断桥）窗	1. 樘 2. m²	1. 以樘计算，按设计图示数量计算 2. 以平方米计量，按设计图示洞口尺寸以面积计算
010807002	金属防火墙		
010807003	金属百叶窗		
010807004	金属纱窗		1. 以樘计算，按设计图示数量计算 2. 以平方米计量，按框的外围尺寸以面积计算
010807005	金属格栅窗		1. 以樘计算，按设计图示数量计算 2. 以平方米计量，按设计图示洞口尺寸以面积计算
010807006	金属（塑钢、断桥）橱窗		1. 以樘计算，按设计图示数量计算 2. 以平方米计量，按设计图示尺寸以框外围展开面积计算
010807007	金属（塑钢、断桥）飘（凸）窗		
010807008	彩板窗		1. 以樘计算，按设计图示数量计算 2. 以平方米计量，按设计图示洞口尺寸或框外围以面积计算
010807009	复合材料窗		

注：1. 金属窗应区分金属组合窗、防盗窗等项目，分别编码列项。
2. 以樘计量，项目特征必须描述洞口尺寸，没有洞口尺寸必须描述窗框外围尺寸；以平方米计量，项目特征可不描述洞口尺寸及框的外围尺寸。
3. 以平方米计量，无设计图示洞口尺寸，按门框、扇外围以面积计算。
4. 金属橱窗、飘（凸）窗以樘计量，项目特征必须描述框外围展开面积。
5. 金属窗五金包括：折叶、螺丝、执手、卡锁、铰拉、风撑、滑轨、拉把、拉手、角码、牛角制等。

8. 门窗套（编码：010808）

清单工程量计算规则（见表 2-3-63）

门窗套（编码：010808） 表 2-3-63

项目编码	项目名称	计量单位	工程量计算规则
010808001	木门窗套	1. 樘 2. m² 3. m	1. 以樘计算，按设计图示数量计算 2. 以平方米计量，按设计图示尺寸以展开面积计算 3. 以米计量，按设计图示中心以延长米计算
010808002	木筒子板		
010808003	饰面夹板筒子板		
010808004	金属门窗套		
010808005	石材门窗套		
010808006	门窗木贴脸	1. 樘 2. m	1. 以樘计算，按设计图示数量计算 2. 以米计量，按设计图示尺寸以延长米计算
010808007	成品木门窗套	1. 樘 2. m² 3. m	1. 以樘计算，按设计图示数量计算 2. 以平方米计量，按设计图示尺寸以展开面积计算 3. 以米计量，按设计图示中心以延长米计算

9. 窗台板（编码：010809）

清单工程量计算规则（见表 2-3-64）

窗台板（编码：010809） 表 2-3-64

项目编码	项目名称	计量单位	工程量计算规则
010809001	木窗台板	m²	按设计图示尺寸以展开面积计算
010809002	铝塑窗台板		
010809003	金属窗台板		
010809004	石材窗台板		

10. 窗帘、窗帘盒、轨（编码：010810）

清单工程量计算规则（见表2-3-65）

窗帘、窗帘盒、轨（编码：010810） 表 2-3-65

项目编码	项目名称	计量单位	工程量计算规则
010810001	窗帘	1. m 2. m²	1. 以米计量，按设计图示尺寸以成活后长度计量 2. 以平方米计量，按图示尺寸以成活后展开面积计算
010810002	木窗帘盒	m	按设计图示尺寸以长度计算
010810003	饰面夹板、塑料窗帘盒		
010810004	铝合金窗帘盒		
010810005	窗帘轨		

注：1. 窗帘若是双层，项目特征必须描述每层材质。
2. 窗帘以米计量，项目特征必须描述窗帘高度和宽。

2.3.10 屋面及防水工程（编码0109）

1. 瓦、型材及其他屋面（编码：010901）

（1）清单工程量计算规则（见表2-3-66）

瓦、型材及其他屋面（编码：010901） 表 2-3-66

项目编码	项目名称	计量单位	工程量计算规则
010901001	瓦屋面	m²	按设计图示尺寸以斜面积计算 不扣除房上烟囱、风帽底座、风道、小气窗、斜沟等所占面积。小气窗的出檐部分不增加面积
010901002	型材屋面		
010901003	阳光板屋面		按设计图示尺寸以斜面积计算 不扣除屋面面积≤0.3m² 孔洞所占面积
010901004	玻璃钢屋面		
010901005	膜结构屋面		按设计图示尺寸以需要覆盖的水平投影面积计算

注：1. 瓦屋面若是在木基层上铺瓦，项目特征不必描述粘结层砂浆的配合比，瓦屋面铺防水层，按"屋面防水及其他"中相关项目编码列项。
2. 型材屋面、阳光板屋面、玻璃钢屋面的柱、梁、屋架，按"金属结构工程"、"木结构工程"中相关项目编码列项。

(2) 清单工程量计算规则解释

1) 瓦屋面项目是用于小青瓦、平瓦、筒孔、石棉水泥瓦、玻璃钢波形瓦等。

2) 型材屋面项目适用于压型钢板、金属压型夹心板、阳光板、玻璃钢等。型材屋面的钢檩条、骨架、螺栓、挂钩等均应包括在报价内。型材屋面工程量按设计图示尺寸以斜面积计算不扣除房上烟囱、风帽底座、风道、小气窗、斜沟等所占面积。小气窗的出檐部分不增加面积。

3) 膜结构屋面项目适用于膜布屋面，支撑和拉固膜布的钢柱、金属网架、钢丝绳等均应包括在项目报价内。但支撑柱的钢筋混凝土柱基，锚固的钢筋混凝土基础以及地脚螺栓等应按照相关项目编码列项。膜结构屋面的工程量按设计图示尺寸以需要覆盖的水平面积计算，而不是膜布的实际面积。

2. 屋面防水及其他（编码：010902）

(1) 清单工程量计算规则（见表 2-3-67）

屋面防水及其他（编码：010902）　　　　表 2-3-67

项目编码	项目名称	计量单位	工程量计算规则
010902001	屋面卷材防水	m²	按设计图示尺寸以面积计算 1. 斜屋顶（不包括平屋顶找坡）按斜面积计算，平屋顶按水平投影面积计算 2. 不扣除房上烟囱、风帽底座、风道、屋面小气窗和斜沟所占面积 3. 屋面的女儿墙、伸缩缝和天窗等处的弯起部分，并入屋面工程量内
010902002	屋面涂膜防水		
010902003	屋面刚性层		按设计图示尺寸以面积计算。不扣除房上烟囱、风帽底座、风道等所占面积
010902004	屋面排水管	m	按设计图示尺寸以长度计算。如设计未标注尺寸，以檐口至设计室外散水上表面垂直距离计算
010902005	屋面排（透）气管		按设计图示尺寸以长度计算
010902006	屋面（廊、阳台）泄（吐）水管	根（个）	按设计图示数量计算
010902007	屋面天沟、檐沟	m²	按设计图示尺寸以展开面积计算
010902008	屋面变形缝	m	按设计图示以长度计算

注：1. 屋面刚性层无钢筋，其钢筋项目特征不必描述。

2. 屋面找平层按"楼地面装饰工程"中"平面砂浆找平层"项目编码列项。

3. 屋面防水搭接及附加层用量不另行计算，在综合单价中考虑。

4. 屋面保温找坡层按"保温隔热屋面"项目编码列项。

(2) 清单工程量计算规则解释

1) 屋面卷材防水项目适用于胶结材料粘贴卷材进行防水的屋面。檐沟、天沟、水落口、泛水收头、变形缝等处的卷材附加层应计算工程量。

2) 屋面涂膜防水项目适用于厚质涂料、薄质涂料和有加增强材料及未加增强材料的涂膜防水屋面。檐沟、天沟、水落口、泛水收头、变形缝等处的卷材附加层材料应计算工程量。

3) 屋面刚性防水项目适用于细石混凝土、补偿收缩混凝土、块体混凝土、预应力混凝土和钢纤维混凝土刚性防水屋面。屋面刚性防水工程量按设计图示尺寸以面积计算，不扣除房上烟囱、风帽底座、风道等所占面积，屋面的女儿墙、伸缩缝和天窗等处的弯起部分，并入屋面工程量内。

4) 屋面天沟、沿沟项目适用于水泥砂浆天沟、细石混凝土天沟、预制混凝土天沟板、卷材天沟、玻璃钢天沟、镀锌铁皮天沟等。工程量按设计图示尺寸以面积计算，铁皮和卷材天沟按展开面积计算。

3. 墙面防水、防潮（编码：010903）

(1) 清单工程量计算规则（见表 2-3-68）

墙面防水、防潮（编码：010903）　　　　　　表 2-3-68

项目编码	项目名称	计量单位	工程量计算规则
010903001	墙面卷材防水	m²	按设计图示尺寸以面积计算
010903002	墙面涂膜防水		
010903003	墙面砂浆防水（防潮）		
010903004	墙面变形缝	m	按设计图示以长度计算

注：1. 墙面防水搭接及附加层用量不另行计算，在综合单价中考虑。
2. 墙面变形缝，若做双面，工程量乘系数 2。
3. 墙面找平层按墙、柱面装饰与隔断、幕墙工程"立面砂浆找平层"项目编码列项。

(2) 清单工程量计算规则解释

1) 墙面防水防潮层工程量"按设计图示尺寸以面积计算"，外墙上按外墙中心线长度，内墙上按内墙净长线长度乘以宽度以平方米计算。

2) 变形缝包括伸缩缝、沉降缝和抗震缝。变形缝工程量均按延长米计算。外墙变形缝如内外双面填缝者，工程量按双面计算。

4. 楼（地）面防水、防潮（编码：010904）

(1) 清单工程量计算规则（见表 2-3-69）

楼地面防水、防潮（编码：010904）　　　　　　表 2-3-69

项目编码	项目名称	计量单位	工程量计算规则
010904001	楼（地）面卷材防水	m²	按设计图示尺寸以面积计算 1. 楼（地）面防水：按主墙间净空面积计算，扣除凸出地面的构筑物、设备基础等所占面积，不扣除间壁墙及单个面积≤0.3m² 柱、垛、烟囱和孔洞所占面积 2. 楼（地）面防水反边高度≤300mm 算作地面防水，反边高度>300mm 按墙面防水计算
010904002	楼（地）面涂膜防水		
010904003	楼（地）面砂浆防水（防潮）		
010904004	楼（地）面变形缝	m	按设计图示以长度计算

注：1. 楼（地）面防水找平层按楼地面装饰工程"平面砂浆找平层"项目编码列项。
2. 楼（地）面防水搭接及附加层用量不另行计算，在综合单价中考虑。

（2）清单工程量计算规则解释

建筑物楼地面面防水防潮工程量，按主墙间按主墙间净空面积计算，扣除凸出地面的构筑物、设备基础等所占面积，不扣除间壁墙及单个面积≤0.3m² 柱、垛、烟囱和孔洞所占面积。楼（地）面防水反边高度≤300mm 算作地面防水，反边高度＞300mm 按墙面防水计算。

2.3.11 保温、隔热、防腐工程（编码 0110）

1. 保温、隔热（编码：011001）

清单工程量计算规则（见表 2-3-70）

保温、隔热（编码：011001）　　　　　表 2-3-70

项目编码	项目名称	计量单位	工程量计算规则
011001001	保温隔热屋面	m²	按设计图示尺寸以面积计算。扣除面积＞0.3m² 孔洞及占位面积
011001002	保温隔热天棚		按设计图示尺寸以面积计算。扣除面积＞0.3m² 上柱、垛、孔洞所占面积，与天棚相连的梁按展开面积，计算并入天棚工程量内
011001003	保温隔热墙面		按设计图示尺寸以面积计算。扣除门窗洞口以及面积＞0.3m² 梁、孔洞所占面积；门窗洞口侧壁以及与墙相连的柱，并入保温墙体工程量内
011001004	保温柱、梁		按设计图示尺寸以面积计算。 1. 柱按设计图示柱断面保温层中心线展开长度乘保温层高度以面积计算，扣除面积＞0.3m² 梁所占面积 2. 梁按设计图示梁断面保温层中心线展开长度乘保温层长度以面积计算
011001005	保温隔热楼地面		按设计图示尺寸以面积计算。扣除面积＞0.3m² 柱、垛、孔洞等所占面积。门洞、空圈、暖气包槽、壁龛的开口部分不增加面积
011001006	其他保温隔热		按设计图示尺寸以展开面积计算。扣除面积＞0.3m² 孔洞及占位面积

注：1. 保温隔热装饰面层，按相关项目编码列项；仅做找平层按楼地面装饰工程"平面砂浆找平层"或墙、柱面装饰与隔断、幕墙工程"立面砂浆找平层"项目编码列项。
2. 柱帽保温隔热应并入天棚保温隔热工程量内。
3. 池槽保温隔热应按其他保温隔热项目编码列项。
4. 保温隔热方式：指内保温、外保温、夹心保温。
5. 保温柱、梁适用于不与墙、天棚相连的独立柱、梁。

2. 防腐面层（编码：011002）

清单工程量计算规则（见表 2-3-71）

防腐面层（编码：011002）　　　　　　　　　　　　　　　表 2-3-71

项目编码	项目名称	计量单位	工程量计算规则
011002001	防腐混凝土面层	m²	按设计图示尺寸以展开面积计算 1. 平面防腐：扣除凸出地面的构筑物、设备基础等以及面积＞0.3m² 孔洞、柱、垛等所占面积，门洞、空圈、暖气包槽、壁龛的部分不增加面积 2. 立面防腐：扣除门、窗、洞口以及面积＞0.3m² 孔洞、梁所占面积，门、窗、洞口侧壁、垛突出部分展开面积并入墙面积内
011002002	防腐砂浆面层		
011002003	防腐胶泥面层		
011002004	玻璃钢防腐面层		
011002005	聚氯乙烯板面层		
011002006	块料防腐面层		
011002007	池、槽块料防腐面层		按设计图示尺寸以展开面积计算

注：防腐踢脚线，应按楼地面装饰工程"踢脚线"项目编码列项

3. 其他防腐 （编码：011003）

清单工程量计算规则（见表 2-3-72）

其他防腐（编码：011003）　　　　　　　　　　　　　　　表 2-3-72

项目编码	项目名称	计量单位	工程量计算规则
011003001	隔离层	m²	按设计图示尺寸以展开面积计算 1. 平面防腐：扣除凸出地面的构筑物、设备基础等以及面积＞0.3m² 孔洞、柱、垛等所占面积，门洞、空圈、暖气包槽、壁龛的部分不增加面积 2. 立面防腐：扣除门、窗、洞口以及面积＞0.3m² 孔洞、梁所占面积，门、窗、洞口侧壁、垛突出部分展开面积并入墙面积内
011003002	砌筑沥青浸渍砖	m³	按设计图示尺寸以体积计算
011003003	防腐涂料	m²	按设计图示尺寸以展开面积计算 1. 平面防腐：扣除凸出地面的构筑物、设备基础等以及面积＞0.3m² 孔洞、柱、垛等所占面积，门洞、空圈、暖气包槽、壁龛的部分不增加面积 2. 立面防腐：扣除门、窗、洞口以及面积＞0.3m² 孔洞、梁所占面积，门、窗、洞口侧壁、垛突出部分展开面积并入墙面积内

注：浸渍砖砌法指平砌、立砌

2.3.12　楼地面装饰工程（编码：0111）

1. 整体面层及找平层 （编码：011101）

清单工程量计算规则（见表 2-3-73）

第3节　土建工程工程量计算规则与方法

整体面层及找平层（编码：011101）　　　　　　　　　　表2-3-73

项目编码	项目名称	计量单位	工程量计算规则
011101001	水泥砂浆楼地面	m²	按设计图示尺寸以面积计算。扣除凸出地面的构筑物、设备基础、室内铁道、地沟等所占面积，不扣除间壁墙和0.3m²以内的柱、垛、附墙烟囱及孔洞所占面积。门洞、空圈、暖气包槽、壁龛的开口部分不增加
011101002	现浇水磨石楼地面		
011101003	细石混凝土楼地面		
011101004	菱苦土楼地面		
011101005	自流坪楼地面		
011101006	平面砂浆找平层		按设计尺寸以面积计算

注：1. 水泥砂浆面层处理是拉毛还是提浆压光应在面层做法要求中描述。
　　2. 平面砂浆找平层只适用于仅做找平层的平面抹灰。
　　3. 间壁墙指墙厚≤120mm的墙。
　　4. 楼地面混凝土垫层按"混凝土及钢筋混凝土工程"分部项目列项。

2. 块料面层（编码：011102）

（1）清单工程量计算规则（见表2-3-74）

块料面层（编码：011102）　　　　　　　　　　表2-3-74

项目编码	项目名称	计量单位	工程量计算规则
011102001	石材楼地面	m²	按设计图示尺寸以面积计算。门洞、空圈、暖气包槽、壁龛的开口部分并入相应的工程量内
011102002	碎石材楼地面		
011102003	块料楼地面		

注：1. 在描述碎石材项目的面层材料特征时可不用描述规格、品牌、颜色。
　　2. 石材、块料与粘接材料的结合面刷防渗材料的种类在防护层材料种类中描述。
　　3. 上表工作内容中的磨边指施工现场磨边，后面章节工作内容中涉及的磨边含义同此条。

（2）清单工程量计算规则解释

1）块料面层造价较高，门洞、空圈、暖气包槽、壁龛的开口部分要按实际面积计算，并入相应的地面工程量内，材料不同则分别编码列项。

2）当面层规格不同、铺贴方式不同时，应分别列项。

3）项目特征中的防护材料指石材底面、侧面的防酸防碱处理。

3. 橡塑面层（编码：011103）

（1）清单工程量计算规则（见表2-3-75）

橡塑面层（编码：011103）　　　　　　　　　　表2-3-75

项目编码	项目名称	计量单位	工程量计算规则
011103001	橡胶板楼地面	m²	按设计图示尺寸以面积计算。门洞、空圈、暖气包槽、壁龛的开口部分并入相应的工程量内
011103002	橡胶卷材楼地面		
011103003	塑料板楼地面		
011103004	塑料卷材楼地面		

（2）清单工程量计算规则解释

1）橡塑面层计算规则同块料面层。

2）如项目中涉及找平层，另按表2-3-73平层项目编码列项。

4. 其他材料面层（编码：011104）

（1）清单工程量计算规则（见表2-3-76）

其他材料面层（编码：011104）　　表 2-3-76

项目编码	项目名称	计量单位	工程量计算规则
011104001	地毯楼地面	m²	按设计图示尺寸以面积计算。门洞、空圈、暖气包槽、壁龛的开口部分并入相应的工程量内
011104002	竹木地板		
011104003	金属复合地板		
011104004	防静电活动地板		

（2）清单工程量计算规则解释

其他材料面层计算规则同块料面层。

5. 踢脚线（编码：011105）

（1）清单工程量计算规则（见表2-3-77）

踢脚线（编码：011105）　　表 2-3-77

项目编码	项目名称	计量单位	工程量计算规则
011105001	水泥砂浆踢脚线	1. m² 2. m	1. 以平方米计算。按设计图示长度乘以高度以面积计算。 2. 以米计算，按延长米计算
011105002	石材踢脚线		
011105003	块料踢脚线		
011105004	塑料踢脚线		
011105005	木质踢脚线		
011105006	金属踢脚线		
011105007	防静电踢脚线		

（2）清单工程量计算规则解释

1）门洞、空圈、暖气包槽、壁龛的开口部分要扣除，侧壁要增加，三面突出墙面的柱的侧边要增加。

2）楼梯踏步踢脚线要计算斜长，再乘以高度，有的地区为简化计算过程是按投影长度乘以相应系数后再乘以高度。锯齿部分小三角形面积要并入。

6. 楼梯面层（编码：011106）

清单工程量计算规则（见表2-3-78）

楼梯装饰（编码：011106）　　表 2-3-78

项目编码	项目名称	计量单位	工程量计算规则
011106001	石材楼梯面层	m²	按设计图示尺寸以楼梯（包含踏步、休息平台及500mm以内的楼梯井）水平投影面积计算。楼梯与地面相连时，算至梯口梁内侧边缘；无梯口梁者，算至最上一层踏步边沿加300mm
011106002	块料楼梯面		
011106003	碎拼块料面层		
011106004	水泥砂浆楼梯面		
011106005	现浇水磨石楼梯面		
011106006	地毯楼梯面		
011106007	木板楼梯面		
011106008	橡胶板楼梯面层		
011106009	塑料板楼梯面层		

7. 台阶装饰（编码：011107）

（1）清单工程量计算规则（见表2-3-79）

台阶装饰（编码：011107） 表2-3-79

项目编码	项目名称	计量单位	工程量计算规则
011107001	石材台阶面	m²	按设计图示尺寸以台阶（包括最上层踏步边沿加300mm）水平投影面积计算
011107002	块料台阶面		
011107003	碎拼块料台阶面		
011107004	水泥砂浆台阶面		
011107005	现浇水磨石台阶面		
011107006	剁假石台阶面		

注：楼梯、台阶牵边和侧面镶贴块料面层，≤0.5m²的少量分散的楼地面镶贴块料面层，应按表2-3-80零星装饰项目执行。

（2）清单工程量计算规则解释

1）一般情况下，为简化计算，台阶工程量按水平投影面积计算。

2）台阶与平台相连接时，台阶计算最上一层踏步加300mm，平台面层剩余部分按楼地面编码列项。如图2-3-33中虚线所示。

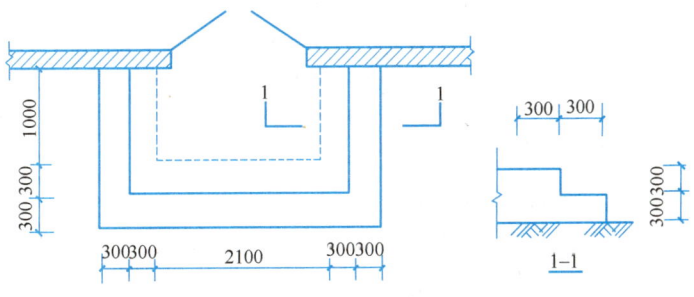

图2-3-33 台阶面层示意图

8. 零星装修项目（编码：011108）

（1）清单工程量计算规则（见表2-3-80）

零星装修项目（编码：011108） 表2-3-80

项目编码	项目名称	计量单位	工程量计算规则
011108001	石材零星项目	m²	按设计图示尺寸面积计算
011108002	碎拼石材零星项目		
011108003	块料零星项目		
011108004	水泥砂浆零星项目		

（2）清单工程量计算规则解释

零星项目主要适用于池槽、蹲位、楼梯、台阶侧面等装饰以及楼地面未列项、面积在0.5m²以内的少量分散的楼地面项目，按展开表面积计算。

2.3.13 墙柱面装饰工程（编码：0112）

1. 墙面抹灰（编码：011201）

清单工程量计算规则（见表2-3-81）

墙面抹灰（编码：011201） 表2-3-81

项目编码	项目名称	计量单位	工程量计算规则
011201001	墙面一般抹灰	m²	按设计图示尺寸以面积计算。扣除墙裙、门窗洞口及单个>0.3m²的孔洞面积，不扣除踢脚线、挂镜线和墙与构件交接处的面积，门窗洞口和孔洞的侧壁及顶面不增加面积。附墙柱、梁、垛、烟囱侧壁并入相应的墙面面积内。 1. 外墙抹灰面积按外墙垂直投影面积计算 2. 外墙裙抹灰面积按其长度乘以高度计算 3. 内墙抹灰面积按主墙间的净长乘以高度计算 （1）无墙裙的，高度按室内楼地面至天棚底面计算 （2）有墙裙的，高度按墙裙顶至天棚底面计算 （3）有吊顶天棚抹灰，高度算至天棚底 4. 内墙裙抹灰面按内墙净长乘以高度计算
011201002	墙面装饰抹灰		
011201003	墙面勾缝		
011201004	立面砂浆找平层		

注：1. 立面砂浆找平项目适用于仅做找平层的立面抹灰。
2. 抹石灰砂浆、水泥砂浆、混合砂浆、聚合物水泥砂浆、麻刀石灰浆、石膏灰浆等按墙面一般抹灰列项，水刷石、斩假石、干粘石、假面砖等按墙面装饰抹灰列项。
3. 飘窗凸出外墙面增加的抹灰并入外墙工程量内。
4. 有吊顶天棚的内墙抹灰，抹至吊顶以上部分在综合单价中考虑。

2. 柱（梁）面抹灰（编码：011202）

（1）清单工程量计算规则（见表2-3-82）

柱（梁）面抹灰（编码：011202） 表2-3-82

项目编码	项目名称	计量单位	工程量计算规则
011202001	柱、梁面一般抹灰	m²	1. 柱面抹灰，按设计图示柱断面周长乘以高度以面积计算。 2. 梁面抹灰，按设计图示梁断面周长乘以长度以面积计算
011202002	柱、梁面装饰抹灰		
011202003	柱（梁）面砂浆找平		
011202004	柱面勾缝		按设计图示柱断面周长乘以高度以面积计算

（2）清单工程量计算规则解释

1）表2-3-82中的柱（梁）面适用于独立柱、独立梁，附墙柱、梁面合并到相应墙面工程量内，带梁天棚中的梁合并到天棚工程量。

2）柱面一般抹灰、装饰抹灰和勾缝，以柱断面周长乘以高度以面积计算，高度为实际抹灰高度，断面周长为柱结构断面周长，不含装饰层材料的厚度。

3）柱与梁交接处参照墙面抹灰计算规则，不扣除。

3. 零星抹灰（编码：011203）

清单工程量计算规则（见表 2-3-83）

零星抹灰（编码：011203）　　　　　　表 2-3-83

项目编码	项目名称	计量单位	工程量计算规则
011203001	零星一般抹灰	m^2	按设计图示尺寸以面积计算。
011203002	零星装饰抹灰		
011203003	零星项目找平		

零星抹灰适用于挑檐、天沟、腰线、窗台线、窗台板、门窗套、压顶、栏板扶手、遮阳板、雨篷周边等面积小于 $0.5m^2$ 以内少量分散的抹灰。按构件结构尺寸的展开面积计算。

4. 墙面块料面层（编码：011204）

（1）清单工程量计算规则（见表 2-3-84）

墙面块料面层（编码：011204）　　　　　　表 2-3-84

项目编码	项目名称	计量单位	工程量计算规则
011204001	石材墙面	m^2	按镶贴表面积计算。
011204002	碎拼石材墙面		
011204003	块料墙面		
011204004	干挂石材钢骨架	t	按设计图示以质量计算

（2）清单工程量计算规则解释

1）块料墙面按设计图示尺寸以镶贴表面积计算，应扣除踢脚线、挂镜线及墙与构件交接处的面积，门窗洞口的侧壁及顶面要增加。附墙的柱、梁、垛、烟囱侧壁并入墙面面积内。

2）干挂石材钢骨架按重量计算，先计算总长度，再乘以相应理论重量。

5. 柱（梁）面镶贴块料（编码：011205）

（1）清单工程量计算规则（见表 2-3-85）

柱（梁）面镶贴块料（编码：011205）　　　　　　表 2-3-85

项目编码	项目名称	计量单位	工程量计算规则
011205001	石材柱面	m^2	以镶贴表面积计算
011205002	块料柱面		
011205003	碎拼块柱面		
011205004	石材梁面		
011205005	块料梁面		

（2）清单工程量计算规则解释

1）表 2-3-85 中的柱（梁）面适用于独立柱、独立梁，附墙柱、梁面合并到相应墙面工程量内，带梁天棚中的梁合并到天棚工程量。

2）柱（梁）面安装块料面层，按设计图示饰面周长乘以高度以面积计算，饰面周长包含装饰层材料厚度，柱帽、柱墩饰面合并到柱身工程量计算，梁与柱交接的地方要扣除。

6. 镶贴零星块料（编码：011206）

清单工程量计算规则（见表 2-3-86）

镶贴零星块料（编码：011206） 表 2-3-86

项目编码	项目名称	计量单位	工程量计算规则
011206001	石材零星项目	m²	以镶贴表面积计算
011206002	块料零星项目		
011206003	碎拼块料零星项目		

7. 墙饰面（编码：011207）

（1）清单工程量计算规则（见表 2-3-87）

墙饰面（编码：011207） 表 2-3-87

项目编码	项目名称	计量单位	工程量计算规则
011207001	墙面装饰板	m²	按设计图示墙净长乘以净高以面积计算。扣除门窗洞口，及单个 0.3m² 以上的孔洞面积。
011207002	墙面装饰浮雕		按设计图示尺寸以面积计算

（2）清单工程量计算规则解释

装饰板墙面按净面积计算，为简化计算过程，小于 0.3m² 的单个孔洞面积不扣除。装饰板墙面项目特征中不包含防护材料，木龙骨、木基层防火需要单独列油漆分部的清单。

8. 柱（梁）饰面（编码：012108）

（1）清单工程量计算规则（见表 2-3-88）

柱（梁）饰面（编码：011208） 表 2-3-88

项目编码	项目名称	计量单位	工程量计算规则
011208001	柱（梁）面装饰	m²	按设计图示饰面外围尺寸以面积计算。柱帽、柱墩并入相应饰面工程量内。
011208002	成品装饰柱	1. 根 2. m	1. 按设计数量以根计算 2. 按设计长度以米计算

（2）清单工程量计算规则解释

柱（梁）饰面按设计图示尺寸（成活尺寸）计算。

9. 幕墙工程（编码：012109）

清单工程量计算规则（见表 2-3-89）

幕墙工程（编码：011209） 表 2-3-89

项目编码	项目名称	计量单位	工程量计算规则
011209001	带骨架幕墙	m²	按设计图示框外围尺寸以面积计算，与幕墙同材质的窗所占面积不扣除
011298002	全玻（无框玻璃）幕墙		按设计图示尺寸以面积计算，带肋全玻幕墙按展开面积计算

10. 隔断（编码：012110）

（1）清单工程量计算规则（见表2-3-90）

隔断（编码：011210） 表 2-3-90

项目编码	项目名称	计量单位	工程量计算规则
011210001	木隔断	m²	按设计图示框外围尺寸以面积计算。扣除单个0.3m²以上孔洞所占面积；浴厕门的材质与隔断相同时，门的面积并入隔断面积内
011210002	金属隔断		
011210003	玻璃隔断	m²	按设计图示框外围尺寸以面积计算。扣除单个0.3m²以上孔洞所占面积
011210004	塑料隔断		
011210005	成品隔断	1. m² 2. 间	1. 按设计图示尺寸以框外围面积计算 2. 按设计数量以间计算
011210006	其他隔断	m²	按设计图示框外围尺寸以面积计算。扣除单个0.3m²以上孔洞所占面积

（2）计算规则解释

为简化计算，单个孔洞面积小于0.3m²的不扣除。当浴厕门的材质与隔断相同时，门的面积并入隔断面积内；不同时则另行计算。

2.3.14 天棚装饰工程（编码：0113）

1. 天棚抹灰（编码：011301）

（1）清单工程量计算规则（见表2-3-91）

天棚抹灰（编码：011301） 表 2-3-91

项目编码	项目名称	计量单位	工程量计算规则
011301001	天棚抹灰	m²	按设计图示尺寸以水平投影面积计算。不扣除间壁墙、柱、垛、附墙烟囱、检查口和管道所占面积，带梁的天棚，梁两侧抹灰面积并入天棚面积内，板式楼梯底面抹灰按斜面积计算，锯齿形楼梯底板抹灰按展开面积计算

（2）清单工程量计算规则解释

1）室内天棚抹灰，间壁墙、垛、柱、附墙烟囱、检查口和管道所占面积较小，所需的人工、材料、机械消耗量也较小，因此计算时不扣除。有梁板梁底含在投影面积内，只需增加梁两侧面积。

2）楼梯底板、雨篷、阳台底抹灰按天棚抹灰列项，清单工程量计算可以理解按实际面积或展开面积计算。

2. 天棚吊顶（编码：011302）

（1）清单工程量计算规则（见表2-3-92）

天棚吊顶（编码：011302） 表 2-3-92

项目编码	项目名称	计量单位	工程量计算规则
011302001	吊顶天棚	m²	按设计图示尺寸以水平投影面积计算。天棚中的灯槽及跌级、锯齿形、吊挂式、藻井式天棚面积不展开计算。不扣除间壁墙、附墙烟囱、柱、垛、检查口和管道所占面积，扣除单个＞0.3m²的孔洞、独立柱及与天棚相连的窗帘盒所占的面积
011302002	格栅吊顶	m²	按设计图示尺寸以水平投影面积计算
011302003	吊筒吊顶		
011302004	藤条造型吊顶		
011302005	织物软雕吊顶		
011302006	网架（装饰）吊顶		

(2) 计算规则解释

1) 按设计图示尺寸以水平投影面积计算，室内按净面积计算。

2) 间壁墙、附墙烟囱、柱、垛、检查口和管道所占面积较小，已考虑在单价中，工程量中不必扣除。

3) 与天棚相连的窗帘盒所占的面积要扣除，窗帘盒单独列门窗工程的项目。

4) 天棚中的灯槽及跌级、锯齿形、吊挂式、藻井式天棚展开增加的面积在报价中考虑，清单工程量不另计算。

5) 在计算吊顶工程量时风口所占面积不扣除，但风口的制作与安装另按数量单独列项。

6) 检查口、开灯孔不单独列清单，含在综合单价内。

3. 采光天棚（编码：011303）

(1) 清单工程量计算规则（见表 2-3-93）

采光天棚（编码：011303） 表 2-3-93

项目编码	项目名称	计量单位	工程量计算规则
011303001	采光天棚	m²	按框外围展开面积计算

(2) 清单工程量计算规则解释

按框外围展开面积计算，不是投影面积。

4. 天棚其他装饰（编码：011304）

(1) 清单工程量计算规则（见表 2-3-94）

天棚其他装饰（编码：011304） 表 2-3-94

项目编码	项目名称	计量单位	工程量计算规则
011304001	灯带	m²	按设计图示尺寸以框外围面积计算
011304002	送风口、回风口	个	按设计图示数量计算

(2) 计算规则解释

灯带分项包括了灯带的安装和固定，但不包括灯具。

2.3.15 油漆、涂料、裱糊工程（编码：0114）

1. 门油漆（编码：011401）

（1）清单工程量计算规则（见表 2-3-95）

门油漆（编码：011401） 表 2-3-95

项目编码	项目名称	计量单位	工程量计算规则
011401001	木门油漆	樘/m²	按设计图示数量或设计图示洞口面积计算
011401002	金属门油漆		

注：1. 木门油漆应区分木大门、单层木门、双层（一玻一纱）木门、双层（单裁口）木门、全玻自由门、半玻自由门、装饰门及有框门、无框门等项目，分别编码列项。
2. 金属门油漆应区分平开门、推拉门、钢制防火门等项目，分别编码列项。
3. 以平方米计量，项目特征可不描述洞口尺寸。

（2）清单工程量计算规则解释

1）工程量一般以面积计算比较方便，如果门窗型号单一，可以选择按数量计。

2）注意洞口面积与门扇面积的区别，洞口面积可以查看施工图门窗表。门窗表中的数据要事先核对准确。

2. 窗油漆（编码：011402）

（1）清单工程量计算规则（见表 2-3-96）

窗油漆（编码：011402） 表 2-3-96

项目编码	项目名称	计量单位	工程量计算规则
011402001	木窗油漆	樘/m²	按设计图示数量或设计图示洞口面积计算
011402002	金属窗油漆		

注：1. 木窗油漆应区分木窗、单层木窗、双层（一玻一纱）木窗、双层框扇（单裁口）木窗、单层组合窗、木百叶窗、木推拉窗等项目，分别编码列项。
2. 金属窗油漆应区分平开窗、推拉窗、固定窗、组合窗、金属格栅窗等项目，分别编码列项。
3. 以平方米计量，项目特征可不描述洞口尺寸。

（2）清单工程量计算规则解释

参考门油漆计算规则相关解释。

3. 木扶手及其他条板、线条油漆（编码：011403）

（1）清单工程量计算规则（见表 2-3-97）

木扶手及其他条板、线条油漆（编码：011403） 表 2-3-97

项目编码	项目名称	计量单位	工程量计算规则
011403001	木扶手油漆	m	按设计图示尺寸以长度计算
011403002	窗帘盒油漆		
011403003	封檐板、顺水板油漆		
011403004	挂衣板、黑板框油漆		
011403005	挂镜线、窗帘棍、单独木线油漆		

注：木扶手应区分带托板与不带托板，分别编码列项，若是木栏杆带扶手，木扶手不应单独列项，应包含在木栏杆油漆中。

(2) 清单工程量计算规则解释

楼梯栏杆上的木扶手油漆踏步部分按斜长计算，平直段直接相加，梯井宽度要计算。

4. 木材面油漆（编码：011404）

(1) 清单工程量计算规则（见表 2-3-98）

木材面油漆（编码：011404）　　　　　　　表 2-3-98

项目编码	项目名称	计量单位	工程量计算规则
011404001	木护墙、木墙裙油漆	m²	按设计图示尺寸以面积计算
011404002	窗台板、筒子板、盖板、门窗套、踢脚线油漆		
011404003	清水板条天棚、檐口油漆		
011404004	木方格吊顶天棚油漆		
011404005	吸音板墙面、天棚面油漆		
011404006	暖气罩油漆		
011404007	其他木材面		
011404008	木间壁、木隔断油漆		按设计图示尺寸以单面外围面积计算
020504009	玻璃间壁露明墙筋油漆		
011404010	木栅栏、木栏杆（带扶手）油漆		
011404011	衣柜、壁柜油漆		按设计图示尺寸以油漆部分展开面积计算
011404012	梁柱饰面油漆		
011404013	零星木装修油漆		
011404014	木地板油漆		按设计图示尺寸以面积计算。空洞、空圈、暖气包槽、壁龛的开口部分并入相应的工程量内
011404015	木地板烫硬蜡面		

(2) 清单工程量计算规则解释

以油漆部位展开面积计算的项目要注意木材面正反两面。

5. 金属面油漆（编码：011405）

(1) 清单工程量计算规则（见表 2-3-99）

金属面油漆（编码：011405）　　　　　　　表 2-3-99

项目编码	项目名称	计量单位	工程量计算规则
011405001	金属面油漆	1. t 2. m²	1. 按设计图示尺寸以质量计算 2. 按展开面积以平方米计算

(2) 清单工程量计算规则解释

金属面油漆按质量计算时，先计算长度或者面积，然后乘以理论重量得到工程量。

6. 抹灰面油漆（编码：011406）

(1) 清单工程量计算规则（见表 2-3-100）

第3节 土建工程工程量计算规则与方法

抹灰面油漆（编码：011406）　　　　　　　　　　表 2-3-100

项目编码	项目名称	计量单位	工程量计算规则
011406001	抹灰面油漆	m²	按设计图示尺寸以面积计算
011406002	抹灰线条油漆	m	按设计图示尺寸以长度计算
011406003	满刮腻子	m²	按设计图示尺寸以面积计算

(2) 清单工程量计算规则解释

不同部位的抹灰面油漆分别列项，均以展开面积计算，门窗洞口侧壁要计算。

7. 喷刷涂料（编码：011407）

(1) 清单工程量计算规则（见表 2-3-101）

喷刷涂料（编码：011407）　　　　　　　　　　表 2-3-101

项目编码	项目名称	计量单位	工程量计算规则
011407001	墙面喷刷涂料	m²	按设计图示尺寸以面积计算
011407002	天棚喷刷涂料	m²	按设计图示尺寸以面积计算
011407003	空花格、栏杆刷涂料	m²	按设计图示尺寸以面积计算
011407004	线条刷涂料	m	按设计图示尺寸以面积计算
011407005	金属构件刷防火涂料	1. m² 2. t	1. 按设计展开面积计算 2. 按设计图示尺寸以质量计算
011407006	木材构件刷防火涂料	m²	按设计图示尺寸以面积计算

(2) 清单工程量计算规则解释

不同部位刷涂料以展开面积计算，附墙柱侧边展开合并到墙面，带梁天棚梁侧展开合并到天棚。

8. 裱糊（编码：011408）

(1) 清单工程量计算规则（见表 2-3-102）

裱糊（编码：011408）　　　　　　　　　　表 2-3-102

项目编码	项目名称	计量单位	工程量计算规则
011408001	墙纸裱糊	m²	按设计图示尺寸以面积计算
011408002	织锦缎裱糊		

(2) 计算规则解释

墙纸裱糊，织锦缎裱糊按实铺面积计算，踢脚线高度要扣除。

2.3.16 其他装饰工程（编码：0115）

1. 柜类、货架（编码：011501）

柜类、货架包含衣柜、酒柜、鞋柜、橱柜、壁柜、吧台、收银台、货架、书架等20个分项，工程量以个计量时，按设计图示数量计算；以米计量时，按设计图示尺寸以延长米计算；以立方米计量时，按设计图示尺寸以体积计算。

2. 压条、装饰线（编码：011502）

压条、装饰线按材质分为金属装饰线、木质装饰线、石材装饰线、石膏装饰线、塑料

181

装饰线等 8 个分项，工程量按设计图示尺寸以长度计算。

3. 扶手、栏杆、栏板装饰（编码：011503）

扶手、栏杆、栏板装饰包含金属扶手、栏杆、栏板、硬木扶手、栏杆、栏板、塑料扶手、栏杆、栏板，GRC 扶手、栏杆、栏板，金属靠墙扶手、硬木靠墙扶手、塑料靠墙扶手、玻璃栏板等 8 个分项，工程量按设计图示尺寸以扶手中心线长度（包括弯头长度）计算，梯段部分按斜长计算，弯头、梯井长度要并入。

4. 暖气罩（编码：011504）

暖气罩包含饰面板暖气罩、塑料板暖气罩、金属暖气罩 3 个分项，按设计图示尺寸以垂直投影面积（不展开）计算。

5. 厕浴配件（编码：011505）

（1）卫生间洗漱台按设计图示尺寸以台面外接矩形面积计算。不扣除孔洞、挖弯、削角所占面积，挡板、吊沿板面积并入台面面积内

（2）晒衣架、毛巾杆、拉手、毛巾杆、纸巾盒等、镜箱等 9 个分项按设计图示数量以个计算。

（3）镜面玻璃按设计图示尺寸以边框外围面积计算。

6. 雨棚、旗杆（编码：011506）

清单工程量计算规则（见表 2-3-103）

雨棚、旗杆（编码：011506）　　　　表 2-3-103

项目编码	项目名称	计量单位	工程量计算规则
011506001	雨篷吊挂饰面	m^2	按设计图示尺寸以水平投影面积计算
011506002	金属旗杆	根	按设计图示数量计算
011506003	玻璃雨篷	m^2	按设计图示尺寸以水平投影面积计算

7. 招牌、灯箱（编码：011507）

清单工程量计算规则（见表 2-3-104）

招牌、灯箱（编码：011507）　　　　表 2-3-104

项目编码	项目名称	计量单位	工程量计算规则
011507001	平面、箱式招牌	m^2	按设计图示尺寸以正立面边框外围面积计算。复杂形的凸凹造型部分不增加面积
011507002	竖式标箱	个	按设计图示数量计算
011507003	灯箱	个	按设计图示数量计算
011507004	信报箱	个	按设计图示数量计算

8. 美术字（编码：011508）

美术字包含泡沫塑料字、有机玻璃字、木制字、金属字、吸塑字 5 个分项，工程量按设计图示数量以个计算，字体大小不同分别列项。

2.3.17 拆除工程（编码：0116）

1. 砖砌体拆除（编码：011601）（见表2-3-105）

砖砌体拆除（编码：011601） 表2-3-105

项目编码	项目名称	计量单位	工程量计算规则
011601001	砖砌体拆除	1. m³ 2. m	1. 以m³计量，按拆除的体积计算 2. 以m计量，按拆除的延长米计算

注：1. 砌体名称指墙、柱、水池等。
2. 砌体表面的附着物种类指抹灰层、块料层、龙骨及装饰面层等。
3. 以m计量，如砖地沟、砖明沟等必须描述拆除部位的截面尺寸；以m³计量，截面尺寸则不必描述。

拆除一般按实拆墙体体积以立方米计算，而不是拆除之后的堆放体积。

2. 混凝土及钢筋混凝土拆除（编码：011602）（见表2-3-106）

混凝土及钢筋混凝土构件拆除（编码：011602） 表2-3-106

项目编码	项目名称	计量单位	工程量计算规则
011602001	混凝土构件拆除	1. m³ 2. m² 3. m	1. 以m³计量，按拆除构件的混凝土体积计算 2. 以m²计量，按拆除部位的面积计算 3. 以m计量，按拆除部位的延长米计算
011602002	钢筋混凝土构件拆除		

注：砌体表面的附着物种类指抹灰层、块料层、龙骨及装饰面层等。

3. 木构件拆除（编码：011603）（见表2-3-107）

木构件拆除（编码：011603） 表2-3-107

项目编码	项目名称	计量单位	工程量计算规则
011603001	木构件拆除	1. m³ 2. m² 3. m	1. 以m³计量，按拆除构件的混凝土体积计算 2. 以m²计量，按拆除部位的面积计算 3. 以m计量，按拆除部位的延长米计算

注：1. 拆除木构件应按木梁、木柱、木楼梯、木屋架、承重木楼板等分别在构件名称中描述。
2. 以m³作为计量单位时，可不描述构件的规格尺寸，以m²作为计量单位时，则应描述构件的厚度，以m作为计量单位时，则必须描述构件的规格尺寸。
3. 构件表面的附着物种类指抹灰层、块料层、龙骨及装饰面层等。

4. 抹灰层拆除（编码：011604）

抹灰面拆除包含平面抹灰层拆除、立面抹灰层拆除、天棚抹灰层拆除3个分项，按拆除面积以平方米计算。

5. 块料面层拆除（编码：011605）

块料面层拆除包含平面块料拆除、立面块料拆除2个分项，按拆除面积以平方米计算。

6. 龙骨及饰面拆除（编码：011606）

龙骨及饰面拆除包含楼地面龙骨及饰面拆除、墙柱面龙骨及饰面拆除、天棚面龙骨及饰面拆除3个分项，按拆除面积以平方米计算。

7. 屋面拆除（编码：011607）

屋面拆除包含刚性层拆除、防水层拆除，按铲除部位的面积以平方米计算。

8. 铲除油漆涂料裱糊面（编码：011608）（见表2-3-108）

铲除油漆涂料裱糊面（编码：011608）　　　　表2-3-108

项目编码	项目名称	计量单位	工程量计算规则
011608001	铲除油漆面	1. m² 2. m	1. 按铲除部位的面积计算 2. 按铲除部位的延长米计算
011608002	铲除涂料面		
011608003	铲除裱糊面		

注：单独铲除油漆涂料裱糊层按本表中的项目编码列项。

9. 栏杆栏板、轻质隔断隔墙拆除（编码：011609）（见表2-3-109）

栏杆栏板、轻质隔断隔墙拆除（编码：011609）　　　　表2-3-109

项目编码	项目名称	计量单位	工程量计算规则
011609001	栏杆栏板拆除	1. m² 2. m	1. 按铲除部位的面积计算 2. 按铲除部位的延长米计算
011609002	隔墙隔断拆除	m²	按铲除部位的面积计算

注：以平方米计算时，不描述栏杆（板）的高度。

10. 门窗拆除（编码：011610）（见表2-3-110）

门窗拆除（编码：011610）　　　　表2-3-110

项目编码	项目名称	计量单位	工程量计算规则
011610001	木门窗拆除	1. m² 2. 樘	1. 按拆除部位的面积计算 2. 按拆除数量计算
011610002	金属门窗拆除		

注：单独铲除油漆涂料裱糊层按本表中的项目编码列项。

11. 金属构件拆除（编码：011611）（见表2-3-111）

金属构件拆除（编码：011611）　　　　表2-3-111

项目编码	项目名称	计量单位	工程量计算规则
011611001	钢梁拆除	1. t 2. m	1. 按拆除构件的质量计算 2. 按拆除构件的延长米计算
011611002	钢柱拆除		
011611003	钢网架拆除	t	按拆除构件的质量计算
011611004	钢支撑、钢墙架拆除	1. t 2. m	1. 按拆除构件的质量计算 2. 按拆除构件的延长米计算
011611005	其他金属构件拆除		

12. 管道及卫生洁具拆除（编码：011612）（见表2-3-112）

表2-3-112 管道及卫生洁具拆除（编码：011612）

项目编码	项目名称	计量单位	工程量计算规则
011612001	管道拆除	m	按拆除管道的延长米计算
011612002	卫生洁具拆除	套/个	按拆除数量计算

13. 灯具、玻璃拆除（编码：011613）（见表2-3-113）

表2-3-113 灯具、玻璃拆除（编码：011613）

项目编码	项目名称	计量单位	工程量计算规则
011613001	灯具拆除	套	按拆除的数量计算
011613002	玻璃拆除	m²	按拆除面积计算

14. 其他构件拆除（编码：011614）（见表2-3-114）

表2-3-114 其他构件拆除（编码：011614）

项目编码	项目名称	计量单位	工程量计算规则
011614001	暖气罩拆除	1. 个	按拆除的数量计算
011614002	柜体拆除	2. m	按拆除延长米计算
011614003	窗台板拆除	1. 块	按拆除的数量计算
011614004	筒子板拆除	2. m	按拆除延长米计算
011614005	窗帘盒拆除	m	按拆除延长米计算
011614006	窗帘轨拆除		

15. 开孔（打洞）（编码：011615）

开孔（打洞）按数量计算。

2.3.18 措施项目（编码：0117）

1. 脚手架工程（编码：011701）

（1）清单工程量计算规则（见表2-3-115）

表2-3-115 脚手架工程（编码：011701）

项目编码	项目名称	计量单位	工程量计算规则
011701001	综合脚手架	m²	按建筑面积计算
011701002	外脚手架		按服务对象的垂直投影面积计算
011701003	里脚手架		
011701004	悬空脚手架		按搭设的水平投影面积计算
011701005	悬挑脚手架	m	按搭设长度乘以搭设层数以延长米计算
011701006	满堂脚手架	m²	按搭设的水平投影面积计算
011701007	整体提升架		按服务对象的垂直投影面积计算
011701008	外装饰吊篮		

注：1. 使用综合脚手架时，不再使用外脚手架、里脚手架等单项脚手架；综合脚手架适用于能够按"建筑面积计算规则"计算建筑面积的建筑工程脚手架，不适用于房屋加层、构筑物及附属工程脚手架。
2. 同一建筑物有不同檐高时，按建筑物竖向切面分别按不同檐高编列清单项目。
3. 整体提升架已包括2米高的防护架体设施。

（2）清单工程量计算规则解释

1）综合脚手架包括外墙砌筑及外墙粉饰、3.6m 以内的内墙砌筑及混凝土浇捣用脚手架以及内墙面和天棚粉饰脚手架，不包含 3.6m 以上的内墙面和天棚粉饰脚手架。

2）外脚手架、里脚手架、整体提升架、外装饰吊篮等分项，按服务对象的垂直投影面积计算时，门窗洞口面积不扣除。

2. 混凝土模板及支架（编码：011702）

（1）清单工程量计算规则（见表 2-3-116）

1）混凝土基础、柱、梁、板、墙、栏板、天沟等主要构件的模板及支架工程量按模板与混凝土构件的接触面积计算。现浇钢筋混凝土墙、板单孔面积 $\leqslant 0.3m^2$ 的孔洞不予扣除，洞侧壁模板亦不增加；单孔面积 $> 0.3m^2$ 时应予扣除，洞侧壁模板面积并入墙、板工程量内计算。现浇框架分别按梁、板、柱有关规定计算；附墙柱、暗梁、暗柱并入墙内工程量内计算。柱、梁、墙、板相互连接的重叠部分，均不计算模板面积。构造柱按图示外露部分计算模板面积。

2）其他构件

混凝土模板及支架（编码：011702）　　　　　表 2-3-116

项目编码	项目名称	计量单位	工程量计算规则
011702023	雨棚、悬挑板、阳台板	m²	按图示外挑部分尺寸的水平投影面积计算，挑出墙外的悬臂梁及板边不另计算。
011702024	楼梯		按楼梯（包括休息平台、平台梁、斜梁和楼层板的连接梁）的水平投影面积计算，不扣除宽度 $\leqslant 500mm$ 的楼梯井所占面积，楼梯踏步、踏步板、平台梁等侧面模板不另计算，伸入墙内部分亦不增加。
011702025	其他现浇构件		按模板与现浇混凝土构件的接触面积计算
011702026	电缆沟、地沟		按模板与电缆沟、地沟接触的面积计算。
011702027	台阶		按图示台阶水平投影面积计算，台阶端头两侧不另计算模板面积。架空式混凝土台阶，按现浇楼梯计算。
011702028	扶手		按模板与扶手的接触面积计算
011702029	散水		按模板与散水的接触面积计算
011702030	后浇带		按模板与后浇带的接触面积计算
011702031	化粪池		按模板与混凝土的接触面积计算
011702032	检查井		

注：1. 原槽浇灌的混凝土基础、垫层，不计算模板。

2. 此混凝土模板及支撑（架）项目，只适用于以平方米计量，按模板与混凝土构件的接触面积计算，以"立方米"计量，模板及支撑（支架）不再单列，按混凝土及钢筋混凝土实体项目执行，综合单价中应包含模板及支架。

（2）清单工程量计算规则解释

1）注意混凝土楼梯的模板不按接触面计算，按构件的投影面积计算，此处楼梯的投影面积也不包含楼层平台，可以和前面计算楼梯混凝土、楼梯面层、楼梯底板抹灰工程量进行归纳总结。楼层平台的模板并入到有梁板模板工程量内，容易漏算。

2) 按投影面积计算模板工程量时，此处不分梁式楼梯和板式楼梯，踏步板侧面、板底梯口梁侧边也不展开。

3. 垂直运输（编码：011703）

（1）清单工程量计算规则（见表 2-3-117）

垂直运输（编码：011703） 表 2-3-117

项目编码	项目名称	计量单位	工程量计算规则
011703001	垂直运输	1. m² 2. 天	按建筑面积计算 按施工工期日历天数计算

注：1. 建筑物的檐口高度是指设计室外地坪至檐口滴水的高度（平屋顶系指屋面板底高度），突出主体建筑物屋顶的电梯机房、楼梯出口间、水箱间、瞭望塔、排烟机房等不计入檐口高度。
2. 垂直运输机械指施工工程在合理工期内所需垂直运输机械。
3. 同一建筑物有不同檐高时，按建筑物的不同檐高做纵向分割，分别计算建筑面积，以不同檐高分别编码列项。

（2）计算规则解释

注意檐口高度的定义。

4. 超高增加费（编码：011704）

清单工程量计算规则见表 2-3-118。

超高增加费（编码：011704） 表 2-3-118

项目编码	项目名称	计量单位	工程量计算规则
011704001	超高施工增加费	m²	按建筑物超高部分的建筑面积计算

注：1. 单层建筑物檐口高度超过 20m，多层建筑物超过 6 层时，可按超高部分的建筑面积计算超高施工增加。计算层数时，地下室不计入层数。
2. 同一建筑物有不同檐高时，可按不同高度的建筑面积分别计算建筑面积，以不同檐高分别编码列项。

5. 大型机械设备进出场及安拆（编码：011705）

大型机械设备进出场及安拆按使用机械设备的数量计算。

6. 施工排水降水（编码：011706）

清单工程量计算规则见表 2-3-119。

施工排水、降水（编码：011706） 表 2-3-119

项目编码	项目名称	计量单位	工程量计算规则
011706001	成井	m	按设计图示尺寸以钻孔深度计算
011706002	排水、降水	昼夜	按排、降水日历天数计算

注：相应专项设计不具备时，可按暂估量计算。

第 4 节　土建工程工程量清单编制

2.4.1　概　　述

按照工程量清单计价的一般原理，工程量清单是按照招标要求和施工设计图纸要求，应载明建设工程项目名称、项目特征、计量单位和工程数量等的明细清单,其项目设置应伴随着建设项目的进展不断细化,以满足不同设计深度、不同复杂程度、不同承包方式及不同管理需求下工程计价的需要。

由于我国目前使用的建设工程工程量清单计价规范主要用于施工图完成后进行发包的阶段,故将工程量清单又分为招标工程量清单和已标价工程量清单,具体如下。

① 工程量清单。载明建设工程分部分项工程项目、措施项目、其他项目的名称和相应数量以及规费、税金项目等内容的明细清单。

② 招标工程量清单。招标人依据国家标准、招标文件、设计文件以及施工现场实际情况编制的,随招标文件发布供投标报价的工程量清单,包括其说明和表格。

③ 已标价工程量清单。构成合同文件组成部分的投标文件中已标明价格,经算术性错误修正(如有)且承包人已确认的工程量清单,包括其说明和表格。

1. 工程量清单计价适用的范围

清单计价适用于建设工程发、承包及其实施阶段的计价活动。使用国有资金投资的建设工程发承包,必须采用工程量清单计价。非国有资金投资的建设工程,宜采用工程量清单计价,不采用工程量清单计价的建设工程,应执行清单计价规范中除工程量清单等专门性规定外的其他规定。其中,国有资金投资的项目包括全部使用国有资金(含国家融资资金)投资或国有资金投资为主的工程建设项目。

2. 工程量清单编制的一般规定

招标工程量清单应由具有编制能力的招标人或受其委托、具有相应资质的工程造价咨询人员编制。这是招标人编制招标控制价的依据,是投标方报价的依据,也是竣工结算调整的依据。

招标工程量清单必须作为招标文件的组成部分,应以单位(项)工程为单位编制,应由分部分项工程项目清单、措施项目清单、其他项目清单、规费和税金项目清单组成。

(1) 工程量清单编制错漏项的危害、责任承担

1) 错漏危害:对于发包人来说,工程量清单的错漏问题会直接导致承包人向发包人工程变更、现场签证、工程索赔与价款调整的发生,甚至会给投标人以不平衡报价带来更大"方便"。

对于承包人来说,工程量清单错项、漏项正是投标阶段承包人利用这些错误打下埋伏,施工及结算阶段高价结算及盈利的绝好机会。

2) 责任承担

① 招标人应将工程量清单连同招标文件的其他内容一并发(或发售)给投标人,招标人对编制的工程量清单的准确性(数量)和完整性(不缺项、漏项)负责。如委托工程造价咨询人编制,其责任仍由招标人承担。因为,中标人与招标人签订工程施工合同后,在履约过程中发现工程量清单漏项或错算,引起合同价款调整的,应由发包人(招标人)承担,而非其他编制人,至于因为工程造价咨询人的错误应承担什么责任,则应由招标人与工程造价咨询人通过合同约定处理或协商解决。

② 投标人依据工程量清单进行投标报价,对工程量清单不负有核实义务,更不具有修改和调整的权利。

(2) 编制招标工程量清单的依据

① 《建设工程工程量清单计价规范》GB 50500 和相关工程的国家计量规范；
② 国家或省级、行业建设主管部门颁发的计价定额和办法；
③ 建设工程设计文件及相关资料；
④ 与建设工程有关的标准、规范、技术资料；
⑤ 拟定的招标文件；
⑥ 施工现场情况、地勘水文资料、工程特点及常规施工方案；
⑦ 其他相关资料。

（3）编制补充项目时需注意的问题

随着工程建设中新材料、新技术、新工艺等的不断涌现，《建设工程工程量清单计价规范》GB 50500 附录所列的工程量清单项目不可能包含所有项目。在编制工程量清单时，当出现《建设工程工程量清单计价规范》GB 50500 附录中未包括的清单项目时，编制人应作补充。在编制补充项目时应注意以下三个方面。

1）补充项目的编码应按规定确定。具体做法为：补充项目的编码由《建设工程工程量清单计价规范》GB 50500 的代码 01B 和三位阿拉伯数字组成，并应从 01B001 起顺序编制，同一招标工程的项目不得重码。

2）在工程量清单中应附补充项目的项目名称、项目特征、计量单位、工程量计算规则和工作内容。

3）将编制的补充项目报省级或行业工程造价管理机构备案。

3. 工程量清单计价的作用

清单计价能更好体现出市场交易的真实水平，更加合理地对合同履行过程中可能出现的各种风险进行合理分配，提升承发包双方的履约效率。

（1）提供一个平等的竞争条件

采用施工图预算来投标报价，由于设计图纸的缺陷、不同施工企业的人员理解不一，计算出的工程量也不同，报价就更相去甚远，也容易产生纠纷。而工程量清单报价就为投标者提供了一个平等竞争的条件，相同的工程量，由企业根据自身的实力来填报不同的单价，使得企业的优势体现到投标报价中，可在一定程度上规范建筑市场秩序，确保工程质量。

（2）满足市场经济条件下竞争的需要

招投标过程就是竞争的过程，招标人提供工程量清单，投标人根据自身情况确定综合单价，利用单价与工程量逐项计算每个项目的合价，计算出投标总价。单价就成了决定性的因素，取定单价的高低直接取决于企业管理水平和技术水平的高低，这种局面促成了企业整体实力的竞争，有利于我国建设市场的快速发展。

（3）有利于提高工程计价效率，能真正实现快速报价

采用工程量清单计价方式，各投标人以招标人提供的工程量清单为统一平台，结合自身的管理水平和施工方案进行报价，这避免了传统计价方式下，招标人与投标人之间在工程量计算上的重复工作，并更好地促进了各投标人企业定额的完善和工程造价信息的积累和整理，体现了现代工程建设中快速报价的要求。

（4）有利于工程款的拨付和工程造价的最终结算

中标后，业主要与中标单位签订施工合同，中标价就是确定合同价的基础，投标清单

上的单价就成了拨付工程款的依据。业主根据施工企业完成的工程量,可以很容易地确定进度款的拨付额。工程竣工后,根据设计变更、工程量增减等,业主也很容易确定工程的最终造价,可在某种程度上减少业主与施工单位之间的纠纷。

(5) 有利于业主对投资的控制

采用施工图预算形式,业主对因设计变更、工程量的增减所引起的工程造价变化不敏感,往往等到竣工结算时才知道这些对项目投资的影响有多大,但此时常常是为时已晚。而采用工程量清单报价的方式则可对投资变化一目了然,在要进行设计变更时,能马上知道它对工程造价的影响,业主就能根据投资情况来决定是否变更或进行方案比较,以决定最恰当的处理方法。

2.4.2 分部分项工程项目清单的编制

分部工程是单项或单位工程的组成部分,是按结构部位、路段长度及施工特点或施工任务将单项或单位工程划分为若干分部的工程。例如,房屋建筑与装饰工程分为土石方工程、桩基工程、砌筑工程、混凝土及钢筋混凝土工程、楼地面装饰工程、天棚工程等分部工程。分项工程是分部工程的组成部分,是按不同施工方法、材料、工序及路段长度等将分部工程划分为若干个分项或项目的工程。例如现浇混凝土基础分为带形基础、独立基础、满堂基础、桩承台基础、设备基础等分项工程。

分部分项工程项目清单(表 2-4-1)必须载明项目编码、项目名称、项目特征、计量单位和工程量,这构成了分部分项工程项目清单的五个要件,这五个要件在分部分项工程项目清单的组成中缺一不可,需根据相关工程现行国家计量规范规定进行编制。

分部分项工程和单价措施项目清单与计价表　　　　　　表 2-4-1

工程名称:　　　　　　　　　标段:　　　　　　　　　第　页共　页

序号	项目编码	项目名称	项目特征	计量单位	工程数量	金额(元)		
						综合单价	合价	其中
								暂估价
				本页小计				
				合　计				

注: 1. 表中"工程名称"栏应填写详细具体的工程称谓,对于房屋建筑而言,习惯上并无标段划分,可不填写"标段"栏。但对于管道敷设、道路施工等则往往以标段划分,此时,应填写"标段"栏,其他各表涉及此类设置,道理相同。

2. 为计取规费等的使用,可在表中增设其中:"定额人工费"。

1. 项目编码(图 2-4-1)

分部分项工程和措施项目清单名称的阿拉伯数字标识。项目编码以 12 位阿拉伯数字表示。其中第 1、2 位是专业工程代码(01—房屋建筑与装饰工程;02—仿古建筑工程;

03—通用安装工程；04—市政工程；05—园林绿化工程；06—矿山工程；07—构筑物工程；08—城市轨道交通工程；09—爆破工程，以后进入国标的专业工程代码以此类推），3、4位是附录分类顺序码，5、6位是分部工程顺序码，7、8、9是分项工程项目名称顺序码，10、11、12位是清单项目名称顺序码。其中前9位是《房屋建筑与装饰工程工程量清单计算规范》GB 50854，以下简称（《清单规范》）给定的全国统一编码，根据《清单规范》附录A、附录B、附录C、附录D、附录E、附录F、附录G、附录H、附录I的规定设置，后3位清单项目名称顺序码由编制人根据拟建工程的工程量清单项目名称和项目特征设置，自001起依次编制。

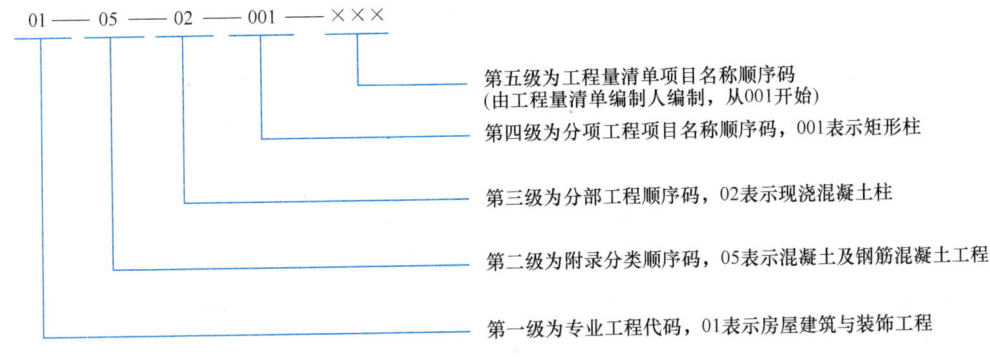

图 2-4-1　工程量清单项目编码结构

当同一标段（或合同段）的一份工程量清单中含有多个单位工程且工程量清单是以单位工程为编制对象时，在编制工程量清单时应特别注意对项目编码10至12位的设置不得有重码的规定。例如一个标段（或合同段）的工程量清单中含有三个单位工程，每一单位工程中都有项目特征相同的实心砖墙砌体，在工程量清单中又需反映三个不同单位工程的实心砖墙砌体工程量时，则第一个单位工程的实心砖墙的项目编码应为010401003001，第二个单位工程的实心砖墙的项目编码应为010401003002，第三个单位工程的实心砖墙的项目编码应为010401003003，并分别列出各单位工程实心砖墙的工程量。

2. 项目名称

应按《清单规范》附录中的项目名称，结合拟建工程的实际确定。即在编制分部分项工程项目清单时，根据实际情况，直接以附录中的分项工程项目名称进行确定，或者在项目名称的基础上，再考虑该项目的规格、型号、材质等特征要求，结合拟建工程的实际情况确定，使其工程量清单项目名称具体化、细化，以反映影响工程造价的主要因素。例如"门窗工程"中"特种门"，应区分"冷藏门""冷冻闸门""保温门""变电室门""隔音门""防射线门""人防门""金库门"等，清单项目名称应表达详细、准确，各专业工程量计算规范中的分项工程项目名称如有缺陷，招标人可作补充，并报当地工程造价管理机构（省级）备案。

例如，规范中有的项目名称包含范围很小，直接使用并无不妥，此时可直接使用，如010102002挖沟槽土方；而有的项目名称包含范围较大，这时采用具体的名称则较为恰当，如011407001墙面喷刷涂料，可采用011407001001外墙乳胶漆、011407001002内墙乳胶漆，较为直观。

3. 项目特征

项目特征是构成分部分项工程项目、措施项目自身价值的本质特征,应按《清单规范》附录中规定的项目特征,结合拟建工程项目的实际予以描述。

在描述工程量清单项目特征时应按以下原则进行:项目特征描述的内容应按《清单规范》附录中的规定,结合拟建工程的实际,能满足确定综合单价的需要;若采用标准图集或施工图纸能够全部或部分满足项目特征描述的要求,项目特征描述可直接采用详见××图集或××图号的方式。对不能满足项目特征描述要求的部分,仍应用文字描述。

在各专业工程量计算规范附录中还有关于各清单项目"工程内容"的描述。工程内容是指完成清单项目可能发生的具体工作和操作程序,值得注意的是,在编制分部分项工程项目清单时,工程内容通常无须描述,但工程内容与工程量清单项目设置、综合单价计算均有一一对应的关系。

(1) 特征描述的内容

1) 必须描述

① 涉及正确计量的内容必须描述。例如门窗洞口尺寸或框外围尺寸,《清单规范》可以按照"m^2"或"樘"计量,如采用"樘"计量,上述描述仍是必需的。

② 涉及结构要求的内容必须描述。如混凝土构件的混凝土强度等级,是使用C20还是C30或C40等,因混凝土强度等级不同,其价格也不同,必须描述。

③ 涉及材质要求的内容必须描述。如油漆的品种:是调和漆、还是硝基清漆等;管材的材质:是碳钢管还是塑钢管、不锈钢管等;还需要对管材的规格、型号进行描述。

④ 涉及安装方式的内容必须描述。如管道工程中的钢管的连接方式是螺纹连接还是焊接;塑料管是粘接连接还是热熔连接等就必须描述。

2) 可不详细描述

① 无法准确描述的可不详细描述:如土壤类别,由于我国幅员辽阔,土壤类别差异较大,要求清单编制人准确判定某类土壤在石方中所占比例是困难的,在这种情况下,可考虑土壤类别描述为综合,但应注明由投标人根据地勘资料确定土壤类别,决定报价。

② 施工图、标准图集标注明确的,可不再详细描述。对这些项目可描述为见××图集××节号及节点大样等。由于施工图纸、标准图集是发、承包双方都应遵守的技术文件,通过这样描述,可以有效减少在施工过程中对项目理解的不一致。

③ 有一些项目虽然可不详细描述,但清单编制人在项目特征描述中应注明由投标人自定。如土方工程中的"取土运距"、"弃土运距"等,首先要清楚编制人决定在多远取土或取、弃土运往多远是困难的;其次,由投标人根据在建工程施工情况统筹安排,自主决定取、弃土方的运距,可以充分体现竞争的要求。

④ 如果清单项目的项目特征与现行定额某些项目的规定(现行定额经过几十年的贯彻实施,每个定额项目实质上都是一定项目特征下的消耗量标准及其价值表示)是一致的,也可采用见××定额项目的方式予以描述。

(2) 特征描述的方式

特征描述的方式可划分为"问答式"与"简化式"两种,见表2-4-2。

第4节　土建工程工程量清单编制

分部分项工程和单价措施项目清单与计价表　　　　　　表 2-4-2

序号	项目编码	项目名称	项目特征	
			问答式	简化式
1	010101003001	挖沟槽土方	1. 土壤类别：三类 2. 挖土深度：4.0m 3. 弃土运距：运输距离为10km	三类土、深度≤4m，弃土运距＜10km（或投标人自行考虑）
2	010401001001	砖基础	1. 砖品种、规格、强度等级：页岩标砖 MU15 240×115×53（mm） 2. 砂浆强度等级：M10 水泥砂浆 3. 防潮层种类及厚度：20mm 厚 1：2 水泥砂浆（防水粉 5%）	M10 水泥砂浆、MU15 页岩标砖砌条形基础，20mm 厚 1：2 水泥砂浆（防水粉 5%）
3	011201001001	墙面一般抹灰	1. 墙体类型：砖墙 2. 底层厚度、砂浆配合比：素水泥砂浆一遍，15mm 厚 1：1：6 水泥石灰砂浆 3. 面层厚度、砂浆配合比：5mm 厚 1：0.5：3 水泥石灰砂浆	砖墙素水泥浆一遍，1：1：6 水泥石灰砂浆底层厚 15mm，1：0.5：3 水泥石灰砂浆面层厚 5mm

4. 计量单位

计量单位应按《清单规范》附录中规定的计量单位确定，采用基本单位，除各专业另有特殊规定外均按以下单位计量：

（1）以重量计算的项目——吨或千克（t 或 kg）；

（2）以体积计算的项目——立方米（m^3）；

（3）以面积计算的项目——平方米（m^2）；

（4）以长度计算的项目——米（m）；

（5）以自然计量单位计算的项目——个、套、块、樘、组、台……

（6）没有具体数量的项目——宗、项……

各专业有特殊计量单位的，再另外加以说明，当涉及有两个或两个以上计量单位的项目，在工程计量时，应结合拟建工程项目的实际情况，根据所编工程量清单项目的特征要求，选择最适宜表现该项目特征且方便计量的单位。例如：门窗工程计量单位为"樘/m^2"两个计量单位表示，此时就应根据工程项目特点，选择其中一个即可。

在同一个建设项目（或标段、合同段）中，有多个单位工程的相同项目计量单位必须保持一致。

计量单位的有效位数应遵守下列规定：

① 以"t"为单位，应保留三位小数，第四位小数四舍五入；

② 以"m^3"、"m^2"、"m"、"kg"为单位，应保留两位小数，第三位小数四舍五入；

③ 以"个"、"项"、"根"、"组"、"系统"为单位，应取整数。

5. 工程量

工程量应按《清单规范》附录中规定的工程量计算规则计算，工程量计算规则是指对清单项目工程量计算的规定。除另有说明外，所有清单项目的工程量应以实体工程量为准，并以完成后的净值计算；投标人投标报价时，应在单价中考虑施工中的各种损耗和需要增加的工程量。

根据现行工程量清单计价与工程量计算规范的规定,工程量计算规则可以分为房屋建筑与装饰工程、仿古建筑工程、通用安装工程、市政工程、园林绿化工程、构筑物工程、矿山工程、城市轨道交通工程、爆破工程九大类。

以房屋建筑与装饰工程为例,工程量计算规范中规定的分类项目包括土石方工程,地基处理与边坡支护工程,桩基工程,砌筑工程,混凝土及钢筋混凝土工程,金属结构工程,木结构工程,门窗工程,屋面及防水工程,保温、隔热、防腐工程,楼地面装饰工程,墙、柱面装饰与隔断、幕墙工程,天棚工程,油漆、涂料、裱糊工程,其他装饰工程,拆除工程,措施项目等,分别制定了它们的项目设置和工程量计算规则。

2.4.3 措施项目清单的编制

措施项目是相对于工程实体的分部分项工程项目而言,作为非工程实体项目的总称。措施项目是为完成工程项目施工,发生于该工程施工准备和施工过程中的技术、生活、安全、环境保护等方面的项目。例如:安全文明施工、模板工程、脚手架工程等。

编制措施项目清单时,需要考虑多种因素,除了工程本身的因素外,还涉及水文、气象、环境、安全等因素。由于影响措施项目设置的因素太多,计量规范不可能将施工中能出现的措施项目一一列出。在编制措施项目清单时,因工程情况不同,出现计量规范附录中未列出的措施项目,可根据工程的具体情况对措施项目清单作补充。

1. 措施项目清单的编制依据

(1) 施工现场情况、地勘水文资料、工程特点;
(2) 常规施工方案;
(3) 与建设工程有关的标准、规范、技术资料;
(4) 拟定的招标文件;
(5) 建设工程设计文件及相关资料。

2. 措施项目清单的编制内容

《清单规范》中将措施项目分为能计量和不能计量的两类。

(1) 对于能计量的措施项目,称为单价措施项目,也同分部分项工程一样,编制工程量清单时必须列出项目编码、项目名称、项目特征、计量单位和工程量。如脚手架工程,混凝土模板及支架(撑),垂直运输,超高施工增加费,大型机械设备进出场及安拆,施工排水、降水等,这类措施项目按照分部分项工程项目清单的方式以"量"计价时,更有利于措施费的确定和调整。

【案例 2-4-1】请列出综合脚手架清单项目,见表 2-4-3。

分部分项工程和单价措施项目清单与计价表　　　　　　表 2-4-3

工程名称:某工程

序号	项目编码	项目名称	项目特征	计量单位	工程量	金额(元)	
						综合单价	合价
1	011701001001	综合脚手架	1. 建筑结构形式:框剪 2. 檐口高度:60m	m²	18000		

第4节 土建工程工程量清单编制

(2) 对于不能计量的且以清单形式列出的项目，称为总价措施项目，参见表2-4-4，编制工程量清单时，表中的项目可根据工程实际情况进行增减。安全文明施工费及其他措施项目清单的项目设置、计量单位、工作内容及包含范围应按工程量计算规范附录S中措施项目（表2-4-5）的规定执行，以"项"计价。通过编制项目编码、项目名称确定清单项目，而不必描述项目特征、确定计量单位和工程量。

总价措施项目中安全文明施工费必须按国家或省级、行业建设主管部门的规定计算，不得作为竞争性费用。

总价措施项目清单与计价表 表2-4-4

工程名称：　　　　　标段：　　　　　　　　　　　　　　第　页共　页

序号	项目编码	项目名称	计算基础	费率(%)	金额(元)	调整费率(%)	调整后金额(元)	备注
		安全文明施工费						
		夜间施工费						
		二次搬运费						
		冬雨季增加费						
		已完工程及设备保护费						
		合　计						

编制人（造价人员）：　　　　　　　　　　　　复核人（造价工程师）：

注：1. "计算基础"中安全文明施工费可为"定额基价"、"定额人工费"或"定额人工费+定额机械费"，其他项目可为"定额人工费"或"定额人工费+定额机械费"。
　　2. 按施工方案计算的措施费，若无"计算基础"和"费率"的数值，也可只填"金额"数值，但应在备注栏说明施工方案出处和计算方法。

安全文明施工及其他措施项目（编码：011707）　　　表2-4-5

项目编码	项目名称	工作内容及包含范围
011707001	安全文明施工（含环境保护、文明施工、安全施工、临时设施）	1. 环境保护包含范围：现场施工机械设备降低噪声、防扰民措施费用；水泥和其他易飞扬细颗粒建筑材料密闭存放或采取覆盖措施等费用；工程防扬尘洒水费用；土石方、建渣外运车辆冲洗、防洒漏等费用；现场污染源的控制、生活垃圾清理外运、场地排水排污措施的费用；其他环境保护措施费用。 2. 文明施工包含范围："五牌一图"的费用；现场围挡的墙面美化（包括内外粉刷、刷白、标语等）、压顶装饰费用；现场厕所便槽刷白、贴面砖，水泥砂浆地面或地砖费用，建筑物内临时便溺设施的装饰装修费用；其他施工现场临时便溺设施的装饰线、美化措施费用；现场生活卫生设施费用；符合卫生要求的饮水设备、淋浴、消毒等设施费用；生活用洁净燃料费用；防煤气中毒、防蚊虫叮咬等措施费用；施工现场操作场地的硬化费用；现场绿化费用、治安综合治理费用；现场配备医药保健器材、物品费用和急救人员培训费用；用于现场工人的防暑降温费、电风扇、空调等设备及用电费用；其他文明施工措施费用。 3. 安全施工包含范围：安全资料、特殊作业专项方案的编制，安全施工标志的购置及安全宣传的费用；"三宝"（安全帽、安全带、安全网）、"四口"（楼梯口、电梯井口、通道口、预留洞口）、"五临边"（阳台围边、楼板围边、屋面围边、槽坑围边、卸料平台两侧），水平防护架、垂直防护架、外架封闭等防护的费用；施工安全用电的费用，包括配电箱三级配电、两级保护装置要求、外电防护措施；起重机、塔式起重机等起重设备（含井架、门架）及外用电梯的安全防护措施（含警示标志）费用及卸料平台的临边防护、层间安全门、防护棚等设施费用；建筑工地起重机械的检验检测费用；施工机具防护棚及其围栏的安全保护设施费用；施工安全防护通道的费用；工人的安全防护用品、用具购置费用；消防设施与消防器材的配置费用；电气保护、安全照明设施费；其他安全防护措施费用。 4. 临时设施包含范围：施工现场采用彩色、定型钢板，砖、混凝土砌块等围挡的安砌、维修、拆除费或摊销费用；施工现场临时建筑物、构筑物的搭设、维修、拆除或摊销的费用；如临时宿舍、办公室、食堂、厨房、厕所、诊疗所、临时文化福利用房、临时仓库、加工场、搅拌台、临时简易水塔、水池等。施工现场临时设施的搭设、维修、拆除或摊销的费用。如临时供水管道、临时供电管线、小型临时设施等；施工现场规定范围内临时简易道路铺设，临时排水沟、排水设施安砌、维修、拆除的费用；其他临时设施搭设、维修、拆除或摊销的费用

续表

项目编码	项目名称	工作内容及包含范围
011707002	夜间施工	1. 夜间固定照明灯具和临时可移动照明灯具的设置、拆除。 2. 夜间施工时，施工现场交通标志、安全标牌、警示灯等的设置、移动、拆除。 3. 包括夜间照明设备摊销及照明用电、施工人员夜班补助、夜间施工劳动效率降低等费用
011707003	非夜间施工照明	为保证工程施工正常进行，在如地下室等特殊施工部位施工时所采用的照明设备的安拆、维护、摊销及照明用电等费用
011707004	二次搬运	包括由于施工场地条件限制而发生的材料、成品、半成品等一次运输不能到达堆放地点，必须进行二次或多次搬运的费用
011707005	冬雨季施工	1. 冬雨（风）季施工时增加的临时设施（防寒保温、防雨、防风设施）的搭设、拆除。 2. 冬雨（风）季施工时，对砌体、混凝土等采用的特殊加温、保温和养护措施。 3. 冬雨（风）季施工时，施工现场的防滑处理、对影响施工的雨雪的清除。 4. 包括冬雨（风）季施工时增加的临时设施的摊销、施工人员的劳动保护用品、冬雨（风）季施工劳动效率降低等费用
011707006	地上、地下设施、建筑物的临时保护设施	在工程施工过程中，对已建成的地上、地下设施和建筑物进行的遮盖、封闭、隔离等必要保护措施所发生的费用
011707007	已完工程及设备保护	对已完工程及设备采取的覆盖、包裹、封闭、隔离等必要保护措施所发生的费用

注：安全文明施工费是指工程施工期间按照国家现行的环境保护、建筑施工安全、施工现场环境与卫生标准和有关规定，购置和更新施工安全防护用具及设施、改善安全生产条件和作业环境所需要的费用。

【案例 2-4-2】 请列出安全文明施工、夜间施工清单项目，见表 2-4-6。

总价措施项目清单与计价表　　　　　　　　表 2-4-6

工程名称：某工程

序号	项目编码	项目名称	计算基础	费率（％）	金额（元）	调整费率（％）	调整后金额	备注
1	011707001001	安全文明施工	定额基价					
2	011707002001	夜间施工	定额人工费					

2.4.4 其他项目清单的编制

其他项目清单（表 2-4-7）应按照暂列金额、暂估价、计日工和总承包服务费进行列项。由于工程建设标准的高低、工程的复杂程度、工程的工期长短、工程的组成内容、发包人对工程管理要求等都直接影响其他项目清单的具体内容，因此，以上四项作为其他项目清单的列项参考，不足部分，可根据工程的具体情况进行补充。

第 4 节　土建工程工程量清单编制

其他项目清单与计价汇总表　　　　　　　　　　　　　　　表 2-4-7

工程名称：　　　　　　　　　标段：　　　　　　　　　　　第　　页　共　　页

序号	项目名称	金额（元）	结算金额（元）	备注
1	暂列金额			
2	暂估价			
2.1	材料（工程设备）暂估价/结算价	—		
2.2	专业工程暂估价/结算价			
3	计日工			
4	总承包服务费			
5	索赔与现场签证	—		
	合计			

注：材料（工程设备）暂估单价进入清单项目综合单价，此处不汇总。

1. 暂列金额

暂列金额（表 2-4-8）在实际履约过程中可能发生，也可能不发生，它是指招标人在工程量清单中暂定并包括在合同价款中的一笔款项。

暂列金额明细表　　　　　　　　　　　　　　　　　　　　表 2-4-8

工程名称：　　　　　　　　　标段：　　　　　　　　　　　第　　页　共　　页

序号	项目名称	计量单位	暂定金额（元）	备注
1				
2				
3				
	合计			

注：此表由招标人填写，如不能详列，也可只列暂定金额总额，投标人应将上述暂列金额计入投标总价中。

设立暂列金额并不能保证合同结算价格就不会出现超过合同价格的情况，是否超出合同价格完全取决于工程量清单编制人对暂列金额预测的准确性，以及工程建设过程是否出现了其他事先未预测到的事件。

2. 暂估价

暂估价包括材料暂估单价、工程设备暂估单价和专业工程暂估价（表 2-4-9，表 2-4-10）。暂估价在招标阶段预见肯定要发生，只是因为标准不明确或者需要由专业承包人完成，暂时无法确定其价格或金额。暂估价数量和拟用项目应当结合工程量清单中的"暂估价表"予以补充说明。

为方便合同管理，需要根据工程造价信息或参照市场价格估算，纳入分部分项工程量清单项目综合单价中的暂估价应只是材料费、工程设备费，以方便投标人组价。专业工程暂估价应分不同专业，按有关计价规定估算，一般应是综合暂估价，包括除规费、税金以外的管理费、利润等。总承包招标时，专业工程设计深度往往是不够的，一般需要交由专业设计人设计，出于提高可建造性考虑，国际上惯例，一般由专业承包人负责设计，以发挥其专业技能和专业施工经验的优势。这类专业工程交由专业分包人完成是国际工程的良好实践，目前在我国工程建设领域也已经比较普遍。公开透明地合理确定这类暂估价的实际开支金额的最佳途径就是通过施工总承包人与工程建设项目招标人共同组织招标。

材料（工程设备）暂估单价及调整表　　　　　　　　　表 2-4-9

工程名称：　　　　　　　　　标段：　　　　　　　　第　页　共　页

序号	材料（工程设备）名称、规格、型号	计量单位	数量		暂估（元）		确认（元）		差额±元		备注
			暂估	确认	单价	合价	单价	合价	单价	合价	
	合计										

注：此表由招标人填写"暂估单价"，并在备注栏说明暂估价的材料拟用在哪些清单项目上，投标人应将上述材料暂估单价计入工程量清单综合单价报价中。

专业工程暂估价及结算价表　　　　　　　　　表 2-4-10

工程名称：　　　　　　　　　标段：　　　　　　　　第　页　共　页

序号	工程名称	工程内容	暂估金额（元）	计算金额（元）	差额±（元）	备注
	合计				—	

注：此表由招标人填写，投标人应将上述专业工程暂估价计入投标总价中。

3. 计日工

计日工是为了解决现场发生的零星工作的计价而设立的，对完成零星工作所消耗的人工工时、材料数量、施工机械台班进行计量，并按照计日工表（表 2-4-11）中填报的适用项目的单价进行计价支付。

计日工适用的零星工作一般是指合同约定之外的或者因变更而产生的、工程量清单中没有相应项目的额外工作，尤其是那些难以事先商定价格的额外工作。计日工为额外工作和变更的计价提供了一个方便快捷的途径。

计日工表　　　　　　　　　　　　表 2-4-11

工程名称：　　　　　　　标段：　　　　　　　　　　第　页　共　页

编号	项目名称	单位	暂定数量	实际数量	综合单价（元）	合价	
						暂定	实际
一	人工						
1							
2							
	人工小计						
二	材料						
1							
2							
	材料小计						
三	施工机械						
1							
2							
	施工机械小计						
	四、企业管理费和利润						
	总计						

注：此表项目名称、暂定数量由招标人填写，编制招标控制价时，单价由招标人按有关计价规定确定；投标时，单价由投标人自主报价，按暂定数量计算合价计入投标总价中。结算时，按承发包双方确认的实际数量计算合价。

4. 总承包服务费

总承包服务费（表 2-4-12）是在工程建设的施工阶段实行施工总承包时，总承包人为配合协调发包人进行工程分包，由发包人支付给总承包人的一笔费用。承包人进行的专业分包和劳务分包不在此例。

招标人应当预计总承包服务的费用，并按投标人的投标报价向投标人支付该项费用。

总承包服务费计价表　　　　　　　　表 2-4-12

工程名称：　　　　　　　标段：　　　　　　　　　　第　页　共　页

序号	项目名称	项目价值（元）	服务内容	计算基础	费率%	金额（元）
1	发包人发包专业工程					
2	发包人供应材料					
	合计		—		—	

注：此表项目名称、服务内容由招标人填写，编制招标控制价时，费率及金额由招标人按有关计价规定确定；投标时，费率及金额由投标人自主报价，计入投标总价中。

2.4.5 规费、税金项目清单的编制

1. 规费

根据住建部、财政部印发的《建筑安装工程费用项目组成》的规定,规费是工程造价的组成部分,其中,工伤保险费是按照《中华人民共和国建筑法》第四十八条规定的"建筑施工企业必须为从事危险作业的职工办理意外伤害保险,支付保险费"修改为"建筑施工企业应当依法为职工参加工伤保险缴纳工伤保险费,鼓励企业为从事危险作业的职工办理意外伤害保险,支付保险费"而增设的;工程排污费,实践中并非每个工程所在地都要征收,可作为按实计算的费用处理。

规费作为政府和有关权力部门规定必须缴纳的费用,属于不可竞争性费用。政府和有关权力部门可根据形势发展的需要,对规费项目进行调整,因此,若出现计价规范中未列的项目,应根据省级政府或省级有关权力部门的规定列项。

2. 税金

税金是指国家税法规定的应计入建筑安装工程造价的税、费,属于不可竞争性费用。税金项目清单应包括下列内容:

(1) 营业税;
(2) 城市维护建设税;
(3) 教育费附加;
(4) 地方教育附加。

出现计价规范未列的项目,应根据税务部门的规定列项。

规费、税金项目计价表见表 2-4-13。

规费、税金项目清单与计价表   表 2-4-13

工程名称: 标段: 第　页　共　页

序号	项目名称	计算基础	计算基数	计算费率(%)	金额(元)
1	规费	定额人工费			
1.1	社会保障费	定额人工费			
(1)	养老保险费	定额人工费			
(2)	失业保险费	定额人工费			
(3)	医疗保险费	定额人工费			
(4)	工伤保险费	定额人工费			
(5)	生育保险费	定额人工费			
1.2	住房公积金	定额人工费			
1.3	工程排污费	按工程所在地环境保护部门收取标准,按实计入			
2	税金	分部分项工程费+措施项目费+其他项目费+规费-按规定不计税的工程设备金额			
		合计			

编制人(造价人员):   复核(造价工程师):

2.4.6 工程量清单编制实例

建设项目招标文件由招标人（或其委托的咨询机构）编制，由招标人发布。它既是投标单位编制投标文件的依据，也是招标人与中标人签订工程承包合同的基础。

1. 招标文件的编制要求

招标人应当根据招标项目的特点和需要编制招标文件。招标文件应当包括招标项目的技术要求、对投标人资格审查的标准、投标报价要求和评标标准等所有实质性要求和条件以及拟签订合同的主要条款。

国家对招标项目的技术、标准有规定的，招标人应当按照其规定在招标文件中提出相应要求。招标项目需要划分标段、确定工期的，招标人应当合理划分标段、确定工期，并在招标文件中载明。

2. 招标文件的编制内容

招标文件的内容具体如下：

（1）投标须知

主要包括前附表、总则、招标文件、投标文件、开标、评标、合同授予等内容。

1）前附表。前附表是投标须知前附表的简称，它以表格的形式将投标须知概括性地表示出来，放在招标文件的最前面，有利于引起注意和便于查阅。前附表一般包括：招标项目概况（包括项目名称、建设地点、建设规模、结构类型、资金来源等）；招标范围；承包方式；合同名称；投标有效期；质量标准；工期要求；投标人资质等级；投标报价的特殊性规定（必要时概括列出）；投标保证金数额；投标预备会时间、地点；投标文件份数；投标文件递交地点；投标截止时间；开标时间。

2）总则。通常包括：招标项目概况（包括主要项目名称、建设地点、建设规模、结构类型、资金来源、建设审批文件等）；招标范围；承包方式；招标方式；招标要求；投标人条件（包括企业资质和项目经理资质等）；投标费用。

3）招标文件。主要包括招标文件的构成以及澄清和修改的规定。

4）投标文件。对投标文件各项要求进行阐述。主要包括：投标报价的规定（包括报价有效范围、报价依据、报价内容、部分费率和单价的规定、投标货币、主要材料和设备的品牌规定等）；投标文件编制要求（包括投标文件组成内容、投标文件格式要求、投标文件的份数和签署要求、投标文件的密封与标志、投标有效期和投标截止日期等）；投标文件递交规定；投标保证金规定；投标文件的修改与撤回规定。

5）开标。一般包括开标的时间、地点；开标会议出席人员规定；会前必须交验的有关证明文件的规定；程序性废标的条件；唱标和记录规定。

6）评标。一般包括评标委员会的组成；评标办法；实质性废标条件；投标文件澄清规定；评标保密规定。

7）合同授予。一般包括中标通知书发放规定；履约保证金或保函递交时效规定；合同签订时效规定。

（2）合同主要条款及格式。一般包括本工程拟采用的通用合同条款、专用合同条款以及各种合同附件的格式。

（3）工程量清单。采用工程量清单招标的，应提供详细的招标工程量清单，包括拟建工程分部分项工程、措施项目和其他项目名称和相应数量的明细清单，以满足工程项目具体量化和计价支付的需要。

(4) 技术标准和要求。主要说明建设项目执行的质量验收规范、技术标准、技术要求等有关内容。

(5) 设计图纸。是指应由招标人提供的用于计算招标控制价和投标人计算投标报价所必需的各种详细程度的图纸。

(6) 评标标准和方法。明确规定所有的评标因素，以及如何将这些因素量化或者作为依据进行评估。评标办法可选择经评审的最低投标价法和综合评估法。

(7) 投标文件格式。提供各种投标文件编制所应依据的参考格式。

(8) 投标辅助材料。其他招标文件要求提交的辅助材料。

3. 招标文件的澄清和修改

投标人应仔细阅读和检查招标文件的全部内容。如发现缺页成附件不全，应及时向招标人提出，以便补齐。如有疑问，应在规定的时间前以书面形式（包括信函、电报、传真等可以有形地表现所载内容的形式），要求招标人对招标文件予以澄清。

招标人对已发出的招标文件进行必要的澄清或者修改时，应当在招标文件要求提交投标文件截止时间至少十五日前，以书面形式通知所有招标文件收受人。该澄清或者修改的内容为招标文件的组成部分。如果澄清或修改发出的时间距投标截止时间不足十五日，相应推迟投标截止时间。

4. 招标工程量清单编制实例

招标工程量清单属于招标文件的一部分，是招标人编制招标控制价和投标人编制投标报价的重要依据。招标文件中提出的各项要求，对整个招标工作乃至发、承包双方都具有约束力。

(1) 编制招标工程量清单准备工作

1) 熟悉《建设工程工程量清单计价规范》GB 50500—2013 和各专业工程计量规范、湖北省计价规定及相关文件；熟悉设计文件，掌握工程状况，便于清单项目列项的完整、工程量的准确计算及清单项目的准确描述，对设计文件中出现的问题应及时提出。

2) 熟悉招标文件、招标图纸，确定工程量清单编审的范围及需要设定的暂估价；收集相关市场价格信息，为暂估价的确定提供依据。

3) 对《建设工程工程量清单计价规范》GB 50500—2013 缺项的新材料、新技术、新工艺，收集足够的基础资料，为补充项目的制定提供依据。

4) 进行现场踏勘，编制常规施工组织设计拟定工程的施工方案、施工顺序、施工方法等，便于工程量清单的编制及准确计算，尤其是工程量清单中的措施项目的确定。

(2) 编制实例：招标工程量清单

1) 封面（表 2-4-14）

封面应填写招标工程项目的具体名称，招标人应盖单位公章，如委托工程造价咨询人编制，还应加盖受委托编制招标工程量清单的工程造价咨询人的单位公章。

封　面　　　　　　　　　　　　　　　　　　　　表 2-4-14

× × 住宅楼　　工程

招标工程量清单

招　标　人：　　××单位　　
　　　　　　　　（单位盖章）

造价咨询人：　××工程造价咨询　
　　　　　　　　（单位盖章）

××年××月××日

2）扉页（表 2-4-15）

招标人自行编制工程量清单时，由招标人单位注册的造价人员编制，招标人盖单位公章，法定代表人或其授权人签字盖章。编制人是造价工程师的，由其签字盖执业专用章。

扉　　页　　　　　　　　　　　　　　　表 2-4-15

___××住宅楼___ 工程

招标工程量清单

招　标　人：___××单位___　　　　造价咨询人：___××工程造价咨询企业___
　　　　（单位盖章）　　　　　　　　　　　　（单位资质专业章）

法定代表人××单位　　　　　　　　法定代表人
或其授权人：___×××___　　　　　或其授权人：___××工程造价咨询企业___
　　　（签字或盖章）　　　　　　　　　　　（签字或盖章）

编制人：___×××___　　　　　　　复核人：___×××___
　　（造价人员签字盖专用章）　　　　　（造价工程师签字盖专业章）

编制时间：××年×月×日　　　　　复核时间：××年×月×日

3) 总说明（表 2-4-16）

① 工程概况：如建设地址、建设规模、工程特征、交通状况、环保要求等；

② 工程发包、分包范围；

③ 工程量清单编制依据：如采用的标准、施工图纸、标准图集等；

④ 使用材料设备、施工的特殊要求等；

⑤ 其他需要说明的问题。

总 说 明　　　　　　　　　　　　　　　　表 2-4-16

工程名称：××住宅楼　　　　　　　　　　　　　　　　第 1 页　共 1 页

1. 工程概况：本工程为框架结构，采用混凝土灌注桩，建筑层数为 9 层，建筑面积 24810m^2，计划工期为 250 日历天。施工现场距住宅最近处为 20m，施工中应注意采取相应的防噪措施。
2. 工程招标范围：本次招标范围为施工图范围内的建筑工程和安装工程。
3. 工程量清单编制依据：
(1) 住宅楼施工图；
(2) 《建设工程工程量清单计价规范》GB 50500；
(3) 《房屋建筑与装饰工程工程量计算规范》GB 50854；
(4) 拟定的招标文件；
(5) 相关的规范、标准图集和技术资料。
4. 其他需要说明的问题：
(1) 招标人供应现浇构件的全部钢筋，单价暂定为 4500 元/t。
1) 承包人应在施工现场对招标人供应的钢筋进行验收、保管和使用发放。
2) 招标人供应钢筋的价款，由招标人按每次发生的金额支付给承包人，再由承包人支付给供应商。
(2) 消防工程另进行专业发包。总承包人应配合专业工程承包人完成以下工作
1) 为消防工程承包人提供施工工作面并对施工现场进行统一管理，对竣工资料进行统一整理汇总。
2) 为消防工程承包人提供垂直运输机械和焊接电源接入点，并承担垂直运输费和电费。

4) 分部分项工程和单价措施项目清单与计价表（表 2-4-17）

表内将"分部分项工程量清单与计价表"和"措施项目清单与计价表"合并重新设置，以单价项目形式表现的措施项目与分部分项工程项目采用了这样同一种表。

分部分项工程和单价措施项目清单与计价表　　　　　　表 2-4-17

工程名称：××住宅楼　　　　　　　　标段：　　　　　　第 1 页　共 3 页

序号	项目编码	项目名称	项目特征	计量单位	工程数量	金额		
						综合单价	合价	其中 暂估价
			0101 土石方工程					
1	010101003001	挖沟槽土方	三类土，垫层底宽 2m，挖土深度＜4m，弃土运距＜10km	m^3	1578			
			（其他略）					
			分部小计					
			0103 桩基工程					

续表

分部分项工程和单价措施项目清单与计价表

工程名称：××住宅楼　　　　　　　标段：　　　　　　第2页　共3页

序号	项目编码	项目名称	项目特征	计量单位	工程数量	金额		
						综合单价	合价	其中 暂估价
2	010302001001	泥浆护壁混凝土灌注桩	桩长10m，护壁段长9m，共42根，桩直径1000mm，桩混凝土为C25，护壁混凝土为C20	m	365			
			（其他略）					
			分部小计					
			0104 砌筑工程					
3	010401001001	条形砖基础	M10水泥砂浆，MU15页岩砖240×115×53mm	m³	287			
4	010401003001	实心砖墙	M7.5混合砂浆，MU15页岩砖240×115×53mm，墙厚度240mm	m³	2495			
			（其他略）					
			分部小计					
			0105 混凝土及钢筋混凝土工程					
5	010503001001	基础梁	C30预拌混凝土，梁底标高-1.55m	m³	256			
6	010515001001	现浇构件钢筋	螺纹钢Q235，ϕ14	t	300			
			（其他略）					
			分部小计					
			本页小计					
			合　计					

注：为计取规费等的使用，可在表中增设其中："定额人工费"。

续表

分部分项工程和单价措施项目清单与计价表

工程名称：××住宅楼　　　　　　标段：　　　　　　第3页　共3页

序号	项目编码	项目名称	项目特征	计量单位	工程数量	金额 综合单价	合价	其中 暂估价
			0108 门窗工程					
7	010807001001	塑钢窗	80系列 LC0915 塑钢平开窗带纱 5mm 白玻	m²	1000			
			（其他略）					
			分部小计					
			0109 屋面及防水工程					
8	010902003001	屋面刚性防水	C20 细石混凝土，厚 40mm，建筑油膏嵌缝	m²	2128			
			（其他略）					
			分部小计					
			0110 保温、隔热、防腐工程					
9	011001001001	保温隔热屋面	沥青珍珠岩块 500×500×150mm，1:3 水泥砂浆护面，厚 25mm	m²	2067			
			（其他略）					
			分部小计					
			0111 楼地面装饰工程					
10	011101001001	水泥砂浆楼地面	1:3 水泥砂浆找平层，厚 20mm，1:2 水泥砂浆面层，厚 25mm	m²	7842			
			（其他略）					
			分部小计					
			0112 墙、柱面装饰					
11	011201001001	外墙面抹灰	页岩砖墙面，1:3 水泥砂浆底层，厚 15mm，1:2.5 水泥砂浆面层，厚 6mm	m²	5891			
			（其他略）					
			分部小计					
			0113 天棚工程					
12	011301001001	混凝土天棚抹灰	基层刷水泥浆一道加 107 胶，1:0.5:2.5 水泥石灰砂浆底层，厚 12mm，1:0.3:3 水泥石灰砂浆面层，厚 4mm	m²	9200			
			0117 措施项目					
13	011701001001	综合脚手架	框架，檐高 28m	m²	24810			
			本页小计					
			合　计					

注：为计取规费等的使用，可在表中增设其中："定额人工费"。

5) 总价措施项目清单与计价表（表2-4-18）

编制招标工程量清单时，表内的项目可根据工程实际情况进行增减。

总价措施项目清单与计价表   表 2-4-18

工程名称：××住宅楼   标段：   第1页 共1页

序号	项目编码	项目名称	计算基础	费率（%）	金额（元）	调整费率（%）	调整后金额（元）	备注
		安全文明施工费						
		夜间施工费						
		二次搬运费						
		冬雨季增加费						
		已完工程及设备保护费						
		合 计						

编制人（造价人员）：   复核人（造价工程师）：

注：1. "计算基础"中安全文明施工费可为"定额基价"、"定额人工费"或"定额人工费+定额机械费"，其他项目可为"定额人工费"或"定额人工费+定额机械费"。
  2. 按施工方案计算的措施费，若无"计算基础"和"费率"的数值，也可只填"金额"数值，但应在备注栏说明施工方案出处和计算方法。

6) 其他项目清单与计价汇总表（表2-4-19）

编制招标工程量清单时，表内应汇总"暂列金额"和"专业工程暂估价"，以提供给投标人报价。

其他项目清单与计价汇总表   表 2-4-19

工程名称：××住宅楼   标段：   第1页 共1页

序号	项目名称	金额（元）	结算金额（元）	备注
1	暂列金额	400000		
2	暂估价	300000		
2.1	材料（工程设备）暂估价/结算价	—		
2.2	专业工程暂估价/结算价	300000		
3	计日工			
4	总承包服务费			
	合计	700000	—	

注：1. 材料（工程设备）暂估单价进入清单项目综合单价，此处不汇总。

7) 暂列金额（表2-4-20）

表内要求招标人能将暂列金额与拟用项目列出明细，但如果确实不能详细列出的也可以只列出暂定金额总额，投标人应将上述暂列金额计入投标总价中，并且不需要在所列的暂列金额以外再考虑任何其他费用。

暂列金额明细表   表 2-4-20

工程名称：××住宅楼　　　　　　标段：　　　　　　　　　第 1 页 共 1 页

序号	项目名称	计量单位	暂定金额（元）	备注
1	电动车棚工程	项	100000	正在设计图纸
2	工程量偏差和设计变更	项	150000	
3	政策性调整和材料价格波动	项	150000	
4	其他	项	50000	
5				
	合计		450000	—

注：此表由招标人填写，如不能详尽，也可只列暂定金额总额，投标人应将上述暂列金额计入投标总价中。

8) 材料（工程设备）暂估单价及调整表（表 2-4-22）

材料和工程设备的数量应在下表内填写，并纳入到清单项目的综合单价中，拟用项目应在表中备注栏给予补充说明。

一般而言，招标工程量清单中列明的材料、工程设备的暂估价仅指此类材料、工程设备本身运至施工现场内工地地面价，不包括这些材料、工程设备的安装以及安装所必需的辅助材料以及发生在现场内的验收、存储、保管、开箱、二次搬运、从存放地点运至安装地点以及其他任何必要的辅助工作（以下简称"暂估价项目的安装及辅助工作"）所发生的费用。暂估价项目的安装及辅助工作所发生的费用应该包括在投标报价中的相应清单项目的综合单价中并且固定包死。

材料（工程设备）暂估单价及调整表   表 2-4-21

工程名称：××住宅楼　　　　　　标段：　　　　　　　　　第1页 共 1 页

序号	材料（工程设备）名称、规格、型号	计量单位	数量		暂估（元）		确认（元）		差额±元		备注
			暂估	确认	单价	合价	单价	合价	单价	合价	
1	钢筋（规范见施工图）	t	300		4500	1350000					用于现浇混凝土项目
	合 计					1350000					

注：此表由招标人填写"暂估单价"，并在备注栏说明暂估价的材料拟用在哪些清单项目上，投标人应将上述材料暂估单价计入工程量清单综合单价报价中。

9) 专业工程暂估价及结算价表（表 2-4-22）

表内应填写工程名称、工程内容、暂估金额，投标人应将上述金额计入投标总价中。

专业工程暂估价项目及其表中列明的专业工程暂估价，应是分包人实施专业工程的含税金后的完整价（即包含了该专业工程中所有供应、安装、完工、调试、修复缺陷等全部工作），除了合同约定的发包人应承担的总包管理、协调、配合和服务责任所对应的总承包服务费用以外，承包人为履行其总包管理、配合、协调和服务等所需发生的费用应该包括在投标报价中。

第2章 工程计量

专业工程暂估价及结算价表 表 2-4-22

工程名称：××住宅楼　　　　　标段：　　　　　　　　　　第 1 页 共 1 页

序号	工程名称	工程内容	暂估金额（元）	计算金额（元）	差额±（元）	备注
1	消防工程	合同图纸中标明的以及消防工程规范和技术说明中规定的各系统中的设备、管道、阀门、线缆等的供应、安装和调试工作	250000			
		合计	250000			—

注：此表由招标人填写，投标人应将上述专业工程暂估价计入投标总价中。

10）计日工表（表2-4-23）

编制工程量清单时，表内"项目名称"、"计量单位"、"暂估数量"由招标人填写，招标人应根据经验，尽可能估算出较为贴近实际的数值，以获得合理的计日工费用。

计日工表 表 2-4-23

工程名称：××住宅楼　　　　　标段：　　　　　　　　　　第 1 页 共1 页

编号	项目名称	单位	暂定数量	实际数量	综合单价（元）	合价 暂定	合价 实际
一	人工						
1	普工	工日	150				
2	技工	工日	80				
	人工小计						
二	材料						
1	钢筋（规格见施工图）	t	1				
2	水泥 42.5	t	2				
3	中粗砂	m³	10				
4	碎石 40mm	m³	5				
5	页岩砖（240×115×53）mm	千匹	1.5				
	材料小计						
三	施工机械						
1	自升式塔式起重机	台班	5				
2	灰浆搅拌机（400L）	台班	2				
	施工机械小计						
四、企业管理费和利润							
	总计						

注：此表项目名称、暂定数量由招标人填写，编制招标控制价时，单价由招标人按有关计价规定确定；投标时，单价由投标人自主报价，按暂定数量计算合价计入投标总价中。结算时，按发承包双方确认的实际数量计算合价。

11）总承包服务费计价表（表 2-4-24）

编制招标工程量清单时，招标人应将拟定进行专业发包的专业工程，自行采购的材料设备等决定清楚，在表内填写项目名称、服务内容，以便投标人决定报价。

总承包服务费计价表　　　　　　　　　　　表 2-4-24

工程名称：××住宅楼　　　　　　标段：　　　　　　第 1 页 共 1 页

序号	项目名称	项目价值（元）	服务内容	计算基础	费率%	金额（元）
1	发包人发包专业工程	250000	1. 按专业工程承包人的要求提供施工工作面并对施工现场进行统一管理，对竣工资料进行统一整理汇总 2. 为专业工程承包人提供垂直运输机械和焊接电源接入点，并承担垂直运输费和电费			
2	发包人供应材料	1350000	对发包人供应的材料进行验收及保管和使用发放			
	合计	—		—		

注：此表项目名称、服务内容由招标人填写，编制招标控制价时，费率及金额由招标人按有关计价规定确定；投标时，费率及金额由投标人自主报价，计入投标总价中。

12）规费、税金项目计价表

编制招标工程量清单，参见表 2-133，填写项目名称和计算基础。

第 5 节　计算机辅助工程量计算

2.5.1　概　　述

由于工程项目具有单件性、大额性、动态性、周期长、相关利益方多等特点，计算机在工程项目建设过程中起到举足轻重的作用。从项目设想、选择、评估、决策、勘查设计、招投标、施工等环节，计算机的运用加快了项目建设的进程，节约了大量的人力，保障了固定资产投资效益。尤其在工程造价的控制和确定中，计算机辅助工程计量计价的快慢和准确会直接影响到造价结果的质量。

目前，计算机辅助工程量计算的软件种类繁多，技术成熟，适用范围广。

1. 国内的造价软件

国内的造价软件厂商基于 BIM 技术，已经逐步实现从传统功能单一的造价软件向可视化、协调性、模拟性、优化性、可出图化等 BIM 系列产品转型，在工程计量计价的速度、质量、效率等方面得到大幅度改善，更好地适应了工程设计变更和工程大数据积累，致力于涵盖项目建设全过程，有利于控制工程造价，比如广联达、鲁班、斯维尔、PK-PM、神机妙算等。

2. 国外的造价软件

国外的工程软件类型涉及核心建模、方案设计、结构分析、施工管理、工程造价等方向，BIM 技术发展成熟。其中，造价管理软件有 Solibri、QTQ、Innovaya、DProfiler、Vico、iTWO、Visual Esimating 等。

2.5.2　计算机技术在工程计量中的应用

在工程造价的确定和控制中，工程量计算是关键工作，约占施工预算工作量的50%～70%。工程量结果的准确性直接影响到工程造价的质量。

工程计量软件是在造价过程中，根据工程图纸，建立三维模型进行工程量自动计算、统计分析，形成工程量清单。相比传统的手工算量，造价人员的机械劳动工作量减少，软件建立的模型自动进行实体扣减，尤其是不规则的工程构件计算准确性大幅度提升；面对频繁的设计变更，可以将变更内容关联到模型中，工程量自动更新，不需要重复计算。

目前，国内的造价软件种类多，在工程量计算方面，自动算量的思路大致分为以下几个步骤：工程设置——建立构件及套用做法——绘制构件、生成模型——汇总计算——工程量清单输出——复核、查看报表。

1. 启动软件

打开算量软件有多种方式：通过"开始"菜单启动、通过双击桌面快捷图标启动。

2. 新建工程

通过"新建向导"，进入界面，设置工程基本信息。输入工程名称，选择计算规则、定额库、清单库、做法模式、报表类别和汇总方式；设置工程信息，填写工程类别、项目代号、结构类型、基础形式、建筑特征、层数、抗震等级、建筑面积、檐口高度、室内外标高等基础数据，起到工程标识的作用，直接影响到软件自动计量的准确性。比如，室外地坪的输入不正确，会影响土方工程量、回填土工程量、外墙脚手架的工程量、外墙抹灰及装饰的工程量等。

3. 楼层设置

根据工程图纸的楼层信息，建立楼层，进行楼层信息设置。

建立楼层，有多种方法：通过手动输入层高和底标高，在楼层设置界面增加或删减楼层；通过楼层识别工具自动识别施工图中的楼层表，选择楼层表，再根据工程自身特殊情况修改楼层表，如图 2-5-1 所示。在一些软件中，基础层与首层楼层编码及其名称不能修改，楼层号必须连续，顶层一般单独定义。

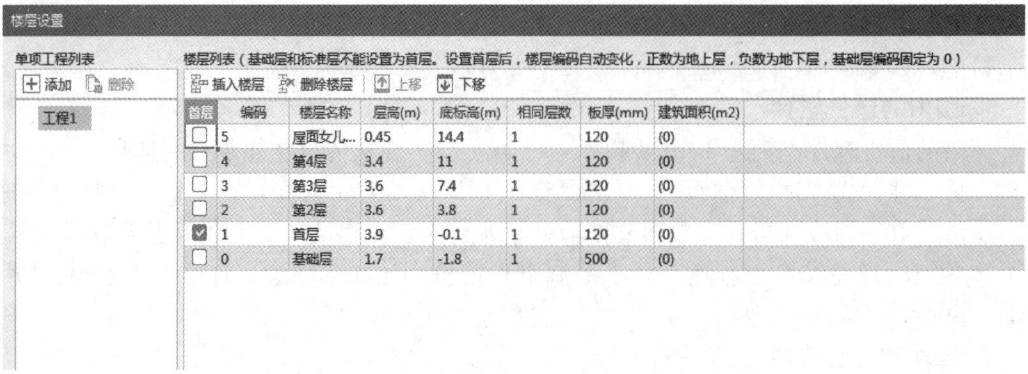

首层	编码	楼层名称	层高(m)	底标高(m)	相同层数	板厚(mm)	建筑面积(m2)
☐	5	屋面女儿...	0.45	14.4	1	120	(0)
☐	4	第4层	3.4	11	1	120	(0)
☐	3	第3层	3.6	7.4	1	120	(0)
☐	2	第2层	3.6	3.8	1	120	(0)
☑	1	首层	3.9	-0.1	1	120	(0)
☐	0	基础层	1.7	-1.8	1	500	(0)

图 2-5-1　楼层设置表

楼层信息的设置，选择混凝土型号、保护层厚度、钢筋种类、连接方式，填写备注信息。以设置保护层厚度为例，修改方式比较多：在楼层设置中修改、单独修改某个构件或图元、将已有的工程构件属性信息复制。

4. 轴网管理

轴网分为正交轴网、圆弧轴网和斜交轴网。根据图纸建立轴网，通过手动建立或自动识别轴网两种方式完成，如图 2-5-2 所示。

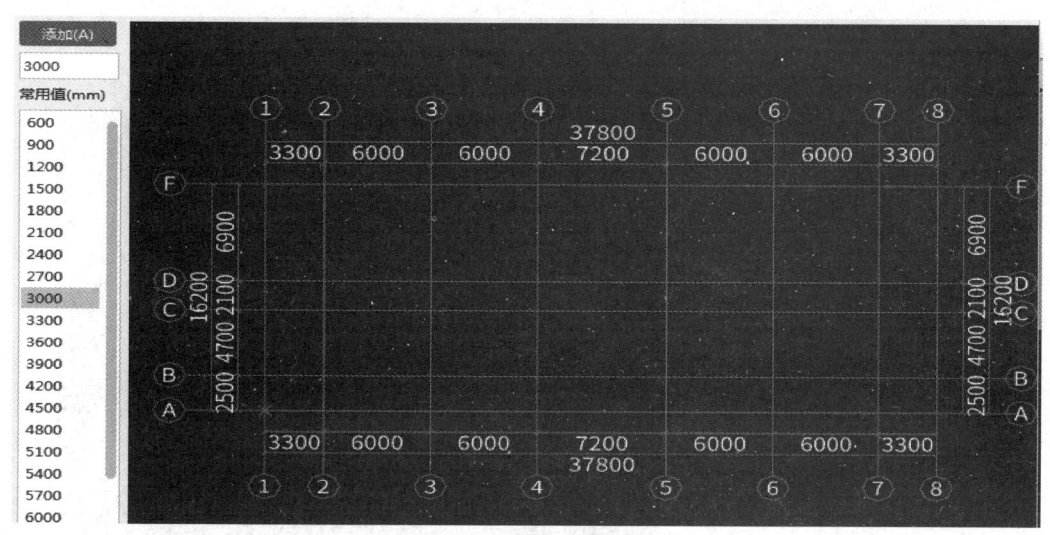

图 2-5-2　正交轴网图

手动建立轴网，利用图纸尺寸分别输入下开间、左进深、上开间、右进深和绘制角度，完成新轴网的建立。输入角度时，逆时针为正值、顺时针为负值、0 度不旋转。

自动识别轴网，通过识别 CAD 图纸上的现有轴网的轴线边线、轴线标志，迅速完成轴网建立。在具体工程操作中，自动识别建立轴网运用频率高、速度快。

5. 构件管理与绘图应用

（1）绘图顺序

绘图顺序根据结构和类型而确定，进行有次序、逻辑强的绘图，可以提高绘图的效率，保证绘图质量。

根据楼层的顺序进行绘图，一般按照从"首层——第二层——标准层——顶层——地下室——基础层"的顺序进行绘图，遵循先地上再地下的原则。

根据施工顺序进行绘制，一般按照从"主体——基础——二次建筑——装饰——零星构件"。主体构件包括墙、门、窗、过梁、柱、梁、板、楼梯等构件；基础包括独立基础、条形基础、满堂基础、桩基础等；二次建筑包括散水、台阶、阳台、栏板、挑檐、雨篷、屋面；装饰包括房间装饰和墙面装饰。

根据结构类型进行定义绘图顺序：

砖混结构，墙体——门——窗——过梁——柱——梁——板——楼梯。

框架结构，柱——梁——板——墙体——门——窗——过梁——楼梯。

框剪结构，剪力墙——填充墙——门——窗——过梁——梁——板——楼梯。

(2) 定义并绘制构件

经过构件定义、属性编辑、绘制构件等环节，完成模型建立。

首先，定义构件。在构件定义时，按照绘图顺序依次展开，在模块导航栏界面点击相应构件，如图 2-5-3 所示。以柱为例，柱分为框架柱、构造柱和砌体柱。三种柱适用于不同的部位或结构，钢筋计量有一定的差异性。

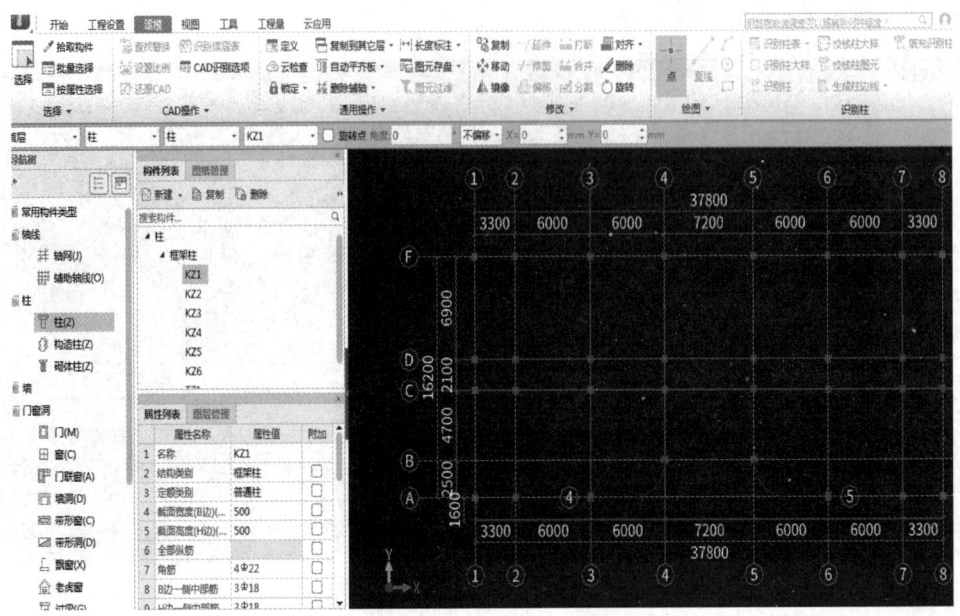

图 2-5-3 柱定义

其次，构件属性编辑。点击构件定义后，进入属性编辑界面，如图 2-5-4 所示。在编

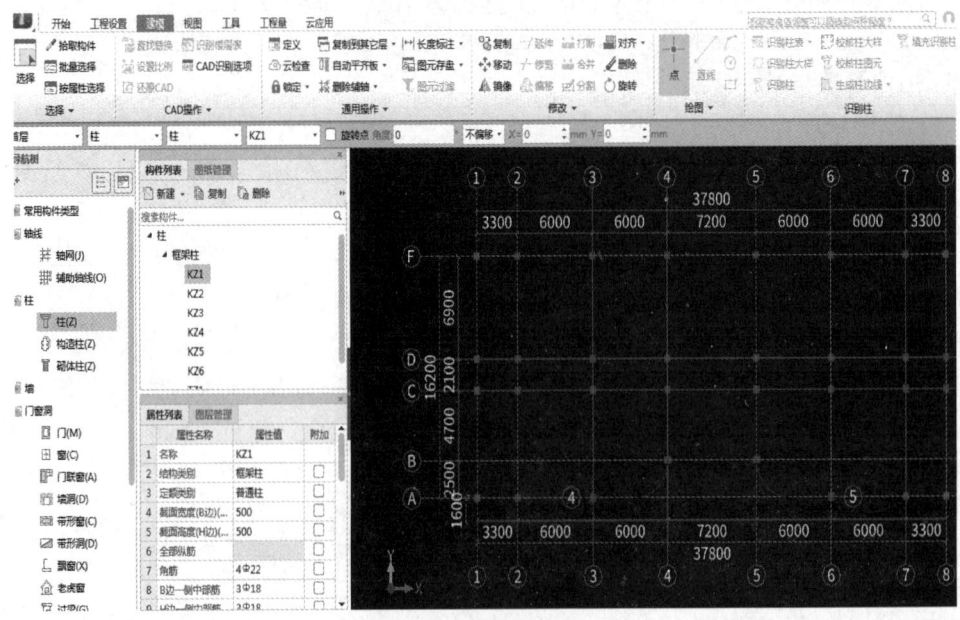

图 2-5-4 柱属性编辑

辑构件属性时，填写构件名称、界面形状、结构类型、计算设置、搭接设置、标高、汇总信息等内容，影响到构件工程量计算的精确度。

最后，绘制构件。绘制方法分为画点、画线和画面等，通过造价软件手动绘制构件，也可采用CAD图纸分割后识别构件的方式绘制构件，如图2-5-5所示。以柱为例，依次"识别柱——识别柱表——选择柱表——提取柱边线"等操作完成柱图元的绘制。

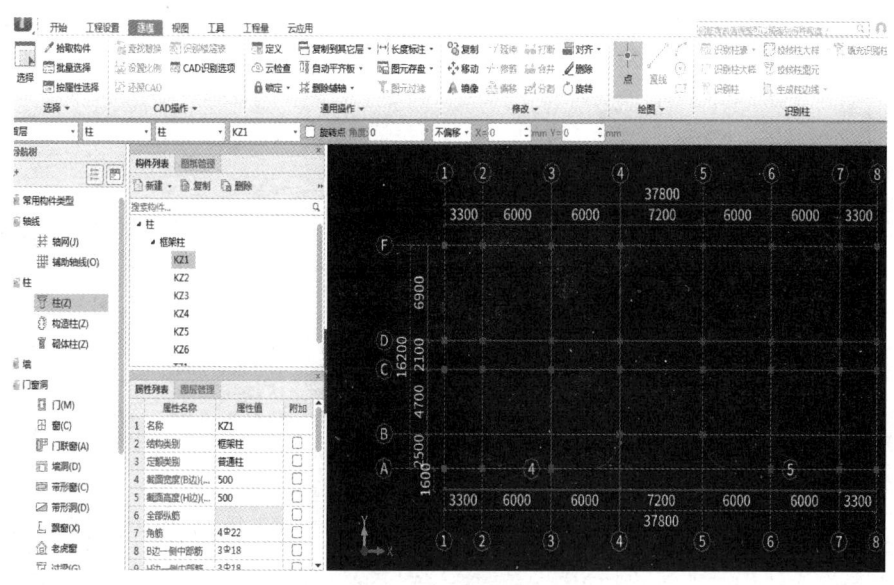

图2-5-5 柱绘制

6. 报表输出

在某楼层构件或整个工程绘图完毕后，先进行工程量汇总计算后，方可查看工程量，如图2-5-6和图2-5-7所示；若修改了某构件的属性或图元信息后，也需进行汇总计算，

图2-5-6 汇总计算

才能查看工程量。相比传统的手工汇总或者 Excel 表格汇总，造价软件的汇总计算在较短时间内完成，提高工程量计算的效率水平。

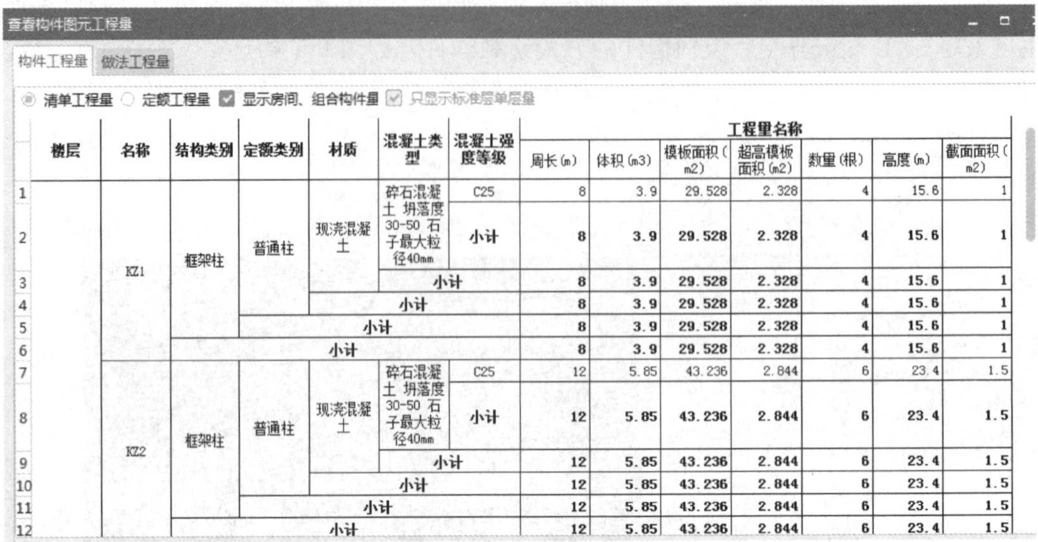

	楼层	名称	结构类别	定额类别	材质	混凝土类型	混凝土强度等级	工程量名称 周长(m)	体积(m3)	模板面积(m2)	超高模板面积(m2)	数量(根)	高度(m)	截面面积(m2)
1		KZ1	框架柱	普通柱	现浇混凝土	碎石混凝土 坍落度30-50 石子最大粒径40mm	C25	8	3.9	29.528	2.328	4	15.6	1
2							小计	8	3.9	29.528	2.328	4	15.6	1
3						小计		8	3.9	29.528	2.328	4	15.6	1
4					小计			8	3.9	29.528	2.328	4	15.6	1
5				小计				8	3.9	29.528	2.328	4	15.6	1
6			小计					8	3.9	29.528	2.328	4	15.6	1
7		KZ2	框架柱	普通柱	现浇混凝土	碎石混凝土 坍落度30-50 石子最大粒径40mm	C25	12	5.85	43.236	2.844	6	23.4	1.5
8							小计	12	5.85	43.236	2.844	6	23.4	1.5
9						小计		12	5.85	43.236	2.844	6	23.4	1.5
10					小计			12	5.85	43.236	2.844	6	23.4	1.5
11				小计				12	5.85	43.236	2.844	6	23.4	1.5
12			小计					12	5.85	43.236	2.844	6	23.4	1.5

图 2-5-7 查看工程量

经过汇总计算后，预览报表，土建报表分为三类：做法汇总分析、构件汇总分析和指标汇总分析。做法汇总分析包括清单汇总表、清单部位计算表、清单定额汇总表、清单定额单位汇总表、构件做法汇总表等。构件汇总分析包含绘图输入工程量汇总表、绘图输入构件工程量计算书、表格输入工程量计算书等。指标汇总分析包含部位楼层指标分析表、构件类型楼层指标表，涵盖主材，比如钢筋、模板、砌体等。通过报表对比分析，有利于设计方案优化、限额设计，有利于控制造价。

2.5.3 计算机技术在工程计价中的应用

工程造价软件支持概算、预算、结算、审核等业务，计价内容更加全面，计价结果准确性高，服务于建设单位、施工单位、设计单位、造价咨询单位等工程项目参与者。

1. 启动软件

打开计价软件有多种方式：通过“开始”菜单启动、通过双击桌面快捷图标启动。

2. 新建工程

新建工程包含新建概算项目、招投标项目、结算项目和审核项目。以新建招投标项目为例，具体分为定额计价和清单计价模式；在清单计价模式下，可新建招标项目、投标项目和单位工程等，必须选择对应的定额，如图 2-5-8 所示。

3. 新建项目

点击新建项目后，在界面中填写项目名称、项目编码，选择地区标准、定额标准、地区类别和计价方式，如图 2-5-9 所示；再新建单项工程或单位工程，填写基本概况，比如工程信息、工程特征和编制说明；调整相应的取费标准、选择地区类型。

4. 分部分项工程的输入

填写项目编码、项目名称、项目特征、清单工作内容、综合单价、工程量和单价等内

第 5 节　计算机辅助工程量计算

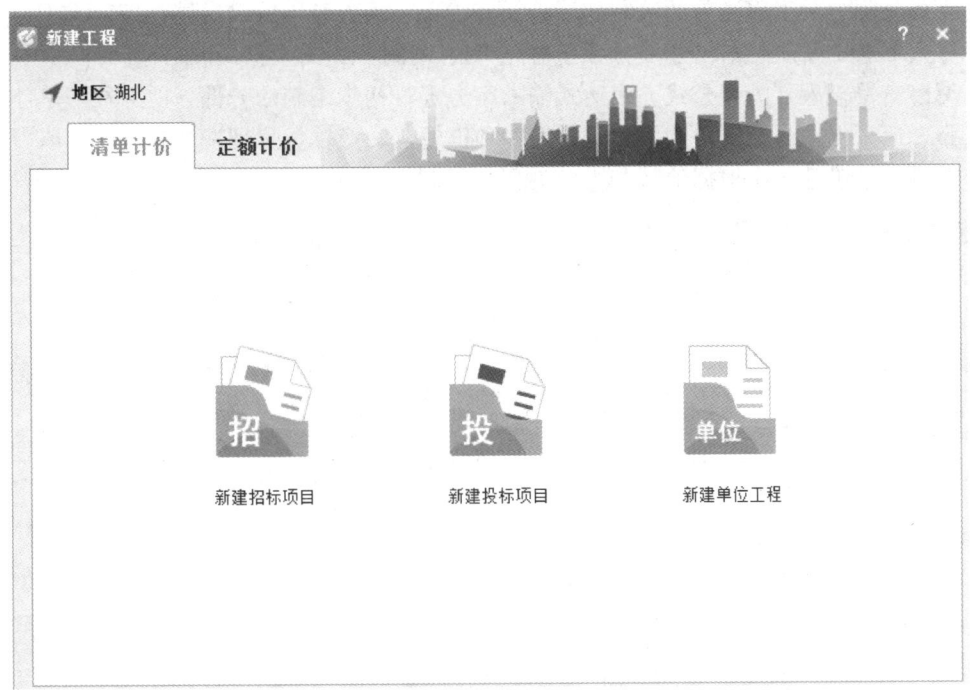

图 2-5-8　新建工程

图 2-5-9　新建项目

第2章 工程计量

容,完成分部分项工程清单的编制和计价。在清单项输入时,可以通过直接输入、查询输入、导入 Excel 等方式完成分部分项工程清单的编制,如图 2-5-10 所示;工程量的输入时,可以直接输入、图元公式、表达式输入等方式;初步编制的分部分项工程清单计价应经过整理后,保持与原清单顺序一致;定额项的输入、换算、管理费与利润的计取影响到综合单价的准确性,应根据地区和工程类型相应调整。

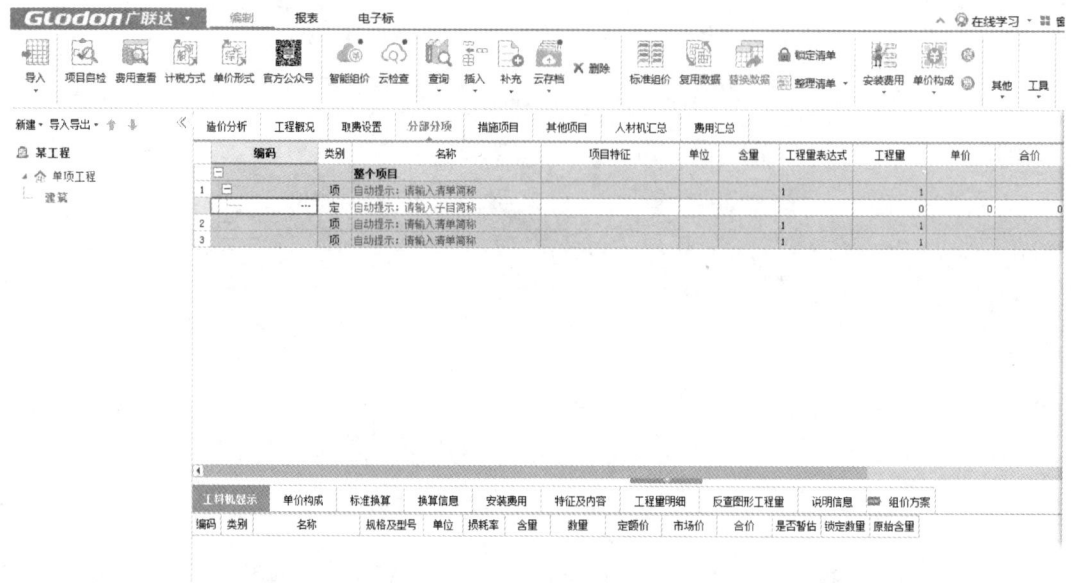

图 2-5-10　分部分项工程清单项输入

5. 措施项目的输入

措施项目清单组价分为定额组价、计算公式组价、清单组价等形式,如图 2-5-11 所示。其中,模板组价要提取模板系数。

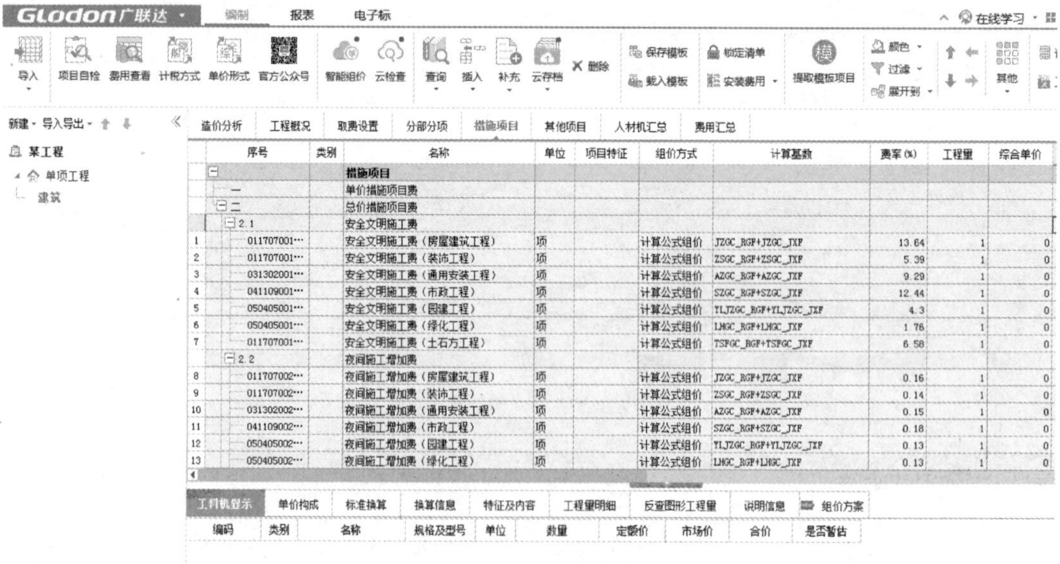

图 2-5-11　措施项目组价

6. 其他项目的输入

其他项目涵盖暂列金额、专业工程暂估价、计日工费用、总承包服务费、签证、总承包服务费等内容。在其他项目清单界面中，以暂列金额为例，通过插入费用行、输入名称、选择计算基数、确定费率等环节编制，如图 2-5-12 所示。

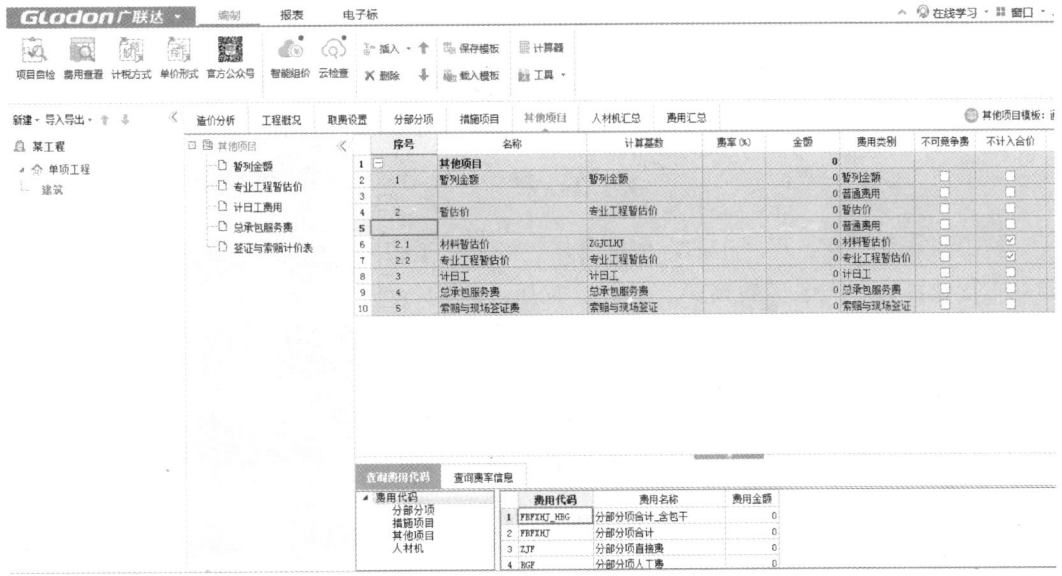

图 2-5-12 其他项目输入

7. 人材机汇总

在人材机汇总界面，包含人工表、材料表、机械表、设备表、主材表和商品混凝土等表格，人材机价格的设置通过直接调整或载入市场价等形式调整。

8. 单位工程费用汇总

在单位工程费用汇总界面，应核查各项费用、核定计算基数。

9. 报表输出

报表输出分为工程量清单、投标方和招标控制价，招标方和投标方的报表可以互用。输出的报表可以批量导出，也可根据需要选择性导出。

10. 指标浏览

在造价软件中，计价指标分为按工程分析、专业分析或费用分析。在专业分析中，指标涉及主要经济指标、主要工程量指标和主要工料指标。

第 3 章 工 程 计 价

第 1 节 施工图预算编制的常用方法

3.1.1 概 述

施工图预算是在工程开工前,依据已经批准的施工图纸,按照一定的程序、方法和依据对工程项目费用所进行的预测与计算。它所反映的价格可以是依据政府颁布的预算定额、取费标准和计价程序计算得出的价格,也可以是施工企业依据企业定额、市场价格和市场供求及竞争状况计算得出的价格。

施工图预算的成果文件称为施工图预算书,也简称施工图预算,它是在施工图设计阶段对工程建设所需资金做出较精确计算的设计文件。

3.1.2 施工图预算编制的常用方法

1. 单位工程施工图预算的编制方法

施工图预算是按照单位工程—单项工程—建设项目逐级编制和汇总的,所以施工图预算编制的关键在于单位工程施工预算。

单位施工图预算中的建筑安装工程费应根据施工图设计文件、预算定额(或综合单价)以及人工、材料及施工机械台班等价格资料进行计算。主要编制方法有单价法和实物量法,其中单价法分为工料单价法和全费用综合单价法,在单价法中,使用较多的是工料单价法。

设备购置费由设备原价和设备运杂费构成;未达到固定资产标准的工、器具购置费一般以设备购置费为计算基数,按照规定的费率计算。

(1) 工料单价法

工料单价法是用采用地区统一单位估价表中的各分项工程工料单价,即定额基价来编制施工图预算。

工料单价法是将分项工程量乘以对应分项工程单价后的合价作为单位工程直接费,直接费汇总后,再按规定的计算方法计取企业管理费、利润、规费和税金,上述费用汇总后得到该单位工程的施工图预算造价。工料单价法编制施工图预算的计算思路可以用公式3-1-1表示。

建筑安装工程预算造价=Σ(分项工程量×分项工程单价)+企业管理费+利润+税金

(3-1-1)

工料单价法编制施工图预算的基本步骤如图3-1-1所示。

(2) 实物量法

实物量法是依据施工图纸和预算定额的项目划分及工程量计算规则,先计算出分项工

第1节 施工图预算编制的常用方法

图 3-1-1 工料单价法编制施工图预算示意图

程量,然后分别乘以地区定额中人工、材料、施工机具台班的定额消耗量,然后再乘以当时当地人工工日单价、各种材料单价、施工机械台班单价,求出相应的人工费、材料费、机具使用费。企业管理费、利润、规费和税金等费用计取方法与工料单价法相同。实物量法编制施工图预算的计算思路如公式 3-1-2、公式 3-1-3 所示。

单位工程人材机费用＝Σ(工日消耗量×工日单价)＋Σ(各种材料消耗量×相应材料单价)
　　　　　　＋Σ(各种施工机械消耗量×相应施工机械台班单价) （3-1-2）

建筑安装工程预算造价＝单位工程人材机费用＋企业管理费＋利润＋规费＋税金

(3-1-3)

实物量法编制施工图预算的基本步骤如图 3-1-2 所示。

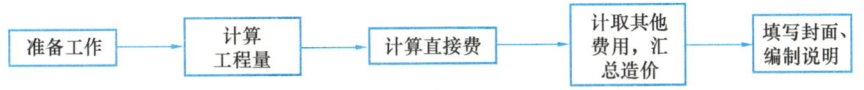

图 3-1-2 实物量法编制施工图预算步骤示意图

(3) 全费用综合单价法

全费用综合单价法是根据招标人按照国家统一的工程量计算规则提供工程数量,采用全费用综合单价的形式计算工程造价的方法。

全费用综合单价法编制施工图预算与工料单价法原理一致,区别在于单价综合的费用不同。依据《湖北省建筑安装工程费用定额》(2018 版),全费用单价综合的内容包括人工费、材料费、机械费、费用和增值税。其中费用包括总价措施项目费、企业管理费、利润和规费。施工图预算以全费用基价表中的全费用为基础,单位工程施工图预算造价计算程序如表 3-1-1 所示。

单位工程施工图预算费用汇总表(全费用综合单价法)　　　　表 3-1-1

序号	费用名称	取费基数	费率	金额(元)
一	分部分项工程和单价措施项目费			
1.1	其中:人工费			
1.2	材料费			
1.3	机械机具费			
1.4	费用			
1.5	增值税			
二	其他项目费			
三	含税工程造价			

2. 单项工程综合预算的编制

单项工程综合预算造价由组成该单项工程的各个单位工程施工图预算造价汇总而成。

单项工程综合预算书如下表 3-1-2 所示。

单项工程综合预算书　　　　　　　　　　　　　表 3-1-2

单位：万元

序号	预算编号	工程项目名称	设计规模或主要工程量	建筑工程费	设备及工器具购置费	安装工程费	合计	其中：引进部分	
								美元	折合人民币
一		主要工程							
1		××××							
二		辅助工程							
1		××××							
三		配套工程							
1		××××							
		各单项工程预算费用合计							

3. 建设项目总预算的编制

建设项目总预算由组成该建设项目的各个单项工程综合预算，以及经计算的工程建设其他费、预备费和建设期利息和铺底流动资金汇总而成。工程建设其他费、预备费和建设期利息及铺底流动资金以建设项目施工图预算编制时为界线，若上述费用已经发生，按合理发生金额列计；若还未发生，按照原概算内容和本阶段的计费原则计算列入。

建设项目总预算表如下表 3-1-3 所示。

总预算表　　　　　　　　　　　　　表 3-1-3

单位：万元

序号	预算编号	工程项目或费用名称	建筑工程费	设备及工器具购置费	安装工程费	其他费用	合计	其中：引进部分		占总投资比例（%）
								美元	折合人民币	
一		工程费用								
1		主要工程								
		××××								
2		辅助工程								
		××××								
3		配套工程								
		××××								
二		其他费用								

续表

序号	预算编号	工程项目或费用名称	建筑工程费	设备及工器具购置费	安装工程费	其他费用	合计	其中：引进部分		占总投资比例（%）
								美元	折合人民币	
		××××								
三		预备费								
四		专项费用								
		××××								
		建设项目预算总投资								

第2节　预算定额的分类、适用范围、调整与应用

3.2.1　概　　述

预算定额是指在正常的施工条件下，完成一定计量单位合格分项工程和结构构件所需消耗的人工、材料、施工机械台班数量及其相应费用标准。

预算定额是由国家或各省、市、自治区主管部门或授权单位组织编制并颁发执行的一种指令性指标，是计算建筑安装工程产品造价的基础。例如《湖北省房屋建筑与装饰工程消耗量定额及全费用基价表（结构、屋面）》中规定，浇筑 $10m^3$ 的现浇混凝土矩形柱需要消耗的人工、材料数量标准如下：

人工消耗：普工 3.569 工日、技工 2.920 工日。

材料消耗：C20 预拌混凝土 $9.797m^3$、预拌水泥砂浆 $0.303m^3$、土工布 $0.912m^2$、水 $0.911m^3$、电 $3.750kW·h$。

3.2.2　预算定额分类和适用范围

1. 预算定额的分类及适用范围

（1）按专业性质分类及适用范围

预算定额按专业划分可以分为建筑工程预算定额和安装工程预算定额。建筑工程预算定额按专业对象分为房屋建筑工程预算定额、市政工程预算定额、铁路工程预算定额、公路工程预算定额、房屋修缮工程预算定额及矿山井巷预算定额等。安装工程预算定额按专业对象分为电气设备预算定额、机械设备预算定额、通信设备预算定额、化学工业设备预算定额、工业管道预算定额、工艺金属结构预算定额及热力设备预算定额等。建筑工程预算定额和安装工程预算定额适用于相应专业的新建、扩建和改建工程。

（2）按管理权限和执行范围分类及适用范围

预算定额按管理权限和执行范围分，有全国统一定额、行业统一定额、地区统一定额和企业定额等。全国统一定额由国务院建设行政主管部门组织制定发布，可作为编制地区定额的依据，如《房屋建筑与装饰工程消耗量定额》TY01-03—2015、《通用安装工程消耗量定额》TY02-31—2015。行业统一定额由国务院行业主管部门制定发布，如《公路工程预算定额》JTG/TB 06-02—2018。地区统一定额由省、自治区、直辖市建设行政主管部门制定发布，可以作为该地区建设工程项目计价的依据，如《湖北省房屋建筑与装饰工程消耗量定额及全费用基价表》（2018）。企业定额是由建筑施工企业根据本企业的施工技术水平和管理水平，以及各地区有关工程造价计算规定编制的。

（3）按生产要素分类及适用范围

预算定额按生产要素分，有劳动消耗定额、材料消耗定额和机械台班消耗定额。它们相互依存形成一个整体，各自不具有独立性。

2. 2018版湖北省房屋建筑工程预算定额简介

2018版湖北省房屋建筑工程预算定额包括《湖北省房屋建筑与装饰工程消耗量定额及全费用基价表》、《湖北省建设工程公共专业消耗量定额及全费用基价表》、《湖北省装配式建筑工程消耗量定额及全费用基价表》。

《湖北省房屋建筑与装饰工程消耗量定额及全费用基价表》（2018）是按照《建设工程量工程量清单计价规范》GB 50500—2013的有关要求，在全国统一《房屋建筑与装饰工程消耗量定额》（2015）及《湖北省房屋建筑与装饰工程消耗量定额及基价表》（2013）的基础上，结合湖北省实际情况修编的。需要注意的是，《湖北省房屋建筑与装饰工程消耗量定额及全费用基价表》（2018）包含装配式定额的所有内容，且定额水平完全保持一致。装配式定额仅包括符合装配式建筑项目特征的相关定额项目，对装配式建筑中采用传统施工工艺的项目，应根据有关说明按湖北省房屋建筑与装饰工程消耗量定额及全费用基价表》相应项目及规定执行。

《湖北省建设工程公共专业消耗量定额及全费用基价表》（2018）是按照《建设工程量工程量清单计价规范》GB 50500—2013的有关要求，在《房屋建筑与装饰工程消耗量定额》TY01-31—2015、《市政工程消耗量定额》ZYA1-31—2019及《湖北省建设工程公共专业消耗量定额及基价表》（2013）的基础上，结合湖北省实际情况修编的。

3.2.3 预算定额的调整与应用

1. 人工、材料、机具消耗量的确定

预算定额人工、材料和机械台班消耗量指标，应根据定额编制原则和要求，采用理论与实际相结合、图纸计算与施工现场测算相结合、编制人员与现场工作人员相结合等方法进行计算和确定，使定额既符合政策要求，又与客观情况一致，便于贯彻执行。

（1）预算定额中人工工日消耗量的确定

预算定额中人工工日消耗量是指在正常施工条件下，生产单位合格产品所必需消耗的人工工日数量，是由分项工程所综合的各个工序劳动定额包括的基本用工和其他用工两部分组成的。

1）基本用工。基本用工是指完成一定计量单位的分项工程或结构构件的各项工作过程的施工任务所必需消耗的技术工种用工。按技术工种相应劳动定额工时定额计算，以不

同工种列出定额工日。基本用工包括:

① 完成定额计量单位的主要用工,按综合取定的工程量和相应劳动定额进行计算,计算方法如公式 3-2-1 所示。

$$基本用工 = \Sigma（综合取定的工程量 \times 劳动定额）\tag{3-2-1}$$

② 按劳动定额规定应增减计算的用工量。由于预算定额是在施工定额子目的基础上综合扩大的,包括的工作内容较多,施工的工效视具体部位而不一样,所以需要另外增加人工消耗,而这种人工消耗也可以列入基本用工内。

2) 其他用工。其他用工是辅助基本用工消耗的工日,包括超运距用工、辅助用工和人工幅度差用工。

① 超运距用工。超运距是指劳动定额中已包括的材料、半成品场内水平搬运距离与预算定额所考虑的现场材料、半成品堆放地点到操作地点的水平运输距离之差,计算方法如公式 3-2-2、公式 3-2-3 所示。

$$超运距 = 预算定额取定运距 - 劳动定额已包括的运距 \tag{3-2-2}$$

$$超运距用工 = \Sigma（超运距材料数量 \times 时间定额）\tag{3-2-3}$$

需要指出,实际工程现场运距超过预算定额取定运距时,可另行计算现场二次搬运费。

② 辅助用工。即技术工种劳动定额内不包括而在预算定额内必须考虑的用工。例如机械土方工程配合用工、材料加工(筛砂、洗石、淋化石膏),电焊点火用工等,计算方法如公式 3-2-4 所示。

$$辅助用工 = \Sigma（材料加工数量 \times 相应的加工劳动定额）\tag{3-2-4}$$

③ 人工幅度差。即预算定额与劳动定额的差额,主要是指在劳动定额中未包括而在正常施工情况下不可避免但又很难准确计量的用工和各种工时损失。

人工幅度差计算方法如公式 3-2-5 所示。

$$人工幅度差 = （基本用工 + 辅助用工 + 超运距用工）\times 人工幅度差系数 \tag{3-2-5}$$

人工幅度差系数一般为 10%~15%。在预算定额中,人工幅度差的用工量列入其他用工量中。

综上所述,预算定额中的人工消耗量计算如公式 3-2-6 所示。

$$人工消耗量 = （基本用工 + 超运距用工 + 辅助用工）\times (1 + 人工幅度差系数) \tag{3-2-6}$$

(2) 预算定额材料消耗量的确定

1) 材料消耗量包含的内容

材料消耗量是完成单位合格产品所必须消耗的材料数量,它包括以下四种:

① 主要材料。主要材料是指直接构成工程实体的材料,其中也包括成品、半成品的材料。

② 辅助材料。辅助材料是指构成工程实体除主要材料以外的其他材料,如垫木、钉子、铅丝等。

③ 周转性材料。周转性材料是指脚手架、模板等多次周转使用的不构成工程实体的摊销性材料。

④ 其他材料。其他材料是指用量较少,难以计量的零星用量。如棉纱、编号用的油

漆等。

2) 材料消耗量的计算方法

在建设工程成本中，材料费一般约占 70% 左右，因此，正确确定材料消耗量，对合理使用材料，减少材料积压或浪费，正确计算、控制建设工程成本乃至建设工程产品价格等都具有十分重要的意义。材料消耗量计算方法主要有：

① 凡有标准规格的材料，按规范要求计算定额计量单位耗用量，如砖、防水卷材块料面层等。

② 换算法。各种胶结、涂料等材料的配合比用料，可以根据要求条件换算，得出材料用量。

③ 凡设计图纸标注尺寸及下料要求的按设计图纸尺寸计算材料净用量，如门窗制作用材料、放、板料等。

④ 测定法。包括实验室试验法和现场观察法。各种强度等级的混凝土及砌筑砂浆配合比的耗用原材料数量的计算，须按照规范要求试配，经试压合格并经过必要的调整后得出水泥、砂子、石子、水的用量。对新材料、新结构又不能用其他方法计算定额消耗用量时，须用现场测定方法来确定，根据不同条件可以采用写实记录法和观察法，得出定额的消耗量。

预算定额中的材料消耗指标一般由材料净用量和损耗量构成。损耗量包括：从工地仓库、现场集中堆放地点（或现场加工地点）至操作（或安装）地点的施工场内运输损耗、施工操作损耗、施工现场堆放损耗等，规范（设计文件）规定的预留量、搭接量不在损耗中考虑。预算定额中的材料消耗量指标计算方法如公式 3-2-7、公式 3-2-8 所示。

$$材料消耗量 = 材料净用量 + 材料损耗量 \quad (3-2-7)$$

或

$$材料消耗量 = 材料净用量 \times (1 + 损耗率) \quad (3-2-8)$$

式中

$$损耗率 = \frac{损耗量}{净用量} \times 100\%$$

(3) 预算定额中机具台班消耗量的确定

预算定额中的机具台班消耗量是指在正常施工条件下，生产单位合格产品（分部分项工程或结构构件）必需消耗的某种型号施工机械的台班数量。

1) 根据施工定额确定机械台班消耗量的计算。这种方法是指用施工定额中机械台班产量加机械幅度差计算预算定额的机械台班消耗量。

机械台班幅度差是指在施工定额中所规定的范围内没有包括，而在实际施工中又不可避免产生的影响机械或使机械停歇的时间。其内容包括：

① 施工机械转移工作面及配套机械相互影响损失的时间。

② 在正常施工条件下，机械在施工中不可避免的工序间歇。

③ 工程开工或收尾时工作量不饱满所损失的时间。

④ 检查工程质量影响机械操作的时间。

⑤ 临时停机、停电影响机械操作的时间。

⑥ 机械维修引起的停歇时间。

综上所述，预算定额的机具台班消耗量按公式 3-2-9 计算。

$$预算定额机具耗用台班 = 施工定额机械耗用台班 \times (1 + 机械幅度差系数) \quad (3-2-9)$$

2) 以现场测定资料为基础确定机械台班消耗量

如遇到施工定额缺项者，则需要依据单位时间完成的产量测定。

2. 人工、材料、机具台班单价及定额基价的确定

（1）预算定额基价

预算定额基价是预算定额分项工程或结构构件的单价。我国现行各省预算定额基价的表达内容不尽统一。湖北省2018版预算定额采用的是全费用基价。全费用基价是完成规定计量单位的分部分项工程所需人工费、材料费、施工机具使用费、费用、增值税之和。人工费指直接从事建筑安装工程施工的生产工人开支的各项费用。材料费指施工过程中耗费的原材料、辅助材料、构配件、零件、半成品或成品、工程设备的费用。施工机具使用费指施工作业所发生的施工机械、仪器仪表使用费或其租赁费。费用包括总价措施项目费、企业管理费、利润和规费。增值税是在一般计税法下按规定计算的销项税。

表3-2-1为2018年版《湖北省房屋建筑与装饰工程消耗量定额及全费用基价表》中，现浇钢筋混凝土柱的预算定额与全费用基价表。

现浇钢筋混凝土柱预算定额及全费用基价表　　　　表3-2-1

工作内容：混凝土浇筑、振捣、养护等　　　　　　计量单位：10m³

	定额编号			A2-11	A2-12	A2-13	A2-14
	项目			矩形柱	构造柱	异形柱	圆形柱
	全费用（元）			5305.03	6342.48	5420.65	5422.04
其中	人工费（元）			742.99	1244.03	796.92	797.95
	材料费（元）			3461.34	3465.20	3465.37	3464.70
	机械费（元）			—	—	—	—
	费用（元）			662.67	1109.56	710.78	711.69
	增值税（元）			438.03	523.69	447.58	447.69
	名称	单位	单价（元）	数		量	
人工	普工	工日	92.00	3.569	5.976	3.828	3.833
	技工	工日	142.00	2.920	4.889	3.132	3.136
材料	预拌混凝土C20	m³	341.94	9.797	9.797	9.797	9.797
	预拌水泥砂浆	m³	330.00	0.303	0.303	0.303	0.303
	土工布	m²	5.99	0.912	0.885	0.912	0.885
	水	m³	3.39	0.911	2.105	2.105	1.950
	电	kW·h	0.75	3.750	3.720	3.720	3.750

注：1. 表格中增值税率按9%计取。

　　2. 表中机械费包含施工机械与仪器仪表使用费。

2018版湖北省预算定额采用全费用基价的计算方法如公式（3-2-10）～公式（3-2-15）所示。

$$全费用基价 = 人工费 + 材料费 + 机械费 + 费用 + 增值税 \qquad (3\text{-}2\text{-}10)$$

其中： 人工费＝∑（人工工日消耗量×人工日工资单价） (3-2-11)

材料费＝∑（材料消耗量×材料单价）×［1＋其他材料费率（％）］＋施工机械燃料动力费

(3-2-12)

机械费＝∑（机械台班消耗量×施工机具台班单价） (3-2-13)

费用＝总价措施项目费＋企业管理费＋利润＋规费

＝（人工费＋机械费）×［总价措施费率（％）＋企业管理费率（％）

＋利润率（％）＋规费率（％）］ (3-2-14)

增值税＝（人工费＋材料费＋机械费＋费用）×增值税率（％） (3-2-15)

【案例 3-2-1】根据 2018 版《湖北省建筑安装工程费用定额》等规定，房屋建筑工程安全文明施工费率为 13.64％，其他总价措施费率 0.70％，企业管理费率 28.27％，利润率为 19.73％，规费率 26.85％，增值税率 9％。试依据表 3-2-4 计算定额 A2-11 的全费用基价。

【解】人工费＝3.569×92＋2.92×142＝742.99 元/10m³

材料费＝9.797×341.94＋0.303×330＋0.912×5.99＋0.911×3.39＋3.75×0.75
　　　＝3461.34 元/10m³

机械费＝0 元/10m³

费用＝（742.99＋0）×（13.64％＋0.70％＋28.27％＋19.73％＋26.85％）
　　＝662.67 元/10m³

增值税＝（742.99＋3461.34＋0＋662.67）×9％＝438.03 元/10m³

全费用基价＝742.99＋3461.34＋0＋662.67＋438.03＝5305.03 元/10m³

(2) 人工日工资单价的确定

人工日工资单价是指施工企业平均技术熟练程度的生产工人在每工作日（国家法定工作时间内）按规定从事施工作业应得的日工资总额。2018 版湖北省预算定额中人工每工日按 8 小时工作制计算。它基本上反映了建筑安装生产工人的工资水平和一个工人在一个工作日中可以得到的报酬。合理确定人工工日单价是正确计算人工费和工程造价的前提和基础。

人工日工资单价由计时工资或计件工资、奖金、津贴补贴、加班加点工资以及特殊情况下支付的工资组成。

人工日工资单价的确定方法如下：

① 年平均每月法定工作日。由于人工日工资单价是每一个法定工作日的工资总额，因此需要对年平均每月法定工作日进行计算。计算方法如公式 3-2-16 所示。

$$年平均每月法定工作日 = \frac{全年日历日 - 法定假日}{12} \quad (3\text{-}2\text{-}16)$$

公式 3-2-16 中，法定假日指双休日和法定节日。

② 日工资单价的计算。确定了年平均每月法定工作日后，将上述工资总额进行分摊，即形成了人工日工资单价。计算方法如公式 3-2-17 所示。

第2节 预算定额的分类、适用范围、调整与应用

$$日工资单价 = \frac{生产工人平均月工资(计时、计价) + 平均月(奖金+津贴补贴) + 加班加点工资 + 特殊情况下支付工资}{年平均每月法定工作日}$$

(3-2-17)

(3) 材料单价的确定

在建筑工程中，材料费在工程造价中的比重较大，因此合理确定材料价格构成，正确计算材料单价，有利于合理确定和有效控制工程造价。材料单价是指建筑材料从其来源地运到施工工地仓库，直至出库形成的综合平均单价。

1) 材料单价的组成

① 材料原价，指材料的出厂价或商家供应价格。

② 材料运杂费，指材料自来源地运至工地仓库或指定堆放地点所发生的全部费用。

③ 运输损耗费，指材料在运输装卸工程中不可避免的损耗。

④ 采购及保管费，指为组织采购、供应和保管材料过程中所需要的各项费用。包括采购费、仓储费、工地保管费、仓储损耗。

2) 材料单价的确定

① 材料原价。在确定材料原价时，当同一种材料有不同的来源地、交货地或不同的供货单位、生产厂家，而有几种原价时，根据不同来源地的供货数量比例，采取加权平均的方法确定其综合材料原价。

若材料供货价格为含税价格，则材料原价应以购进货物适用的税率（13%或9%）或征收率（3%）扣除增值税进项税额。

② 材料运杂费。同一品种的材料有若干个来源地，应采用加权平均的方法计算材料运杂费。

③ 运输损耗费。在材料的运输损耗中应考虑一定的场外运输损耗费用，其计算方法如公式3-2-18所示。

$$运输损耗费 = (材料原价 + 运杂费) \times 运输损耗率(\%)$$

(3-2-18)

④ 采购及保管费。采购及保管费一般按照材料到库价格以费率取定，其计算方法如公式3-2-19所示。

$$采购保管费 = (材料原价 + 运杂费 + 运输损耗费) \times 采购及保管费率(\%)$$

(3-2-19)

综上所述，材料单价的计算方法如公式3-2-20所示。

$$材料单价 = (材料原价 + 运杂费) \times [1 + 运输损耗率(\%)] \times [1 + 采购及保管费率(\%)]$$

(3-2-20)

【案例3-2-2】某建设项目所用水泥（适用13%增值税率）从三个地方采购，其采购量及有关费用如表3-2-2所示，求该工地水泥的材料单价（原价、运杂费均为含税价格，且材料采用"两票制"支付方式）。

水泥采购信息表 表3-2-2

采购处	采购量(t)	原价(元/t)	运杂费(元/t)	运输损耗率(%)	采购及保管费率(%)
来源一	300	340	20	0.5	
来源二	200	350	15	0.4	3.5
来源三	500	330	20	0.5	

【解】1. 将含税的原价和运杂费调整为不含税价格，具体过程如表3-2-3所示。

水泥价格信息不含税价格处理 表3-2-3

采购处	采购量(t)	原价(元/t)	原价(不含税)(元/t)	运杂费(元/t)	运杂费(不含税)(元/t)	运输损耗率(%)	采购及保管费率(%)
来源一	300	340	340/1.13=300.88	20	20/1.09=18.35	0.5	
来源二	200	350	350/1.13=309.73	15	15/1.09=13.76	0.4	3.5
来源三	500	330	330/1.13=292.04	20	20/1.09=18.35	0.5	

2. 加权平均系数

来源一：$300 \div (300+200+500) = 0.3$

来源二：$200 \div (300+200+500) = 0.2$

来源三：$500 \div (300+200+500) = 0.5$

3. 加权平均材料原价＝$300.88 \times 0.3 + 309.73 \times 0.2 + 292.04 \times 0.5$
   ＝298.23(元/t)

4. 加权平均运杂费＝$18.35 \times 0.3 + 13.76 \times 0.2 + 18.35 \times 0.5$
   ＝17.43(元/t)

5. 加权平均运输损耗费

来源一的运输损耗费＝$(300.88+18.35) \times 0.5\% = 1.60$(元/t)

来源二的运输损耗费＝$(309.73+13.76) \times 0.4\% = 1.29$(元/t)

来源三的运输损耗费＝$(292.04+18.35) \times 0.5\% = 1.55$(元/t)

加权平均运输损耗费＝$1.6 \times 0.3 + 1.29 \times 0.2 + 1.55 \times 0.5$
   ＝1.51(元/t)

6. 材料单价＝$(298.23+17.43+1.51) \times (1+3.5\%)$
   ＝328.07(元/t)

(4) 施工机具台班单价的确定

施工机具台班单价包括施工机械台班单价和施工仪器仪表台班单价。

1) 施工机械台班单价

施工机械台班单价是指一台施工机械，在正常运转条件下一个工作班中所发生的全部费用，每台班按8小时工作制计算。正确制定施工机械台班单价是合理确定和控制工程造价的重要工作。

施工机械台班单价由七项费用组成，包括折旧费、检修费、维护费、安拆费及场外运费、人工费、燃料动力费和其他费。

① 折旧费，指施工机械在规定的耐用总台班内，陆续收回其原值的费用。折旧费的计算方法如公式 3-2-21 所示。

$$台班折旧费 = \frac{机械预算价格 \times (1 - 残值率)}{耐用总台班} \tag{3-2-21}$$

② 检修费，指施工机械在规定的耐用总台班内，按规定的检修间隔进行必要的检修，以恢复其正常功能所需的费用。检修费的计算方法如公式 3-2-22 所示。

$$台班检修费 = \frac{一次检修费 \times 检修次数}{耐用总台班} \times 除税系数 \tag{3-2-22}$$

③ 维护费，指施工机械在规定的耐用总台班内，按规定维护间隔进行各级维护和临时故障排除所需的费用。包括保障机械正常运转所需替换设备与随机配备工具附具的摊销费用、机械运转及日常维护所需润滑与擦拭的材料费用及机械停滞期间的维护费用，其计算方法如公式 3-2-23 所示。

$$台班维护费 = \frac{\Sigma(各级维护一次费用 \times 除税系数 \times 各级维护次数 + 临时故障排除费)}{耐用总台班} \tag{3-2-23}$$

④ 安拆费及场外运费。安拆费指施工机械在现场进行安装与拆卸所需的人工、材料、机械和试运转费用以及机械辅助设施的折旧、搭设、拆除等费用。场外运费指施工机械整体或分体自停放地点运至施工现场或由一施工地点运至另一施工地点的运输、装卸、辅助材料等费用。

安拆费及场外运费根据施工机械不同需要按不同情况处理。

A. 安拆简单、移动需要起重及运输机械的轻型施工机械，其安拆费及场外运费计入台班单价，计算方法如公式 3-2-24 所示。

$$台班安拆费及场外运费 = \frac{一次安拆费及场外运费 \times 年平均安拆次数}{年工作台班} \tag{3-2-24}$$

B. 需要单独计算安拆费及场外运费的情况包括：安拆复杂、移动需要起重机运输机械的重型施工机械；利用辅助设施移动的施工机械，其辅助设施（包括轨道和枕木）等的折旧、搭设和拆除等费用。

C. 不需要计算安拆费及场外运费的情况包括：不需安拆的施工机械，不计算一次安拆费；不需相关机械辅助运输的自行移动机械，不计算场外运费；固定在车间的施工机械，不计算安拆费及场外运费。

D. 根据 2018 版《湖北省建设工程公共专业消耗量定额及全费用基价表》，常用大型机械安拆及场外运输费为常用大型机械每安装和拆卸一次费用和常用大型机械场外运输费用（25km 以内）。

⑤ 人工费，指机上司机（司炉）和其他操作人员的人工费，其计算方法如公式 3-2-25 所示。

$$台班人工费 = 人工消耗量 \times \left(1 + \frac{年制度工作日 - 年工作台班}{年工作台班}\right) \times 人工单价$$

$$\tag{3-2-25}$$

⑥ 燃料动力费，指施工机械在运转作业中所消耗的各种燃料及水、电等费用。

2018 版湖北省预算定额中施工机械台班价格中不含燃料动力费，燃料动力费并入各定额的材料中。

⑦ 其他费，指施工机械按照国家规定应交纳的车船税、保险费及检测费等，其计算方法如公式 3-2-26 所示。

$$台班其他费 = \frac{年车船税 + 年保险费 + 年检测费}{年工作台班} \quad (3\text{-}2\text{-}26)$$

2）施工仪器仪表台班单价

施工仪器仪表台班单价由折旧费、维护费、校验费、动力费组成，其中不包括检测软件的相关费用。

① 折旧费，指施工仪器仪表在耐用总台班内，陆续收回其原值的费用。其计算方法如公式 3-2-27 所示。

$$台班折旧费 = \frac{施工仪器仪表原值 \times (1 - 残值率)}{耐用总台班} \quad (3\text{-}2\text{-}27)$$

② 维护费，指施工仪器仪表各级维护、临时故障排除所需的费用及为保证仪器仪表正常使用所需备件（备品）的维护费用。其计算方法如公式 3-2-28 所示。

$$台班维护费 = \frac{年维护费}{年工作台班} \quad (3\text{-}2\text{-}28)$$

③ 校验费，指按国家与地方政府规定的标定与检验的费用。其计算方法如公式 3-2-29 所示。

$$台班校验费 = \frac{年校验费}{年工作台班} \quad (3\text{-}2\text{-}29)$$

④ 动力费，指施工仪器仪表在施工过程中所耗用的电费。其计算方法如公式 3-2-30 所示。

$$台班动力费 = 台班耗电量 \times 电价 \quad (3\text{-}2\text{-}30)$$

3. 预算定额的应用

预算定额的使用一般有直接套用、定额换算和定额补充等方法。

(1) 预算定额的直接套用

当工程项目的设计要求、做法说明、技术特征和施工方法等与定额内容完全相符，可以直接套用预算定额。直接套用预算定额时要注意以下几点：

1）根据施工图纸、设计说明、标准图做法说明等，选择合适的定额项目。

2）对每个分项工程的内容、技术特征、施工方法进行仔细核对，确定与之相对应的预算定额项目。

3）每个分项工程的名称、工作内容、计量单位应与定额项目一致。计算口径不一致的，不能直接套用定额。

(2) 预算定额的换算

当施工图纸设计要求与定额的工程内容、规格型号、施工方法等条件不完全相符，按定额的有关规定允许进行调整和换算时，该分项项目或结构构件能套用相应定额项目，但

第 2 节 预算定额的分类、适用范围、调整与应用

需按规定进行调整和换算。定额换算的实质是按定额规定的换算范围、内容和方法，对某些分项工程项目或结构构件按设计要求进行调整。对于换算后的定额项目，应在其定额编号后注以"换"字，以示区别。

1）系数换算。在预算定额中，由于施工条件和方法不同，某些项目可以按规定乘以系数，进行人工、材料、机械消耗量或费用的换算。

【案例 3-2-3】 试确定人工挖基坑土方 $10m^3$ 的人工费、人工工日消耗量及全费用基价。三类土，基坑深度 4m，湿土。

【解】 1. 查阅《湖北省建设工程公共专业消耗量定额及全费用基价表》（2018）中人工挖基坑定额 G1-20，可知每 $10m^3$ 土方消耗：

人工费＝451.17 元　　材料费＝0　　　　机械费＝0
费用＝199.78 元　　　增值税＝58.59 元　全费用基价＝709.54 元
普工消耗量＝4.904 工日/$10m^3$

2. 查阅《湖北省建筑安装工程费用定额》（2018）可知，一般计税模式下，土石方工程的安全文明施工费率 6.58%，其他总价措施费率 1.29%，企业管理费率 15.42%，利润率 9.42%，规费率 11.57%，增值税率 9%。

3. 查阅《湖北省建设工程公共专业消耗量定额及全费用基价表》（2018）土石方工程分部说明：土方项目按干土编制。人工挖、湿土时，相应项目人工乘以系数 1.18。由此计算可得：

G1-20 换人工费＝451.17×1.18＝532.38 元/$10m^3$
普工消耗量＝4.904×1.18＝5.787 工日/$10m^3$
费用＝532.38×(6.58%＋1.29%＋15.42%＋9.42%＋11.57%)
　　＝235.74 元/$10m^3$
增值税＝(532.38＋235.74)×9%＝69.13 元/$10m^3$
全费用基价＝532.38＋235.74＋69.13＝837.25 元/$10m^3$

2）混凝土强度等级、砂浆强度等级（配合比）换算。当设计文件的混凝土强度等级、砂浆强度等级或砂浆配合比与定额要求不一致时，应按定额规定的换算范围进行调整，即混凝土、砂浆用量不变，人工费、机械费、费用不变，调整材料费、增值税和全费用基价。

【案例 3-2-4】 试确定 C30 预拌混凝土浇筑 $10m^3$ 矩形柱的人工费、材料费、机械费及全费用基价。C30 预拌混凝土单价 371.07 元/m^3。

【解】 1. 查阅《湖北省房屋建筑与装饰工程消耗量定额及全费用基价表》（结构、屋面）（2018）中现浇混凝土矩形柱定额 A2-11，可知每 $10m^3$ 矩形柱消耗如前表 3-2-1 所示。

2. 查阅《湖北省建筑安装工程费用定额》（2018）可知，一般计税模式下，房屋建筑工程的安全文明施工费率 13.64%，其他总价措施费率 0.70%，企业管理费率 28.27%，利润率 19.73%，规费率 26.85%，增值税率 9%。

3. 查阅《湖北省房屋建筑与装饰工程消耗量定额及全费用基价表》（结构、屋面）（2018）中混凝土及钢筋混凝土分部说明：混凝土按常用强度等级考虑，设计强度等级不

同时可以换算。由此计算可得：

A2-11 换，人工费＝742.99 元/10m³，机械费＝0 元

材料费＝3461.34＋9.797×(371.07－341.94)＝3746.73 元/10m³

费用＝742.99×(13.64％＋0.70％＋28.27％＋19.73％＋26.85％)
　　＝662.67 元/10m³

增值税＝(742.99＋3746.73＋662.67)×9％＝463.72 元/10m³

全费用基价＝742.99＋3746.73＋662.67＋463.72＝5616.11 元/10m³

3) 预拌混凝土转现拌混凝土。《湖北省房屋建筑与装饰工程消耗量定额及全费用基价表》(2018) 中混凝土及钢筋混凝土工程中混凝土按预拌混凝土编制，采用现场搅拌时，执行相应的预拌混凝土项目，再执行现场搅拌混凝土调整费项目。

【案例 3-2-5】试确定 C20 现场搅拌混凝土浇筑 10m³ 矩形柱的人工费、材料费、机械费及全费用基价。C20 现拌混凝土单价 271.26 元/m³。

【解】1. 查阅《湖北省房屋建筑与装饰工程消耗量定额及全费用基价表》(结构、屋面)(2018) 中现浇混凝土矩形柱定额 A2-11，可知每 10m³ 矩形柱消耗的人材机消耗量及各项费用表 3-2-1 所示。其中，混凝土消耗量为 9.797m³/10m³。

2. 查阅《湖北省建筑安装工程费用定额》(2018) 可知，一般计税模式下房屋建筑工程的安全文明施工费率、其他总价措施费率、企业管理费率、利润率、规费率、增值税率，如例题 3-2-1 所示。

3. 查阅《湖北省房屋建筑与装饰工程消耗量定额及全费用基价表》(结构、屋面)(2018) 中现场搅拌混凝土调整费定额 A2-59，可知每 10m³ 混凝土调整增加的消耗量及费用如表 3-2-4 所示。

现场搅拌混凝土调整费预算定额表　　　　　　　表 3-2-4

工作内容：混凝土搅拌、水平运输等。　　　　　　　计量单位：10m³

定额编号				A2-59
项　目				现场搅拌混凝土调整费
全费用（元）				1722.13
其中	人工费（元）			731.68
	材料费（元）			28.98
	机械费（元）			73.06
	费用（元）			717.75
	增值税（元）			170.66
	名　称	单位	单价（元）	数　量
人工	普工	工日	92.00	3.514
	技工	工日	142.00	2.876
材料	水	m³	3.39	3.800
	电［机械］	kW·h	0.75	21.466
机械	双锥反转出料混凝土搅拌机 500L	台班	187.33	0.390

第2节 预算定额的分类、适用范围、调整与应用

4. 由此计算可得：

A2-11 换

人工费 $=(3.514×0.9797+3.569)×92+(2.876×0.9797+2.92)×142=1459.76$ 元$/10m^3$

材料费 $=9.797×271.26+0.303×330+0.912×5.99+(0.911+0.9797×3.8)$
$×3.39+3.75×0.75+21.466×0.9797×0.75$
$=2797.28$ 元$/10m^3$

机械费 $=0.39×0.9797×187.33=71.56$ 元$/10m^3$

费用 $=(1459.76+71.56)×(13.64\%+0.7\%+28.27\%+19.73\%+26.85\%)$
$=1365.78$ 元$/10m^3$

税金 $=(1459.76+2797.28+71.56+1365.78)×9\%$
$=512.49$ 元$/10m^3$

全费用基价 $=1459.76+2797.28+71.56+1365.78+512.49$
$=6206.87$ 元$/10m^3$

4）干混砂浆转现拌砂浆。《湖北省房屋建筑与装饰工程消耗量定额及全费用基价表》(2018)中砌筑工程的砌筑砂浆按干混预拌砌筑砂浆编制；楼地面工程、墙柱面工程、天棚工程中的地面砂浆、抹灰砂浆均按干混预拌砂浆编制。当实际采用现拌砂浆时，应按表3-2-5调整；当实际采用湿拌预拌砂浆时，应按表3-2-6调整。

干混预拌砂浆转为现拌砂浆调整表　单位：t　　　　　表3-2-5

材料名称	技工(工日)	水(m^3)	现拌砂浆(m^3)	罐式搅拌机	灰浆搅拌机
干混砌筑砂浆	+0.225	−0.147	×0.588	减定额台班量	+0.01
干混地面砂浆					
干混抹灰砂浆	+0.232	−0.151	×0.606		

干混预拌砂浆转为湿拌预拌砂浆调整表　单位：t　　　　　表3-2-6

材料名称	技工(工日)	湿拌预拌砂浆(m^3)	罐式搅拌机
干混砌筑砂浆	−0.118	×0.588	减定额台班量
干混地面砂浆			
干混抹灰砂浆	−0.121	×0.606	

【案例3-2-6】试确定M7.5水泥砂浆砌筑200厚加气混凝土砌块墙体$10m^3$的人工费、材料费、机械费及全费用基价。M7.5水泥砂浆单价234.39元$/m^3$，灰浆搅拌机单价156.45元/台班。

【解】1. 查阅《湖北省房屋建筑与装饰工程消耗量定额及全费用基价表》（结构、屋面）(2018)中加气混凝土砌块墙定额A1-32，可知每$10m^3$砌块墙消耗的人材机消耗量及各项费用如表3-2-7所示。

砌块砌体预算定额表 表 3-2-7

工作内容：调、运、铺砂浆或运、搅拌、铺粘结剂，运、部分切割、
安全砌块（砖），安放木砖、垫块、木楔卡固、刚性材料嵌缝 计量单位：10m³

定 额 编 号				A1-32
项 目				蒸压加气混凝土砌块墙
				墙厚＞150mm
				砂浆
全费用（元）				5123.85
其中	人工费（元）			1303.01
	材料费（元）			2207.63
	机械费（元）			14.80
	费用（元）			1175.35
	增值税（元）			423.07
	名 称	单位	单价（元）	数 量
人工	普工	工日	92.00	2.216
	技工	工日	142.00	4.432
	高级技工	工日	212.00	2.216
材料	蒸压粉煤灰加气混凝土砌块 600×300×150 以外	m³	189.37	9.326
	蒸压灰砂砖 240×115×53	千块	349.57	0.258
	干混砌筑砂浆 DM M10	t	257.35	1.343
	水	m³	3.39	1.200
	电［机械］	kW·h	0.75	2.252
机械	干混砂浆罐式搅拌机 20000L	台班	187.33	0.079

2. 查阅《湖北省建筑安装工程费用定额》（2018）可知，一般计税模式下房屋建筑工程的安全文明施工费率、其他总价措施费率、企业管理费率、利润率、规费率、增值税率，如例题 3-2-4 所示。查阅《湖北省施工机具费用定额》（2018）可知，灰浆搅拌机 200L 消耗电 8.61kW·h/台班，单价 0.75 元/台班。

3. 依据表 3-2-5，计算可得：

A1-32 换　技工消耗量＝4.432＋0.225×1.343＝4.734 工日/10m³

水消耗量＝1.2－0.147×1.343＝1.003m³/10m³

现拌砂浆消耗量＝1.343×0.588＝0.79m³/10m³

罐式搅拌机消耗量＝0

灰浆搅拌机消耗量＝0.079＋0.01×1.343＝0.013 台班/10m³

灰浆搅拌机用电消耗＝8.61×0.013＝0.112kW·h

人工费＝2.216×92＋4.734×142＋2.216×212
　　　＝1345.89 元/10m³

材料费＝9.326×189.37+0.258×349.57+0.79×234.99+1.003×3.39
　　　　+0.112×0.75
　　　＝2044.91 元/10m³

机械费[灰浆搅拌机]＝0.01×1.343×156.45＝2.03 元/10m³

费用＝(1345.89+2.03)×(13.64%+0.7%+28.27%+19.73%+26.85%)
　　　＝1202.22 元/10m³

增值税＝(1345.89+2044.91+2.03+1202.22)×9%
　　　＝413.55 元/10m³

全费用基价＝1345.89+2044.91+2.03+1202.22+413.55
　　　　　＝5008.60 元/10m³

(3) 预算定额的补充

当分项工程项目或结构构件的设计要求与定额适用范围和规定内容完全不符合或者由于设计采用新结构、新材料、新工艺、新方法，在预算定额中没有这类项目，属于定额缺项时，应另行补充预算定额。

补充定额编制有两种情况。一类是地区性补充定额，这类定额项目全国或省（市）统一预算定额并没有包括，但此类项目本地区经常遇到，可由当地（市）造价管理机构按预算定额编制原则、方法和统一口径与水平编制地区性补充定额，报上级造价管理机构批准颁布；另一类是一次性使用的临时定额，此类定额项目可由预（结）算编制单位根据设计要求，按照预算定额编制原则并结合工程实际情况，编制一次性补充定额，在预（结）算审核中审定。

第3节　建筑工程费用定额的适用范围及应用

3.3.1　建筑工程费用定额的适用范围

1. 建筑工程费用定额的组成

费用具体划分详见建筑安装工程费用项目组成，如图 3-3-1 所示。

2. 建筑工程费用定额的适用范围

(1) 房屋建筑工程：适用于工业与民用临时性和永久性的建筑（含构筑物）。包括各种房屋、设备基础、钢筋混凝土、砖石砌筑、木结构、钢结构、门窗工程及零星金属构件、烟囱、水塔、水池、围墙、挡土墙、化粪池、窨井、室内外管道沟砌筑等。装配式建筑取费适用于房屋建筑工程。

(2) 装饰工程：适用于楼地面工程、墙柱面装饰工程、天棚装饰工程和玻璃幕墙工程及油漆、涂料、裱糊工程等。

3. 建筑安装工程费用定额的一般规定及说明

湖北省各专业消耗量定额及全费用基价表中的全费用由人工费、材料费、施工机具使用费、费用、增值税组成。根据增值税的性质，将计税方法分为一般计税法和简易计税法。

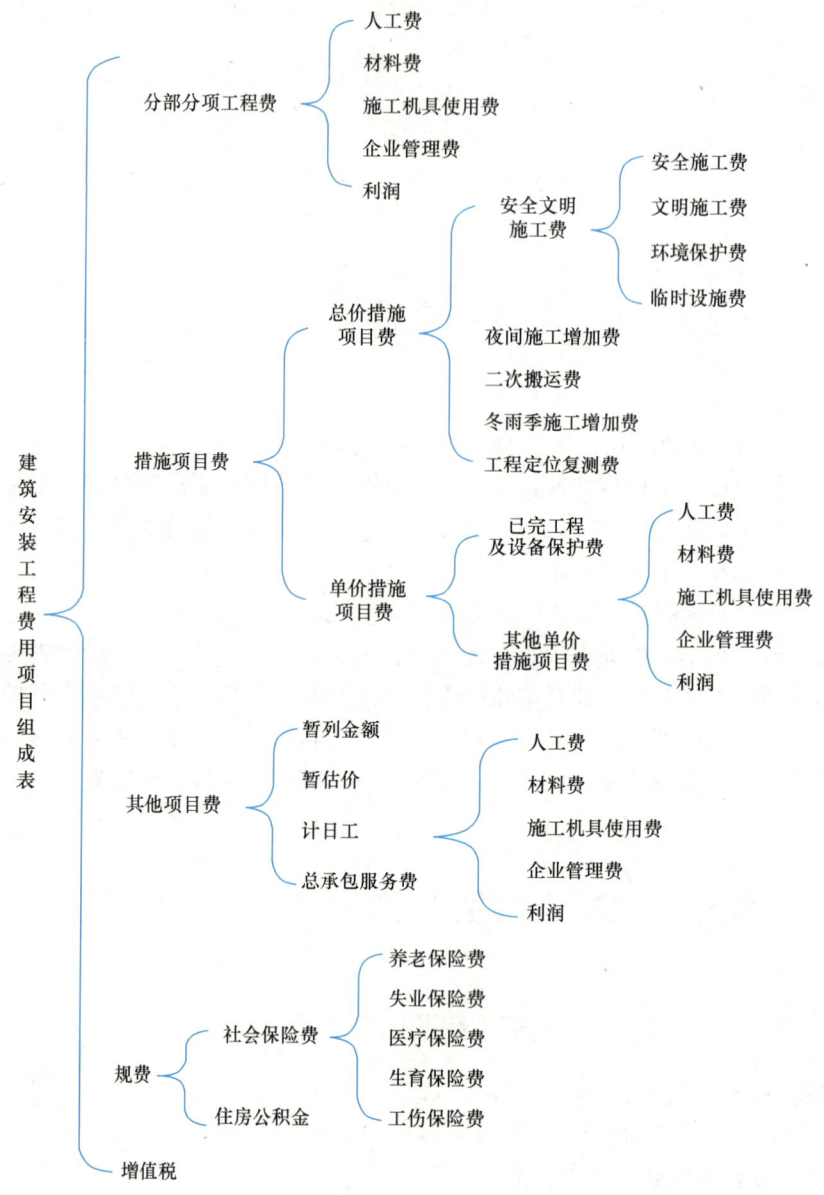

图 3-3-1 建筑安装工程费用项目组成图

1) 一般计税法

一般计税法下的增值税指国家税法规定的应计入建筑安装工程造价内的增值税销项税。

一般计税法下,分部分项工程费、措施项目费、其他项目费等的组成内容为不含进项税的价格,计税基础为不含进项税额的不含税工程造价(除税价)。

$$应纳税额 = 当期销项税额 - 当期进项税额 \tag{3-3-1}$$

$$当期销项税额 = 销售额 \times 增值税税率 \tag{3-3-2}$$

销售额:指纳税人发生应税行为取得的全部价款和价外费用。

2）简易计税法

简易计税法下的增值税指国家税法规定的应计入建筑安装工程造价内的应交增值税。建筑工程总承包单位为房屋建筑的地基与基础、主体结构提供工程服务，建设单位自行采购全部或部分钢材、混凝土、砌体材料、预制构件的，适用简易计税方法计税。

简易计税法下，分部分项工程费、措施项目费、其他项目费等的组成内容均为含进项税的价格，计税基础为含进项税额的不含税工程造价。

$$应纳税额 = 销售额 \times 征收率(3\%) \tag{3-3-3}$$

销售额：指纳税人发生应税行为取得的全部价款和价外费用，扣除支付的分包款后的余额为销售额。应纳税额的计税基础是含进项税额的工程造价。

4. 费率标准（一般计税法）

（1）安全文明施工费（表3-3-1）

安全文明施工费（单位:%）　　　　表3-3-1

专业		房屋建筑工程	装饰工程	通用安装工程	市政工程	园建工程	绿化工程	土石方工程
计费基数		人工费＋施工机具使用费						
费率		13.64	5.39	9.29	12.44	4.30	1.76	6.58
其中	安全施工费	7.72	3.05	3.67	3.97	2.33	0.95	2.01
	文明施工费	3.15	1.20	2.02	5.41	1.19	0.49	2.74
	环境保护费							
	临时设施费	2.77	1.14	3.60	3.06	0.78	0.32	1.83

（2）其他总价措施项目费（表3-3-2）

其他总价措施项目费（单位:%）　　　　表3-3-2

专业		房屋建筑工程	装饰工程	通用安装工程	市政工程	园建工程	绿化工程	土石方工程
计费基数		人工费＋施工机具使用费						
费率		0.70	0.60	0.66	0.90	0.49	0.49	1.29
其中	夜间施工增加费	0.16	0.14	0.15	0.18	0.13	0.13	0.32
	二次搬运费	按施工组织设计						
	冬雨季施工增加费	0.40	0.34	0.38	0.54	0.26	0.26	0.71
	工程定位复测费	0.14	0.12	0.13	0.18	0.10	0.10	0.26

（3）企业管理费（表3-3-3）

企业管理费（单位:%）　　　　表3-3-3

专业	房屋建筑工程	装饰工程	通用安装工程	市政工程	园建工程	绿化工程	土石方工程
计费基数	人工费＋施工机具使用费						
费率	28.27	14.19	18.86	25.61	17.89	6.58	15.42

(4) 利润（表 3-3-4）

利　　润（单位：%）　　　　　　　　　　表 3-3-4

专业	房屋建筑工程	装饰工程	通用安装工程	市政工程	园建工程	绿化工程	土石方工程
计费基数	人工费＋施工机具使用费							
费率	19.73	14.64	15.31	19.32	18.15	3.57	9.42

(5) 规费（表 3-3-5）

规　　费（单位：%）　　　　　　　　　　表 3-3-5

专业		房屋建筑工程	装饰工程	通用安装工程	市政工程	园建工程	绿化工程	土石方工程
计费基数 || 人工费＋施工机具使用费							
费率		26.85	10.15	11.97	26.34	11.78	10.67	11.57
其中	社会保险费	20.08	7.58	8.94	19.70	8.78	8.50	8.65
	养老保险费	12.68	4.87	5.75	12.45	5.65	5.55	5.49
	失业保险费	1.27	0.48	0.57	1.24	0.56	0.55	0.55
	医疗保险费	4.02	1.43	1.68	3.94	1.65	1.62	1.73
	工伤保险费	1.48	0.57	0.67	1.45	0.66	0.52	0.61
	生育保险费	0.63	0.23	0.27	0.62	0.26	0.26	0.27
	住房公积金	5.29	1.91	2.26	5.19	2.21	2.17	2.28

注：绿化工程规费中不含工程排污费。

(6) 增值税（表 3-3-6）

增　　值　　税（单位%）　　　　　　　　表 3-3-6

增值税计税基数	不含税工程造价
税率	9

注：增值税税率按照最新文件为 9% 取定，该税率为动态税率。

3.3.2 建筑工程费用定额的应用

费用定额主要包括一般计税方式和简易计税方式，两种计税方式下都包含了三种计价模式，即工程量清单计价模式、定额计价模式和全费用基价表清单计价模式。

1. 一般计税方法下的三种计价模式

(1) 工程量清单计价模式，计算程序如下：

① 分部分项工程及单价措施项目综合单价计算程序（见表 3-3-7）

第3节 建筑工程费用定额的适用范围及应用

分部分项工程及单价措施项目综合单价计算程序表　　　　表 3-3-7

序号	费用项目	计算方法
1	人工费	Σ(人工费)
2	材料费	Σ(材料费)
3	施工机具使用费	Σ(施工机具使用费)
4	企业管理费	(1+3)×费率
5	利润	(1+3)×费率
6	风险因素	按招标文件或约定
7	综合单价	1+2+3+4+5+6

② 总价措施项目费计算程序（见表 3-3-8）

总价措施项目费计算程序表　　　　表 3-3-8

序号	费用项目		计算方法
1	分部分项工程和单价措施项目费		Σ(分部分项工程和单价措施项目费)
1.1	其中	人工费	Σ(人工费)
1.2		施工机具使用费	Σ(施工机具使用费)
2	总价措施费		2.1+2.2
2.1	安全文明施工费		(1.1+1.2)×费率
2.2	其他总价措施项目费		(1.1+1.2)×费率

③ 其他项目费计算程序（见表 3-3-9）

其他项目费计算程序表　　　　表 3-3-9

序号	费用项目		计算方法
1	暂列金额		按招标文件
2	专业工程暂估价/结算价		按招标文件/结算价
3	计日工		3.1+3.2+3.3+3.4+3.5
3.1	其中	人工费	Σ(人工价格×暂定数量)
3.2		材料费	Σ(材料价格×暂定数量)
3.3		施工机具使用费	Σ(机械台班价格×暂定数量)
3.4		企业管理费	(3.1+3.3)×费率
3.5		利润	(3.1+3.3)×费率
4	总承包服务费		4.1+4.2
4.1	其中	发包人发包专业工程	Σ(项目价值×费率)
4.2		发包人提供材料	Σ(项目价值×费率)
5	索赔与现场签证费		Σ(价格×数量)/Σ费用
6	其他项目费		1+2+3+4+5

④ 清单计价模式单位工程造价计算程序（见表 3-3-10）

清单计价模式单位工程造价计算程序表 表 3-3-10

序号	费用项目		计算方法
1	分部分项工程和单价措施项目费		Σ(分部分项工程和单价措施项目费)
1.1	其中	人工费	Σ(人工费)
1.2		施工机具使用费	Σ(施工机具使用费)
2	总价措施费		Σ(总价措施项目费)
3	其他项目费		Σ(其他项目费)
3.1	其中	人工费	Σ(人工费)
3.2		施工机具使用费	Σ(施工机具使用费)
4	规费		(1.1+1.2+3.1+3.2)×费率
5	增值税		(1+2+3+4)×税率
6	含税工程造价		1+2+3+4+5

（2）定额计价模式

定额计价是以全费用基价表中的全费用为基础，依据定额的计算程序计算工程造价，其计算程序见表 3-3-11。

定额计价模式计算程序表 表 3-3-11

序号	费用项目		计算方法
1	分部分项工程和单价措施项目费		1.1+1.2+1.3+1.4+1.5
1.1	其中	人工费	Σ(人工费)
1.2		材料费	Σ(材料费)
1.3		施工机具使用费	Σ(施工机具使用费)
1.4		费用	Σ(费用)
1.5		增值税	Σ(增值税)
2	其他项目费		2.1+2.2+2.3
2.1	总包服务费		项目价值×费率
2.2	索赔与现场签证费		Σ(价格×数量)/Σ费用
2.3	增值税		(2.1+2.2)×税率
3	含税工程造价		1+2

（3）全费用基价表清单计价

全费用计价依据下面的计算程序，需要明示相关费用的，可根据全费用基价表中的人工费、材料费、施工机具使用费和定额的费率进行计算。计算程序如下：

① 分部分项工程及单价措施项目综合单价计算程序（见表 3-3-12）

分部分项工程及单价措施项目综合单价计算程序表 表 3-3-12

序号	费用名称	计算方法
1	人工费	Σ(人工费)
2	材料费	Σ(材料费)

续表

序号	费用名称	计算方法
3	施工机具使用费	Σ(施工机具使用费)
4	费用	Σ(费用)
5	增值税	Σ(增值税)
6	综合单价	1+2+3+4+5

② 其他项目费计算程序（见表3-3-13）

其他项目费计算程序表　　　　　表3-3-13

序号	费用名称		计算方法
1	暂列金额		按招标文件
2	专业工程暂估价		按招标文件
3	计日工		3.1+3.2+3.3+3.4
3.1	其中	人工费	Σ(人工价格×暂定数量)
3.2		材料费	Σ(材料价格×暂定数量)
3.3		施工机具使用费	Σ(机械台班价格×暂定数量)
3.4		费用	(3.1+3.3)×费率
4	总承包服务费		4.1+4.2
4.1	其中	发包人发包专业工程	Σ(项目价值×费率)
4.2		发包人提供材料	Σ(项目价值×费率)
5	索赔与现场签证费		Σ(价格×数量)/Σ费用
6	增值税		(1+2+3+4+5)×税率
7	其他项目费		1+2+3+4+5+6

注：3.4 费用包含企业管理费、利润、规费。

③ 单位工程造价计算程序（见表3-3-14）

单位工程造价计算程序表　　　　　表3-3-14

序号	费用名称	计算方法
1	分部分项工程和单价措施项目费	Σ(分部分项工程和单价措施项目费)
2	其他项目费	Σ(其他项目费)
3	单位工程造价	1+2

2. 简易计税方式

简易计税方式和一般计税方式相比，两者都包含了三种计价模式，所用的计费基数都是人工费与施工机具使用费之和。两者最大的区别在于，一般计税方式所用的材料单价和机械台班单价都是不含进项税额的价格，而简易计税方式所用到的材料单价和机械台班单价都是含进项税额的价格。按照《关于建筑服务等营改增试点政策的通知》(财税[2017]59号)文件规定，简易计税方式最终用销售额乘以征收率(3%)计提增值税。

3. 一般计税方式的应用

【**案例3-3-1**】某工程外墙砖基础工程量65m³，合同约定项目采用一般计税法报价。请用：（1）工程量清单计价方式计算该项目综合单价和含税工程造价。（2）定额计价方式计算该项目的含税造价。（3）全费用清单计价方式计算该项目的含税造价。

该工程外墙砖基础可套用消耗量定额A1-1项目，见表3-3-15。

砌筑工程消耗量定额及全费用基价表砖基础　　　　　　　表3-3-15

工作内容：调、运、铺砂浆、运、砌砖、安放木砖、垫块。　　　　计量单位：10m³

定额编号				A1-1
项　目				砖基础、实心砖
				直行
全费用（元）				6104.16
其中	人工费（元）			1476.33
	材料费（元）			2621.11
	机械费（元）			44.96
	费用（元）			1356.84
	增值税（元）			604.92
名称		单位	单价（元）	数量
人工	普工	工日	92.00	2.511
	技工	工日	142.00	5.021
	高级技工	工日	212.00	2.511
材料	混凝土实心砖 240×115×53	千块	295.18	5.288
	干混砌筑砂浆 DM M10	t	257.35	4.078
	水	m³	3.39	1.650
	电［机械］	kW·h	0.75	6.842
机械	干混砂浆罐式搅拌机 20000L	台班	187.32	0.240

解：（1）工程量清单计价

① 外墙砖基础定额套用《湖北省房屋建筑与装饰工程全费用基价表》中的子目A1-1

② 计算综合单价

人工费合计＝(92×2.511＋142×5.021＋212×2.511)×6.5

＝(231.012＋712.982＋532.332)×6.5

＝1476.33×6.5＝9596.14 元/m³

材料费合计＝(295.18×5.288＋257.35×4.078＋3.39×1.65＋0.75×6.842)×6.5

＝(1560.912＋1049.473＋5.594＋5.132)×6.5

＝2621.11×6.5

＝17037.22 元/m³

机械费合计＝187.32×0.24×6.5＝44.96×6.5＝292.22 元/m³

定额基价＝9596.14＋17037.22＋292.22＝26925.58 元/m³

企业管理费＝(9596.14＋292.22)×28.27％＝9888.36×28.27％＝2795.44 元/m³

利润＝(9596.14＋292.22)×19.73％＝9888.36×19.73％＝1950.97 元/m³

综合单价＝(9596.14＋17037.22＋292.22＋2795.44＋1950.97)÷65

＝31671.99÷65＝487.26 元/m³

③ 计算总价措施费(9596.14＋292.22)×(13.64％＋0.7％)＝1417.99 元/m³

④ 计算规费(9596.14＋292.22)×26.85％＝2655.02 元/m³

⑤ 计算增值税＝(26925.58＋2795.44＋1950.97＋1417.99＋2655.02)×9％＝3217.05 元/m³

⑥ 含税工程造价＝26925.58＋2795.44＋1950.97＋1417.99＋2655.02＋3217.05＝38962.05 元/m³

(2)定额计价

由(1)可知：人工费合计＝9596.14 元/m³

材料费合计＝17037.22 元/m³

机械费合计＝292.22 元/m³

定额基价＝26925.58 元/m³

各项费用＝总价措施费＋企业管理费＋利润＋规费＝1417.99＋2795.44＋1950.97＋2655.02＝8819.42 元/m³

增值税＝(26925.58＋8819.42)×9％＝35745.00×9％＝3217.05 元/m³

含税工程造价＝26925.58＋8819.42＋3217.05＝38962.05 元/m³

(3)全费用清单计价

含税工程造价＝全费用综合单价×工程量＝(1476.33＋2621.11＋44.96＋1356.84＋494.93)×6.5＝38962.11 元/m³

注：原定额子项 A1-1 中增值税税额 604.92 元/10m³ 是按照 11％的增值税税率计算，本题中全费用清单计价中计算的增值税税额 494.93/10m³ 是按照现行 9％的增值税税率计算。

3.3.3 案　　例

1. 建筑工程费用定额中人工、材料费的调整

【案例3-3-2】某工程招投标期间，人工发布价为普工 92 元/工日，技工 142 元/工日，高级技工 212 元/工日。承包人投标报价为普工 90 元/工日，技工 142 元/工日，高级技工 222 元/工日。

合同履行期间，人工发布价调整为普工 100 元/工日，技工 150 元/工日，高级技工 230 元/工日。该工程人工单价如何调整？

分析：2018 版《湖北省建筑安装工程费用定额》规定，合同履行期间，人工的发布价调整时，发承包双方应调整合同价款。承包人报价中的人工单价高于调整后的人工发布价时，不予调整。当人工发布价上调，承包人报价中的人工单价低于调整后的人工发布价时，应予调整。当承包人报价中的人工单价与招标时人工发布价不同时，应以调

第3章 工程计价

整后的人工发布价减去编制期人工发布价和投标报价中的较高者之差，再加上投标报价后，进入综合单价或基价，调整合同价款。当人工发布价下调时，另行处理。

解：（1）招投标时普工报价 90 元/工日，低于人工发布价：
调整后普工单价＝90＋(100－92)＝98 元/工日
（2）招投标时技工报价 142 元/工日，等于人工发布价：
调整后技工单价为 150 元/工日
（3）招投标时高级技工报价 222 元/工日，高于人工发布价：
调整后高级技工单价＝222＋(230－222)＝230 元/工日

【案例 3-3-3】 某工程招投标期间，HRB400 级直径为 14mm 的热轧螺纹钢筋的市场价格为 4335 元/t，招投标控制价风险系数为 1%。试分析以下三种情形中，发承包双方需承担的涨价费用和钢筋最终结算价格。
1) 承包人的投标价格为 4200 元/t，实际采购价为 4550 元/t；
2) 承包人的投标价格为 4200 元/t，实际采购价为 4800 元/t；
3) 承包人的投标价格为 4500 元/t，实际采购价为 4790 元/t；

分析： 2018 版《湖北省建筑安装工程费用定额》规定，合同履行期间，承包人采购的材料、工程设备市场价格波动超出了合同约定的幅度时，应按合同约定调整工程价款。合同没有约定的，可以扣除招标控制价中明确计取的风险系数后，市场价格的变化幅度超出±5%（含 5%）时，变化幅度以内的风险由承包人承担或受益，超过部分由发包人承担或受益。

解：（1）招投标时，投标报价低于市场价。扣除风险系数 1% 后，剩余 5% 以内部分由承包人承担，发包人不需承担涨价费用。

承包人投标报价为 4200 元/t，合同履行期间，实际采购价为 4550 元/t，市场价波动幅度＝4550÷4335－1＝1.049－1＝4.9%

因为 4.9%－1%＜5%，钢材的结算价为 4200 元/t 不变。

（2）招投标时，投标报价低于市场价。扣除风险系数 1% 后，剩余超出 5% 的部分由发包人承担。

承包人投标报价为 4200 元/t，合同履行期间，实际采购价为 4800 元/t，市场波动幅度＝4800÷4335－1＝1.11－1＝11%

发包人应承担钢材价＝4335×(11%－1%－5%)＝216.75 元/t
调整后钢材结算价＝4200＋216.75＝4416.75 元/t

（3）招投标时，招投标报价高于市场价。扣除风险系数 1% 后，剩余超出 5% 的部分由发包人承担。

承包人投标报价为 4500 元/t，合同履行期间，实际采购价格为 4790 元/t，市场价波动幅度＝4790÷4500－1＝6.4%

发包人应承担钢材价＝4500×(6.4%－1%－5%)＝18 元/t
调整后钢材结算价＝4500＋18＝4518 元/t

2. 简易计税方法的应用举例

【案例 3-3-4】某工程安装钢质防盗门共计 260m², 合同约定项目采用简易计税法报价。试根据湖北省 2018 版费用定额中全费用清单计价方式计算该项目的全费用基价及含税工程造价。

分析：简易计税方式需用到的材料和机械台班单价都是含进项税额的价格。故选择使用简易计税方式，必须获得材料和机械台班的含税价。

解：全费用综合单价计算

（1）钢质防盗门安装定额套用《湖北省房屋建筑与装饰工程全费用基价表》中的子目 A5-23, 见表 3-3-16。

门窗工程消耗量定额及全费用基价表钢质防盗门　　　　表 3-3-16

工作内容：钢制防盗门打眼剔洞、框扇安装校正、焊接、框周边塞缝等。　　计量单位 100m²

定额编号				A5-23
项　　目				钢质防盗门安装
全费用（元）				37094.61
其中	人工费（元）			4039.11
	材料费（元）			25654.67
	机械费（元）			64.65
	费用（元）			3660.14
	增值税（元）			3676.04
	名称	单位	单价（元）	数　量
人工	普工	工日	92.00	7.474
	技工	工日	142.00	20.031
	高级技工	工日	212.00	2.392
材料	钢质防盗门	m²	260.96	96.200
	铁件综合	kg	3.85	95.779
	低碳钢焊条 J422 φ4.0	kg	3.68	3.116
	干混抹灰砂浆 DP M15	t	273.59	0.429
	电	kW·h	0.75	11.450
	其他材料费	%	—	0.100
	电［机械］	kW·h	0.75	24.711
机械	交流弧焊机 21kVA	台班	157.69	0.410

（2）材料、机械含税单价换算（见公共专业消耗量定额附录，其中干混抹灰砂浆价格来源于当月的市场信息价）

钢制防盗门：含税单价 302.39 元/m²

铁件综合：含税单价 4.46 元/kg

低碳钢焊条 J422 φ4.0：含税单价 4.26 元/kg

干混抹灰砂浆 DP M15：含税单价：353 元/t

电：含税单价：0.87 元/kW·h

电［机械］：含税单价 0.87 元/kW·h

交流弧焊机 21kVA：含税台班单价 158.62 元/台班

（3）计算全费用基价（简易计税法）

人工费＝92×7.474+142×20.031+212×2.392＝4039.11 元

材料费＝［302.39×96.200+4.46×95.779+4.26×3.116+353.00×0.429+0.87×11.450］×(1+0.1％)+0.87×24.711＝29742.96 元

机械费＝158.62×0.410＝65.03 元

费用＝(4039.11+65.03)×(13.63％+0.70％+28.22％+19.70％+26.79％)

  ＝3654.33 元

增值税＝(4039.11+29742.96+65.03+3654.33)×3％＝1125.04 元

全费用基价＝人工费+材料费+机械费+费用+增值税

   ＝4039.11+29742.96+65.03+3654.33+1125.22

   ＝38626.65 元/100m²

含税工程造价＝38626.65×2.6＝100429.30 元

3. 套用费用定额编制招标控制价

【案例 3-3-5】某住宅工程采用工程量清单招标。按工程所在武汉市的计价依据规定，经计算该工程分部分项工程费总计为 7200000 元，其中：人工费为 1500000 元，机具费 180000 元；单价措施费合计为 650000 元，其中人工费为 160000 元，机具费 70000 元。招标文件中载明，该工程其他项目费：暂列金额 300000 元、专业工程暂估价 80000 元、计日工费用 40000 元，其中人工费为 10000 元，机具费 5000 元。

合同约定采用一般计税法进行报价，试根据 2018 年湖北省建筑安装费用定额，计算该项目的招标控制价。

解： 安全文明施工费＝(1500000+180000+160000+70000)×13.64％＝260524(元)

其他总价措施项目费＝(1500000+180000+160000+70000)×0.7％＝13370(元)

总价措施项目费＝安全文明施工费+其他总价措施项目费

    ＝260524+13370＝273894(元)

其他项目费＝300000+80000+40000＝420000(元)

规费的计费基数为人工费+机械费之和，即 1500000+180000+160000+70000+10000+5000＝1925000(元)

规费＝1925000×26.85％＝516862.5(元)

增值税＝(分部分项工程费+单价措施费+总价措施费+其他项目费+规费)×9％

  ＝(7200000+650000+273894+420000+516862.5)×9％＝815468.08(元)

招标控制价＝7200000+650000+273894+420000+516862.5+815468.08

   ＝9876224.58(元)

其计算过程也可以直接套用表 3-3-17，完成报价填写。

住宅工程招标控制价表 单位：元 表 3-3-17

序号	费用项目		计算方法	金额
1	分部分项工程费		∑(分部分项工程费)	7200000
1.1	其中	人工费	∑(人工费)	1500000
1.2		施工机具使用费	∑(施工机具使用费)	180000
2	单价措施项目费		∑(单价措施费)	650000
2.1	其中	人工费	∑(人工费)	160000
2.2		施工机具使用费	∑(施工机具使用费)	70000
3	总价措施项目费		∑(总价措施费)	273894
4	其他项目费		∑(其他项目费)	420000
4.1	其中	人工费	∑(人工费)	10000
4.2		施工机具使用费	∑(施工机具使用费)	5000
5	规费		(1.1+1.2+2.1+2.2+4.1+4.2)×费率	516862.5
6	增值税		(1+2+3+4+5)×税率	815468.08
7	招标控制价		1+2+3+4+5+6	9876224.58

第 4 节　土建工程最高投标限价的编制

3.4.1　概　述

《招标投标法实施条例》规定，招标人可以自行决定是否编制标底，一个招标项目只能有一个标底，标底必须保密。同时规定，招标人设有最高投标限价的，应当在招标文件中明确最高投标限价或者最高投标限价的计算方法，招标人不得规定最低投标限价。

《招标投标法实施条例》中规定的最高投标限价基本等同于《建设工程工程量清单计价规范》GB 50500—2013 中规定的招标控制价，因此招标控制价编制的要求和方法也同样适用于最高投标限价。

招标控制价是指根据国家或省级建设行政主管部门颁发的有关计价依据和办法，依据拟订的招标文件和招标工程量清单，结合工程具体情况发布的招标工程的最高投标限价。

根据住房城乡建设部颁布的"建筑工程施工发包与承包计价管理办法"（住建部令第 16 号）的规定，国有资金投资的建筑工程招标的，应当设有最高投标限价；非国有资金投资的建筑工程招标的，可以设有最高投标限价或者招标标底。

《建设工程工程量清单计价规范》GB 50500—2013 中规定国有资金投资的建设工程招标，招标人必须编制招标控制价，并应当拒绝高于招标控制价的投标报价，即投标人的投标报价若超过公布的招标控制价，则其投标应被否决。

招标控制价应由具有编制能力的招标人或受其委托具有相应资质的工程造价咨询人编制和复核。工程造价咨询人接受招标人委托编制招标控制价，不得再就同一工程接受投标人委托编制投标报价。

招标控制价应当依据工程量清单、工程计价有关规定和市场价格信息等编制，并不得进行上浮或下调。招标人应当在招标文件中公布招标控制价的总价,以及各单位工程的分部分项工程费、措施项目费、其他项目费、规费和税金。

当招标控制价超过批准的概算时,招标人应将其报原概算审批部门审核。这是由于我国对国有资金投资项目的投资控制实行的是投资概算控制制度,项目投资原则上不能超过批准的投资概算。因此,在工程招标发包时,当编制的招投标控制价超过批准的概算时,招标人应当将其报原概算审批部门重新审核。

招标人应在发布招标文件时公布招标控制价,同时应将招标控制价及有关资料报送工程所在地或有该工程管辖权的行业管理部门工程造价管理机构备查。

3.4.2 土建工程最高投标限价的编制

1. 招标控制价的编制内容

建设工程的招标控制价(最高投标限价)反映的是单位工程费用,每个单位工程费用由各自的分部分项工程费、措施项目费、其他项目费、规费和税金等五个部分组成。

(1)分部分项工程费的编制

分部分项工程费应根据招标文件中的分部分项工程项目清单及有关要求,按《建设工程工程量清单计价规范》GB 50500—2013 有关规定确定综合单价计价。

招标控制价的分部分项工程费应由各个单位工程的招标工程量清单中给定的工程量乘以其相应综合单价汇总而成。综合单价应按照招标人发布的分部分项工程项目清单的项目名称、工程量、项目特征描述,依据工程所在地区颁发的计价定额和人工、材料、施工机具台班价格信息等进行组价确定。

(2)措施项目费的编制

措施项目应按招标文件中提供的措施项目清单确定,措施项目分为以"量"计算和以"项"计算两种。

1)对于可计量的措施项目,以"量"计算即按其工程量用与分部分项工程项目清单单价相同的方式确定综合单价;

2)对于不可计量的措施项目,则以"项"为单位,采用费率法按有关规定综合取定,采用费率法时需确定某项费用的计费基数及其费率,结果应是包括除规费、税金以外的全部费用。

(3)其他项目费的编制

1)暂列金额

暂列金额应按招标工程量清单中列出的金额填写。

2)暂估价

暂估价中的材料单价、工程设备单价应按招标工程量清单中列出的单价计入综合单价。暂估价中的专业工程金额应按招标工程量清单中列出的金额填写。

3)计日工

在编制招标控制价时,对计日工中的人工单价和施工机械台班单价应按省级、行业建设主管部门或其授权的工程造价管理机构公布的单价计算;材料应按工程造价管理机构发布的工程造价信息中的材料单价计算,工程造价信息未发布材料单价的材料,其价格应按市场调查确定的单价计算。

第4节 土建工程最高投标限价的编制

4）总承包服务费

总承包服务费应按照省级或行业建设主管部门的规定计算，下列标准仅供参考：

① 当招标人仅要求总包人对其发包的专业工程进行施工现场协调和统一管理、对竣工资料进行统一汇总整理等服务时，总包服务费按发包的专业工程估算造价的1.5%左右计算。

② 当招标人要求总包人对其发包的专业工程既进行总承包管理和协调，又要求提供相应配合服务时，总承包服务费根据招标文件列出的配合服务内容，按发包的专业工程估算造价的3%~5%计算。

③ 招标人自行供应材料、设备的，按招标人供应材料、设备价值的1%计算。

暂列金额、暂估价如招标工程量清单未列出金额或单价时，编制招标控制价时必须明确。

(4) 规费和税金的编制

规费和税金必须按国家或省级、行业建设主管部门的规定计算。

2. 编制招标控制价时应注意的问题

(1) 综合单价中的风险因素

为使招标控制价与投标报价所包含的内容一致，综合单价中应包括招标文件中划分的应由投标人所承担的风险范围及其费用。招标文件中没有明确的，如是工程造价咨询人编制的，应提请招标人明确；如是招标人编制的，应予明确。

1) 对于技术难度较大和管理复杂的项目，可考虑一定的风险费用，并纳入综合单价中。

2) 对于工程设备、材料价格的市场风险，应依据招标文件的规定，工程所在地或行业工程造价管理机构的有关规定，以及市场价格趋势考虑一定率值的风险费用，纳入综合单价中。

3) 税金、规费等法律、法规、规章和政策变化的风险和人工单价等风险费用不应纳入综合单价。

(2) 采用的材料价格应是工程造价管理机构通过工程造价信息发布的材料价格，工程造价信息未发布材料单价的材料，其材料价格应通过市场调查确定。另外，未采用工程造价管理机构发布的工程造价信息时，需在招标文件或答疑补充文件中对招标控制价采用的与造价信息不一致的市场价格予以说明，采用的市场价格则应通过调查、分析确定，有可靠的信息来源。

(3) 施工机械设备的选型直接关系到综合单价水平，应根据工程项目特点和施工条件，本着经济实用、先进高效的原则确定。

(4) 应该正确、全面地使用行业和地方的计价定额与相关文件。

(5) 不可竞争的措施项目和规费、税金等费用的计算均属于强制性的条款，编制招标控制价时应按国家有关规定计算。

(6) 不同工程项目、不同投标人会有不同的施工组织方法，所发生的措施费也会有所不同，因此，对于竞争性的措施费用的确定，招标人应首先编制常规的施工组织设计或施工方案，然后依据经专家论证确认后再进行合理确定措施项目与费用。

第5节 土建工程投标报价的编制

3.5.1 概 述

投标报价是投标人响应招标文件要求所报出的，在已标价工程量清单中标明的总价，它是依据招标工程量清单所提供的工程数量，计算综合单价与合价后所形成的。

投标报价是投标人希望达成工程承包交易的期望价格，它在不高于招标控制价的前提下，既保证有合理的利润空间又使之具有一定的竞争性。作为投标报价计算的必要条件，应预先确定施工方案和施工进度，此外，投标报价计算还必须与采用的合同形式相协调。

3.5.2 土建工程投标报价的编制

投标报价的编制过程，应首先根据招标人提供的工程量清单编制分部分项工程和措施项目清单与计价表，其他项目清单与计价表，规费、税金项目计价表，编制完成后，汇总得到单位工程投标报价汇总表，再逐级汇总，分别得出单项工程投标报价汇总表和建设项目投标报价汇总表。

1. 分部分项工程和措施项目计价表的编制

（1）分部分项工程和单价措施项目清单与计价表的编制

承包人投标报价中的分部分项工程费和以单价计算的措施项目费应按招标文件中分部分项工程和单价措施项目清单与计价表的特征描述确定综合单价计算。因此确定综合单价是分部分项工程和单价措施项目清单与计价表编制过程中最主要的内容。

综合单价包括完成一个规定清单项目所需的人工费、材料和工程设备费、施工机具使用费、企业管理费、利润，并考虑风险费用的分摊及价格竞争因素。

1）确定综合单价时的注意事项

① 确定依据。项目特征是确定综合单价的重要依据之一，《建设工程工程量清单计价规范》GB 50500—2013 规定，分部分项工程和措施项目中的单价项目，应该根据招标文件和招标工程量清单项目中的特征描述确定综合单价计算。在招投标过程中，当出现招标工程量清单特征描述与设计图纸不符时，投标人应以招标工程量清单的项目特征描述为准，确定投标报价的综合单价。当施工中施工图纸或设计变更与招标工程量清单项目特征描述不一致时，发承包双方应按实际施工的项目特征，依据合同约定重新确定综合单价。

② 材料、工程设备暂估价的处理。招标工程量清单中提供了暂估单价的材料、工程设备，按暂估的单价进入综合单价。

③ 考虑合理的风险。《建设工程工程量清单计价规范》GB 50500—2013 规定，综合单价中应包括招标文件中划分的应由投标人承担的风险范围及其费用，招标文件中没有明确的，应提请招标人明确。因此，投标人应将其承担的风险费用考虑进入综合单价。在施工过程中，当出现的风险内容及其范围（幅度）在招标文件规定的范围（幅度）内时，综合单价不得变动，合同价款不作调整。

2）综合单价确定的步骤和方法

当分部分项工程内容比较简单，由单一计价子项计价，且《建设工程工程量清单计价规范》GB 50500—2013 与所使用计价定额中的工程量计算规则相同时，综合单价的确定只需用相应计价定额子目中的人、材、机费做基数计算管理费、利润，再考虑相应的风险费用即可。

当工程量清单给出的分部分项工程与所用计价定额的单位不同或工程量计算规则不同，则需要按计价定额的计算规则重新计算工程量，并按照下列步骤来确定综合单价：

① 确定计算基础。计算基础主要包括消耗量指标和生产要素单价。应根据本企业的实际消耗量水平，并结合拟定的施工方案确定完成清单项目需要消耗的各种人工、材料、施工机具台班的数量。计算时应采用企业定额，在没有企业定额或企业定额缺项时，可参照与本企业实际水平相近的国家、地区、行业定额，并通过调整来确定清单项目的人、材、机单位用量。各种人工、材料、施工机具台班的单价，则应根据询价的结果和市场行情综合确定。

② 分析每一清单项目的工程内容。在招标工程量清单中，招标人已对项目特征进行了准确、详细的描述，投标人根据这一描述，再结合施工现场情况和拟定的施工方案确定完成各清单项目实际应发生的工程内容。必要时可参照《建设工程工程量清单计价规范》GB 50500—2013 中提供的工程内容，有些特殊的工程也可能出现规范列表之外的工程内容。

③ 计算工程内容的工程数量与清单单位的含量。每一项工程内容都应根据所选定额的工程量计算规则计算其工程数量，当定额的工程量计算规则与清单的工程量计算规则相一致时，可直接以工程量清单中的工程量作为工程内容的工程数量。

当采用清单单位含量计算人工费、材料费、施工机具使用费时，还需要计算每一计量单位的清单项目所分摊的工程内容的工程数量，即清单单位含量。

$$清单单位含量＝某工程内容的定额工程量/清单工程量$$

④ 分部分项工程人工、材料、施工机具使用费用的计算。以完成每一计量单位的清单项目所需的人工、材料、施工机具用量为基础计算，即：

$$每一计量单位清单项目某种资源的使用量＝该种资源的定额单位用量×相应定额条目的清单单位含量$$

再根据预先确定的各种生产要素的单位价格可计算出每一计量单位清单项目的分部分项工程的人工费、材料费与施工机具使用费。

当招标人提供的其他项目清单中列示了材料暂估价时，应根据招标人提供的价格计算材料费，并在分部分项工程项目清单与计价表中表现出来。

⑤ 计算综合单价。企业管理费和利润的计算可按照规定的取费基数以及一定的费率取费计算，若以人工费与施工机具使用费之和为取费基数，则企业管理费为基数与企业管理费费率的乘积，利润为基数与利润率的乘积。

将上述五项费用汇总，并考虑合理的风险费用后，即可得到清单综合单价。根据计算出的综合单价，可编制分部分项工程和单价措施项目清单与计价表。

3）工程量清单综合单价分析表的编制

为表明综合单价的合理性，投标人应对其进行单价分析，以作为评标时的判断依据。综合单价分析表的编制应反映上述综合单价的编制过程，并按照规定的格式进行。

（2）总价措施项目清单与计价表的编制

对于不能精确计量的措施项目，应编制总价措施项目清单与计价表。投标人对措施项目中的总价项目投标报价应遵循以下原则：

1) 投标人投标时应根据自身编制的投标施工组织设计（或施工方案）确定措施项目，投标人根据投标施工组织设计（或施工方案）调整和确定的措施项目应通过评标委员会的评审。

2) 措施项目费由投标人自主确定，但其中安全文明施工费必须按照国家或省级、行业建设主管部门的规定计价，不得作为竞争性费用。招标人不得要求投标人对该项费用进行优惠，投标人也不得将该项费用参与市场竞争。

3) 措施项目中的总价项目应采用综合单价方式报价，包括除规费、税金以外的全部费用。

2. 其他项目清单与计价表的编制

其他项目费主要包括暂列金额、暂估价、计日工以及总承包服务费组成。

投标人对其他项目费投标报价时应遵循以下原则：

（1）暂列金额

暂列金额应按照招标工程量清单中列出的金额填写，不得变动。

（2）暂估价

暂估价不得变动和更改。暂估价中的材料、工程设备暂估价应按招标工程量清单中列出的单价计入综合单价；专业工程暂估价应按招标工程量清单中列出的金额填写。材料、工程设备暂估单价和专业工程暂估价均由招标人提供，为暂估价格，在工程实施过程中，对于不同类型的材料与专业工程采用不同的计价方法。

（3）计日工

计日工应按照招标工程量清单列出的项目和估算的数量，自主确定各项综合单价并计算费用。

（4）总承包服务费

总承包服务费应根据招标工程量列出的专业工程暂估价内容和供应材料、设备情况，按照招标人提出的协调、配合与服务要求和施工现场管理需要自主确定。

3. 规费、税金项目计价表的编制

规费和税金应按国家或省级、行业建设主管部门的规定计算，不得作为竞争性费用。这是由于规费和税金的计取标准是依据有关法律、法规和政策规定制定的，具有强制性。因此，投标人在投标报价时必须按照国家或省级、行业建设主管部门的有关规定计算规费和税金。

4. 投标报价的汇总

实行工程量清单招标，投标人的投标总价应当与组成已标价工程量清单的分部分项工程费、措施项目费、其他项目费和规费、税金的合计金额相一致，即投标人在进行工程量清单招标的投标报价时，不能进行投标总价优惠（或降价、让利），投标人对投标报价的任何优惠（或降价、让利）均应反映在相应清单项目的综合单价中。

招标工程量清单与计价表中列明的所有需要填写单价和合价的项目，投标人均应填写且只允许有一个报价。未填写单价和合价的项目，视为此项费用已包含在已标价工程量清单中其他项目的单价和合价之中。当竣工结算时，此项目不得重新组价予以调整。

第6节 土建工程价款结算和合同价款的调整

3.6.1 概　述

合同价是指承包人按合同约定完成了包括质量缺陷期在内的全部承包工作后，发包人应付给承包人的金额。

合同价格的形式包括固定总价合同、固定单价合同和成本加酬金合同。

1. 固定总价合同

该合同的特点是施工周期短，一般在一年内，设计图纸完整、设计深度与施工规范结合很好，能准确的计算工程量。该合同的优点是结算方式简单、明了，只要是按合同和设计图纸约定的内容完成，结算价就是合同价。

2. 固定单价合同

就是清单计价规范所推行的方式，单价合同是指承包商按工程量报价单内分项工作内容填报单价，以实际完成工程量乘以所报单价确定结算价款的合同。承包商所填报的单价应为计入各种摊销费用后的综合单价，而非直接费单价。

单价合同大多用于工期长、技术复杂，实施过程中发生不可预见因素较多的大型复杂工程，以及业主为缩短工期，在完成初步设计后就进行施工招标的工程，单价合同中的工程量一般为相对准确。

3. 成本加酬金合同

就是项目的实际直接成本费加上承包商完成合同内容后应得酬金的合同形式。该合同形式大多用于边设计、边施工的紧急工程或灾后修复工程。

3.6.2 工程竣工结算内容

工程竣工结算是指施工方在工程顺利施工完成，通过验收，竣工报告被批准后，承包方按国家有关规定和协议条款约定的时间、方式向发包方代表提出结算报告，编制的工程实际造价文件，发包方、承包方双方按照施工合同、补充合同（协议）约定的条件，对所完成的工程项目进行合同价款计算、调整及确认。

工程竣工结算分单位工程竣工结算、单项工程竣工结算、建设项目竣工总结算，单位工程竣工结算和单项工程竣工结算也可看作是分阶段结算。

竣工结算主要内容包括：

（1）施工合同条款主要内容落实程度的审查。审核竣工验收单，落实实际工期与合同工期的差异；施工质量等级与合同约定施工质量的差异；审核安全文明施工验收单，落实实际达到标准与合同约定标准的差异。若发现有差异，按合同约定的条款办理。审查投标报价与竣工结算价是否一致。

（2）工程量的审查。落实图纸会审、基础验槽记录、桩基验收记录、设计变更、工程量签证单、索赔事件等资料是否完整，手续是否满足结算要求。

（3）材料价格的审查。合同范围内的材料单价是否与投标文件中材料单价一致；合同范围外的材料签证价是否执行签证价；合同范围外非签证材料价是否与约定的材料市场价一致。

(4) 计费费率的审查。审查项目计算费用的种类、费率是否符合相关规定及合同约定。

(5) 其他相关资料的审查。通过审查隐蔽工程验收记录判断隐蔽工程实施是否与设计图纸相符；通过对材料检验报告的审查来判断所用材料是否符合设计、规范及建设单位的要求；通过对材料合格证的审查来判断所用材料是否满足设计及建设单位要求。

3.6.3 合同价款的调整

合同价款调整因素主要包括清单工程量的偏差、工程设计变更、隐蔽工程验收记录、物价及政策和法律法规的变化、工程造价管理机构发布的造价调整文件、现场签证费用索赔事件或发包人负责的其他情况、专用条款约定的其他调整因素等。

1. 合同价款调整的一般规定

(1) 下列事项（包括不限于）发生，发承包双方应当按照合同约定调整合同价款：

1) 法律、法规变化；
2) 工程变更；
3) 项目特征不符；
4) 工程量清单缺项；
5) 工程量偏差；
6) 计日工；
7) 物价变化；
8) 暂估价；
9) 不可抗力；
10) 提前竣工补偿；
11) 延误赔偿；
12) 索赔；
13) 现场签证；
14) 暂列金额；
15) 发承包双发约定的其他调整事项。

(2) 出现合同价款调增事项（不含工程量偏差、计日工、现场签证、索赔）后的14天内，承包人应向发包人提交合同价款调增报告并附上相关资料，承包人在14天内未提交合同价款调增报告的，应视为承包人对该事项不存在调整价款请求。

(3) 出现合同价款调减事项（不含工程量偏差、索赔）后的14天内，发包人应向承包人提交合同价款调减报告并附上相关资料，发包人在14天内未提交合同价款调减报告的，应视为发包人对该事项不存在调整价款请求。

(4) 发（承）包人应在收到承（发）包人合同价款调增（减）报告及相关资料之日起14天内对其核实，予以确认的应书面通知承（发）包人。当有疑问时，应向承（发）包人提出协商意见。发（承）包人在收到合同价款调增（减）报告之日起14天内未确认也未提出协商意见的，应视为承（发）包人提交的合同价款调增（减）报告已被发（承）包人认可。发（承）包人提出协商意见的，承（发）包人应在收到协商意见后的14天内对其核实，予以确认的应书面通知发（承）包人。承（发）包人在收到发（承）包人的协商意见后 14 天内既不确认也未提出不同意见的，应视为发（承）包人提出的意见已被承（发）包人认可。

（5）发包人与承包人对合同价款调整的不同意见不能达成一致的，只要对发承包双方履约不产生实质影响，双方应继续履行合同义务，直到其按照合同约定的争议解决方式得到处理。

（6）经发承包双方确认调整的合同价款，作为追加（减）合同价款，应与工程进度款或结算款同期支付。对不能与合同价款同期支付的情况应在合同专用条款中明确。

2. 法律法规变化

（1）招标工程以投标截止日前 28 天、非招标工程以合同签订前 28 天为基准，其后因国家的法律、法规、规章和政策发生变化引起工程造价增减变化的，发承包双方应按照省级或行业建设主管部门或其授权的工程造价管理机构据此发布的规定调整合同价款。

（2）因承包人原因导致工期延误的，且以上规定的调整时间，在合同工程原定的竣工时间之后，合同价款调增的不予调整，合同价款调减的予以调整。

3. 工程变更

（1）因工程变更引起已标价工程量清单项目或其工程数量发生变化时，应按照下列规定调整：

1）已标价工程量清单中有适用于变更工程项目的，应采用该项目的单价；但当工程变更导致该清单项目的工程数量发生变化，且工程量偏差超过 15% 时，该项目单价应进行调整。

2）已标价工程量清单中没有适用但有类似于变更工程项目的，可在合理范围内参照类似项目的单价。

3）已标价工程量清单中没有适用也没有类似于变更工程项目的，应由承包人根据变更工程资料、计量规则和计价办法、工程造价管理机构发布的信息价格和承包人报价浮动率提出变更工程项目的单价，并应报发包人确认后调整。承包人报价浮动率可按下列公式计算：

招标工程：

$$承包人报价浮动率 L = (1 - 中标价/招标控制价) \times 100\% \quad (3-6-1)$$

非招标工程：

$$承包人报价浮动率 L = (1 - 报价/施工图预算) \times 100\% \quad (3-6-2)$$

4）已标价工程量清单中没有适用也没有类似于变更工程项目，且工程造价管理机构发布的信息价格缺价的，应由承包人根据变更工程资料、计量规则、计价办法和通过市场调查等取得有合法依据的市场价格提出变更工程项目的单价，并应报发包人确认后调整。

（2）工程变更引起施工方案改变

施工方案改变并使措施项目发生变化时，承包人提出调整措施项目费的，应事先将拟实施的方案提交发包人确认，并应详细说明与原方案措施项目相比的变化情况。拟实施的方案经发承包双方确认后执行，并应按照下列规定调整措施项目费：

1）安全文明施工费应按照实际发生变化的措施项目调整。

2）采用单价计算的措施项目费，应按照实际发生变化的措施项目，按以上规定确定单价。

3) 按总价（或系数）计算的措施项目费，按照实际发生变化的措施项目调整，但应考虑承包人报价浮动因素，即调整金额按照实际调整金额乘以承包人报价浮动率计算。

如果承包人未事先将拟实施的方案提交给发包人确认，则应视为工程变更不引起措施项目费的调整或承包人放弃调整措施项目费的权利。

当发包人提出的工程变更因非承包人原因删减了合同中的某项原定工作或工程，致使承包人发生的费用或（和）得到的收益不能被包括在其他已支付或应支付的项目中，也未被包含在任何替代的工作或工程中时，承包人有权提出并应得到合理的费用及利润补偿。

4. 项目特征不符

（1）发包人在招标工程量清单中对项目特征的描述，应被认为是准确的和全面的，并且与实际施工要求相符合。承包人应按照发包人提供的招标工程量清单，根据项目特征描述的内容及有关要求实施合同工程，直到项目被改变为止。

（2）承包人应按照发包人提供的设计图纸实施合同工程，若在合同履行期间出现设计图纸（含设计变更）与招标工程量清单任一项目的特征描述不符，且该变化引起该项目工程造价增减变化的，应按照实际施工的项目特征重新确定相应工程量清单项目的综合单价，并调整合同价款。

5. 工程量清单缺项

（1）合同履行期间，由于招标工程量清单中缺项，新增分部分项工程清单项目的，应合理确定单价，并调整合同价款。

（2）新增分部分项工程清单项目后，引起措施项目发生变化的，应在承包人提交的实施方案被发包人批准后调整合同价款。

（3）由于招标工程量清单中措施项目缺项，承包人应将新增措施项目实施方案提交发包人批准后，计算调整合同价款。

6. 工程量偏差

（1）合同履行期间，当应予计算的实际工程量与招标工程量清单出现偏差，且符合以下规定时，发承包双方应调整合同价款。

（2）对于任一招标工程量清单项目，如果因本节规定的工程量偏差和工程变更等原因导致工程量偏差超过15%时，可进行调整；当工程量增加15%以上时，增加部分的工程量的综合单价应予调低；当工程量减少15%以上时，减少后剩余部分的工程量的综合单价应予调高。

（3）当工程量出现以上变化，且该变化引起相关措施项目相应发生变化时，如按系数或单一总价方式计价的，工程量增加的措施项目费调增，工程量减少的措施项目费调减。

7. 计日工

（1）发包人通知承包人以计日工方式实施的零星工作，承包人应予执行。

（2）采用计日工计价的任何一项变更工作，在该项变更的实施过程中，承包人应按合同约定提交下列报表和有关凭证送发包人复核：

1) 工作名称、内容和数量；

2) 投入该工作所有人员的姓名、工种、级别和耗用工时；

3) 投入该工作的材料名称、类别和数量；

4) 投入该工作的施工设备型号、台数和耗用台时；

5) 发包人要求提交的其他资料和凭证。

(3) 任一计日工项目持续进行时，承包人应在该项工作实施结束后的 24 小时内向发包人提交有计日工记录汇总的现场签证报告一式三份。发包人在收到承包人提交现场签证报告后的 2 天内予以确认并将其中一份返还给承包人，作为计日工计价和支付的依据。发包人逾期未确认也未提出修改意见的，应视为承包人提交的现场签证报告已被发包人认可。

(4) 任一计日工项目实施结束后，承包人应按照确认的计日工现场签证报告核实该类项目的工程数量，并应根据核实的工程数量和承包人已标价工程量清单中的计日工单价计算，提出应付价款；已标价工程量清单中没有该类计日工单价的，由发承包双方商定计日工单价计算。

(5) 每个支付期末，承包人应按合同的规定向发包人提交本期间所有计日工记录的签证汇总表，并应说明本期间自己认为有权得到的计日工金额，调整合同价款，列入进度款支付。

8. 物价变化

(1) 合同履行期间，因人工、材料、工程设备、机械台班价格波动影响合同价款时，应根据合同约定的方法之一调整合同价款。

(2) 承包人采购材料和工程设备的，应在合同中约定主要材料、工程设备价格变化的范围或幅度；当没有约定，且材料、工程设备单价变化超过 5% 时，超过部分的价格应按照合同约定的方法计算调整材料、工程设备费。

(3) 发生合同工程工期延误的，应按照下列规定确定合同履行期的价格调整：

1) 因非承包人原因导致工期延误的，计划进度日期后续工程的价格，应采用计划进度日期与实际进度日期两者的较高者。

2) 因承包人原因导致工期延误的，计划进度日期后续工程的价格，应采用计划进度日期与实际进度日期两者的较低者。

(4) 发包人供应材料和工程设备的，不适用以上规定的，应由发包人按照实际变化调整，列入合同工程的工程造价内。

9. 暂估价

(1) 发包人在招标工程量清单中给定暂估价的材料、工程设备属于依法必须招标的，应由发承包双方以招标的方式选择供应商，确定价格，并应以此为依据取代暂估价，调整合同价款。

(2) 发包人在招标工程量清单中给定暂估价的材料、工程设备不属于依法必须招标的，应由承包人按照合同约定采购，经发包人确认单价后取代暂估价，调整合同价款。

(3) 发包人在工程量清单中给定暂估价的专业工程不属于依法必须招标的，应按照清单规范相应条款的规定确定专业工程价款，并应以此为依据取代专业工程暂估价，调整合同价款。

(4) 发包人在招标工程量清单中给定暂估价的专业工程，依法必须招标的，应当由发承包双方依法组织招标选择专业分包人，并接受有管辖权的建设工程招标投标管理机构的监督，还应符合下列要求：

1) 除合同另有约定外，承包人不参加投标的专业工程发包招标，应由承包人作为招标人，但拟定的招标文件、评标工作、评标结果应报送发包人批准。与组织招标工作有关的费用应当被认为已经包括在承包人的签约合同价（投标总报价）中。

2) 承包人参加投标的专业工程发包招标，应由发包人作为招标人，与组织招标工作有关的费用由发包人承担。同等条件下，应优先选择承包人中标。

3) 应以专业工程发包中标价为依据取代专业工程暂估价，调整合同价款。

10. 不可抗力

（1）因不可抗力事件导致的人员伤亡、财产损失及其费用增加，发承包双方应按下列原则分别承担并调整合同价款和工期：

1) 合同工程本身的损害、因工程损害导致第三方人员伤亡和财产损失以及运至施工场地用于施工的材料和待安装的设备的损害，应由发包人承担；

2) 发包人、承包人人员伤亡应由其所在单位负责，并应承担相应费用；

3) 承包人的施工机械设备损坏及停工损失，应由承包人承担；

4) 停工期间，承包人应发包人要求留在施工场地的必要的管理人员及保卫人员的费用应由发包人承担；

5) 工程所需清理、修复费用，应由发包人承担。

（2）不可抗力解除后复工的，若不能按期竣工，应合理延长工期。发包人要求赶工的，赶工费用由发包人承担。

（3）因不可抗力解除合同的，应按合同的规定办理。

11. 提前竣工（赶工补偿）

（1）招标人应依据相关工程的工期定额合理计算工期，压缩的工期天数不得超过定额工期的20%，超过者，应在招标文件中明示增加赶工费用。

（2）发包人要求合同工程提前竣工的，应征得承包人同意后与承包人商定采取加快工程进度的措施，并应修订合同工程进度计划。发包人应承担承包人由此增加的提前竣工（赶工补偿）费用。

（3）发承包双方应在合同中约定提前竣工每日历天应补偿额度，此项费用应作为增加合同价款列入竣工结算文件中，应与结算款一并支付。

12. 误期赔偿

（1）承包人未按照合同约定施工，导致实际进度迟于计划进度的，承包人应加快进度，实现合同工期。合同工程发生误期，承包人应赔出发包人由此造成的损失，并应按照合同约定向发包人支付误期赔偿费。即使承包人支付误期赔偿费，也不能免除承包人按照合同约定应承担的任何责任和应履行的任何义务。

（2）发承包双方应在合同中约定误期赔偿费，并应明确每日历天应赔额度。误期赔偿费应列入竣工结算文件中，并应在结算款中扣除。

（3）在工程竣工之前，合同工程内的某单项（位）工程已通过了竣工验收，且该单项（位）工程接收证书中表明的竣工日期并未延误，而是合同工程的其他部分产生了工期延误时，误期赔偿费应按照已颁发工程接收证书的单项（位）工程造价占合同价款的比例幅度予以扣减。

13. 索赔

(1) 当合同一方向另一方提出索赔时，应有正当的索赔理由和有效证据，并应符合合同的相关约定。

(2) 根据合同约定，承包人认为非承包人原因发生的事件造成了承包人的损失，应按下列程序向发包人提出索赔：

1) 承包人应在知道或应当知道索赔事件发生后 28 天内，向发包人提交索赔意向通知书，说明发生索赔事件的事由。承包人逾期未发出索赔意向通知书的，丧失索赔的权利。

2) 承包人应在发出索赔意向通知书后 28 天内，向发包人正式提交索赔通知书。索赔通知书应详细说明索赔理由和要求，并应附必要的记录和证明材料。

3) 索赔事件具有连续影响的，承包人应继续提交延续索赔通知，说明连续影响的实际情况和记录。

4) 在索赔事件影响结束后的 28 天内，承包人应向发包人提交最终索赔通知书，说明最终索赔要求，并应附必要的记录和证明材料。

(3) 承包人索赔应按下列程序处理：

1) 发包人收到承包人的索赔通知书后，应及时查验承包人的记录和证明材料。

2) 发包人应在收到索赔通知书或有关索赔的进一步证明材料后的 28 天内，将索赔处理结果答复承包人，如果发包人逾期未作出答复，视为承包人索赔要求已被发包人认可。

3) 承包人接受索赔处理结果的，索赔款项应作为增加合同价款，在当期进度款中进行支付；承包人不接受索赔处理结果的，应按合同约定的争议解决方式办理。

(4) 承包人要求赔偿时，可以选择下列一项或几项方式获得赔偿：

1) 延长工期；

2) 要求发包人支付实际发生的额外费用；

3) 要求发包人支付合理的预期利润；

4) 要求发包人按合同的约定支付违约金。

(5) 当承包人的费用索赔与工期索赔要求相关联时，发包人在作出费用索赔的批准决定时，应结合工程延期，综合作出费用赔偿和工程延期的决定。

(6) 发承包双方在按合同约定办理了竣工结算后，应被认为承包人已无权再提出竣工结算前所发生的任何索赔。承包人在提交的最终结清申请中，只限于提出竣工结算后的索赔，提出索赔的期限应自发承包双方最终结清时终止。

(7) 根据合同约定，发包人认为由于承包人的原因造成发包人的损失，宜按承包人索赔的程序进行索赔。

(8) 发包人要求赔偿时，可以选择下列一项或几项方式获得赔偿：

1) 延长质量缺陷修复期限；

2) 要求承包人支付实际发生的额外费用；

3) 要求承包人按合同的约定支付违约金。

(9) 承包人应付给发包人的索赔金额可从拟支付给承包人的合同价款中扣除，或由承包人以其他方式支付给发包人。

14. 现场签证

(1) 承包人应发包人要求完成合同以外的零星项目、非承包人责任事件等工作的，发包人应及时以书面形式向承包人发出指令,并应提供所需的相关资料;承包人在收到指令后,应及时向发包人提出现场签证要求。

(2) 承包人应在收到发包人指令后的 7 天内向发包人提交现场签证报告,发包人应在收到现场签证报告后的 48 小时内对报告内容进行核实,予以确认或提出修改意见。发包人在收到承包人现场签证报告后的 48 小时内未确认也未提出修改意见的,应视为承包人提交的现场签证报告已被发包人认可。

(3) 现场签证的工作如已有相应的计日工单价,则现场签证中应列明完成该类项目所需的人工、材料、工程设备和施工机械台班的数量。

如现场签证的工作没有相应的计日工单价,应在现场签证报告中列明完成该签证工作所需的人工、材料设备和施工机械台班的数量及单价。

(4) 合同工程发生现场签证事项,未经发包人签证确认,承包人便擅自施工的,除非征得发包人当面同意,否则发生的费用应由承包人承担。

(5) 现场签证工作完成后的 7 天内,承包人应按照现场签证内容计算价款,报送发包人确认后,应为增加合同价款,与进度款同期支付。

(6) 在施工过程中,当发现合同工程内容因场地条件、地质水文、发包人要求等不一致时,承包人提供所需的相关资料,并提交发包人签证认可,作为合同价款调整的依据。

15. 暂列金额

(1) 已签约合同价中的暂列金额应由发包人掌握使用。

(2) 发包人按照合同约定的规定支付后,暂列金额余额应归发包人所有。

第 7 节 建筑工程竣工决算价款的编制

3.7.1 概 述

建设项目竣工决算是指所有建设项目竣工后,建设单位按照国家有关规定在新建、改建和扩建工程建设项目竣工验收后编制的竣工决算报告。项目竣工财务决算是正确核定项目资产价值、反映竣工项目建设成果的文件,是办理资产移交和产权登记的依据,包括竣工财务决算报表、竣工财务决算说明书以及相关材料。

3.7.2 工程竣工决算的内容和编制

1. 工程竣工决算的内容

基本建设项目(以下简称项目)完工可投入使用或者试运行合格后,应当在 3 个月内编报竣工财务决算,特殊情况确需延长的,中小型项目不得超过 2 个月,大型项目不得超过 6 个月。

项目竣工财务决算的内容主要包括:项目竣工财务决算报表、竣工财务决算说明书、竣工财务决算审核情况及相关资料。前两部分又称建设项目竣工财务决算,是竣工决算的核心内容。

(1) 竣工财务决算报表

大型、中型建设项目竣工决算报表包括:建设项目竣工财务决算审批表;大型、中型建设项目概况表;大型、中型建设项目竣工财务决算表;大型、中型建设项目交付使用资产总表;建设项目交付使用资产明细表。小型建设项目竣工财务决算报表包括建设项目竣工财务决算审批表、竣工财务决算总表、建设项目交付使用资产明细表。

(2) 竣工财务决算说明书

竣工财务决算说明书主要包括以下内容:

1) 项目概况;
2) 会计账务处理、财产物资清理及债权债务的清偿情况;
3) 项目建设资金计划及到位情况,财政资金支出预算、投资计划及到位情况;
4) 项目建设资金使用、项目结余资金分配情况;
5) 项目概(预)算执行情况及分析,竣工实际完成投资与概算差异及原因分析;
6) 尾工工程情况;
7) 历次审计、检查、审核、稽查意见及整改落实情况;
8) 主要技术经济指标的分析、计算情况;
9) 项目管理经验、主要问题和建议;
10) 预备费动用情况;
11) 项目建设管理制度执行情况、政府采购情况、合同履行情况;
12) 征地拆迁补偿情况、移民安置情况;
13) 需说明的其他事项。

(3) 项目竣工决算

经有关部门或单位进行项目竣工决算审核的,需附完整的审核报告及审核表,审核报告内容应当翔实,主要包括:审核说明、审核依据、审核结果、意见、建议。

(4) 相关资料,主要包括:

1) 项目立项、可行性研究报告、初步设计报告及概算、概算调整批复文件的复印件;
2) 项目历年投资计划及财政资金预算下达文件的复印件;
3) 审计、检查意见或文件的复印件;
4) 其他与项目决算相关资料。

2. 竣工决算的重点审查内容

财政部门和项目主管部门审核批复项目竣工财务决算时,应当重点审查以下内容:

(1) 工程价款结算是否准确,是否按照合同约定和国家有关规定进行,有无多算和重复计算工程量、高估冒算建筑材料价格现象;
(2) 待摊费用支出及其分摊是否合理、正确;
(3) 项目是否按照批准的概算(预)算内容实施,有无超标准、超规模、超概(预)算建设现象;
(4) 项目资金是否全部到位,核算是否规范,资金使用是否合理,有无挤占、挪用现象;
(5) 项目形成资产是否全面反映,计价是否准确,资产接受单位是否落实;
(6) 项目在建设过程中历次检查和审计所提的重大问题是否已经整改落实;
(7) 待核销基建支出和转出投资有无依据,是否合理;
(8) 竣工财务决算报表所填列的数据是否完整,表间勾稽关系是否清晰、正确;
(9) 尾工工程及预留费用是否控制在概算确定的范围内,预留的金额和比例是否合理;

(10) 项目建设是否履行基本建设程序，是否符合国家有关建设管理制度要求等；

(11) 决算的内容和格式是否符合国家有关规定；

(12) 决算资料报送是否完整、决算数据间是否存在错误；

(13) 相关主管部门或者第三方专业机构是否出具审核意见。

3. 竣工决算的编制依据

项目竣工财务决算的编制依据主要包括：国家有关法律法规；经批准的可行性研究报告、初步设计、概算及概算调整文件；招标文件及招标投标书，施工、代建、勘察设计、监理及设备采购等合同，政府采购审批文件、采购合同；历年下达的项目年度财政资金投资计划、预算；工程结算资料；有关的会计及财务管理资料；其他有关资料。

4. 项目竣工决算的组成

建设单位项目竣工决算文件主要由文字说明和一系列报表组成。

(1) 文字说明，主要包括以下内容：

1) 建设工程概况。

2) 建设工程概算和计划的执行情况。

3) 各项技术经济指标完成情况和各项拨款的使用情况。

4) 建设成本和投资效果分析，以及建设中的主要经验。

5) 存在的问题和解决的建议。

(2) 主要表格

建设单位项目竣工决算的主要内容是通过表格形式表达的，如表 3-7-1，表 3-7-2 等。根据建设项目的规模和竣工决算内容繁简的不同，表的数量和格式也不同。

封面　　　　　　　　　　　　　　　　　　　　　　　　　　　　表 3-7-1

	项目单位：					建设项目名称：		
	主管部门：					建设性质：		
			基本建设项目竣工财务决算报表					
	项目单位负责人：					项目单位财务负责人：		
						项目单位联系人及电话：		
	编报日期：					决算基准日：		

第7节 建筑工程竣工决算价款的编制

项目概况 表 3-7-2

建设项目（单项工程）名称			建设地址				项目	概算批准金额	实际完成金额	备注
主要设计单位			主要施工企业				建筑安装工程			
占地面积（m²）	设计	实际	总投资（万元）	设计	实际	基建支出	设备、工具、器具			
							待摊投资			
新增生产能力	能力（效益）名称		设计	实际			其中：项目建设管理费			
							其他投资			
建设起止时间	设计	自 年 月 日至 年 月 日					待核销基建支出			
	实际	自 年 月 日至 年 月 日					转出投资			
概算批准部门及文号							合计			
完成主要工程量		建设规模				设备（台、套、吨）				
		设计		实际		设计			实际	
尾工工程	单项工程项目、内容		批准概算		预计未完部分投资额		已完成投资额		预计完成时间	
	小计									

5. 建设单位项目竣工决算编制的程序

（1）收集、整理和分析有关依据资料

在编制建设单位项目竣工决算文件前，必须准备一套完整、齐全的资料。尤其在工程的竣工验收阶段，应注意收集资料，系统地整理所有的技术资料、工程结算的经济文件、施工图纸和各种变更与签证资料，并分析它们的准确性，如此能准确、迅速地编制出建设单位项目竣工决算文件。

（2）清理各项账务，债务和结余物资

在收集、整理和分析有关资料中，要特别注意建设工程从筹建到竣工投产（或使用）的全部费用的各项账务、债权和债务的清理，做到工完账清。对结余的各种材料、工器具和设备，要逐项清点核实、妥善管理，并按规定及时处理、收回资金，对各种往来款项要及时进行全面清理，为编制竣工决算提供准确的数据和结果。

（3）填写竣工决算报表

按照竣工决算有关表格中的内容和有关依据资料，进行统计或计算各个项目的数量，并将其结果填到相应表格的栏目内，完成所有的报表填写。这是编制建设单位项目竣工决算的主要工作。

(4) 编写建设工程竣工决算书说明

根据编制依据材料和填写在报表中的结果，按照文字说明的内容要求，编写竣工决算文字说明。

(5) 上报主管部门审查

将上述编写的文字说明和填写的表格经核对无误后，装订成册，即为建设单位项目竣工决算文件，将其上报主管部门审查，并把其中财务成本部分送交开户银行签证。大中型建设项目的竣工决算应抄送财政部、建设银行总行、省（市、自治区）的财政局和建设银行分行各一份。在上报主管部门的同时，还应抄送有关设计单位。

6. 建设工程质量保证（保修）金的处理

(1) 建设工程质量保证（保修）金

1) 保证金的含义

建设工程质量保证（保修）金是指发包人与承包人在建设工程承包合同中约定，从应付工程款中预留，用以保证承包人在缺陷责任期（即质量保修期）内对建设工程出现的缺陷进行维修的资金。

缺陷是指建设工程质量不符合工程建设强制标准、设计文件，以及承包合同的约定。

2) 缺陷责任期及其计算

发包人与承包人应该在工程竣工之前（一般在签订合同的同时）签订质量保修书，作为合同的附件。保修书中应该明确约定缺陷责任期的期限。

缺陷责任期从工程通过竣（交）工验收之日起计算。由于承包人原因导致工程无法按规定期限进行竣工验收的，期限责任期从实际通过竣（交）工验收之日起计算。由于发包人原因导致工程无法按规定期限竣（交）工验收的，在承包人提交竣（交）工验收报告90天后，工程自动进入缺陷责任期。

3) 保证金预留比例及管理

① 保证金预留比例。全部或者部分使用政府投资的建设项目，按工程价款结算总额5%左右的比例预留保证金。社会投资项目采用预留保证金方式的，预留保证金的比例可以参照执行。发包人与承包人应该在合同中约定保证金的预留方式及预留比例。

② 保证金预留。建设工程竣工结算后，发包人应按照合同约定及时间向承包人支付工程结算借款并预留保证金。

③ 保证金管理。缺陷责任期内，实行国库集中支付的政策投资项目，保证金的管理应按国库集中支付的有关规定执行。其他政府投资项目，保证金可以预留在财政部门或发包方。缺陷责任期内，如发包方被撤销，保证金随交付使用资产一并移交使用单位，由使用单位代行发包人职责。

社会投资项目采用预留保证金方式，发、承包双方可以约定将保证金交由金融机构托管；采用工程质量保证担保、工程质量保险等其他方式的，发包人不得再预留保证金，并按照有关规定执行。

(2) 工程质量保修内容和责任期

1) 工程质量保修范围和内容

发、承包双方在工程质量保修书中约定的建设工程的保修范围包括：地基基础工程、主体结构工程、屋面防水工程、有防水要求的卫生间、房间和外墙的防渗漏，供热与供冷系统、电气管线、给排水管道、设备安装和装修工程,以及双方约定的其他项目。具体保修的内容,双方在工程质量保修书中约定。

由于用户使用不当或自行装饰装修、改动结构、擅自添置设施或设备而造成建筑功能不良或损坏者,以及对因自然灾害等不可抵抗力造成的质量损害,不属于保修范围。

2) 缺陷责任期

缺陷责任期为发、承包双方在工程质量保修书中约定的期限。但不能低于《建设工程质量管理条例》要求的最低保修期限。

《建设工程质量管理条例》对建设工程在正常使用条件下的最低保修期限的要求为:

① 地基基础工程和主体结构工程,为设计文件规定的该工程的合理使用年限。

② 屋面防水工程、有防水要求的卫生间、房间和外墙面的防漏为5年。

③ 供热与供冷系统为2个采暖期和供热期。

④ 电气管线、给排水管道、设备安装和装修工程为2年。

(3) 缺陷责任期内的维修及费用承担

1) 保修责任

缺陷责任期内,属于保修范围、内容的项目,承包人应当在接到保修通知之日起7天内派人保修。发生紧急抢修事故的,承包人在接到事故通知后,应当立即到达事故现场抢修。对于涉及结构安全的质量问题,应当按照《房屋建设工程质量保修办法》的规定,立即向当地建设行政主管部门报告,采取安全防范措施;由原设计单位或者具有相应资质等级的设计单位提出保修的方案,承包人实施保修。质量保修完成后,由发包人组织验收。

2) 费用承担

缺陷责任期内,由承包人原因造成的缺陷,承包人应负责维修,并承担鉴定及维修费用。如承包人不维修也不承担费用,发包人可按合同约定扣除保证金,并由承包人承担违约责任。承包人维修并承担相应的费用后,不免除对工程的一半损失赔偿责任。

由他人及不可抗力原因造成的缺陷,发包人责任维修,承包人不承担费用,且发包人不得从保证金中扣除费用。如发包人委托承包人维修的,发包人应该支付相应的维修费用。

发、承包双方就缺陷责任有争议时,可以请有资质的单位进行鉴定,责任方承担鉴定费用并承担维修费用。

3) 保证金返还

缺陷责任期内,承包人认真履行合同约定的责任,到期后,承包人向发包人申请返还保证金。

发包人在接到承包人返还保证金申请后,应于14日内合同承包人按照合同约定的内容进行核实。如无异议,发包人应当在核实后14日内将保证金返还承包人,逾期支付的,从逾期之日起,按照同期银行贷款利率计付利息,并承担违约责任。发包人在接到承包人返还保证金申请后14日内不予答复,经催告后14日内仍不予答复,视同认可承包人的返还保证金申请。

如果承包人没有认真履行合同约定的保修责任,则发包人可以按照合同约定扣除保证金并要求承包人赔偿相应的损失。

(4) 其他

发包人和承包人对保证金预留、返还以及工程维修质量、费用有争议，按照合同约定的争议和纠纷解决程序处理。

涉外工程的保修问题，除参照上述办法进行处理外，还应依照原合同条款的有关规定执行。

参考文献

[1] 建设工程计价. 全国造价工程师职业资格考试培训教材编审委员会. 北京：中国计划出版社，2019.

[2] 建设工程技术与计量(土木建筑工程). 全国造价工程师职业资格考试培训教材编审委员会. 北京：中国计划出版社，2019.

[3] 建筑工程管理与实务. 全国一级建造师执业考试用书编写委员会. 北京：中国建筑工业出版社，2018.

[4] 建设工程计量与计价实务(土木建筑工程). 二级造价师职业资格考试培训教材编审委员会. 北京：中国建材工业出版社，2019.

[5] 建筑工程计量与计价实务. 全国二级造价工程师职业资格考试培训教材编审委员会. 北京：中国建筑工业出版社，2019.

[6] 建设工程工程量清单计价规范 GB 50500—2013. 北京：中国计划出版社，2013.

[7] 房屋建筑与装饰工程工程量计算规范 GB 50854—2013. 北京：中国计划出版社，2013.

[8] 建筑工程建筑面积计算规范 GB/T 50353—2013. 北京：中国计划出版社，2013.

[9] 广联达算量软件新老版本实用操作指导. 李成金，毛银德，韩晓昱. 北京：中国建筑工业出版社，2019.

[10] 建筑构造(上册). 李必瑜，魏宏杨，覃琳. 北京：中国建筑工业出版社，2013.

[11] 钢结构制造与安装. 李顺秋. 北京：中国建筑工业出版社，2005.

[12] 建筑施工技术. 危道军. 北京：科学出版社，2015.

[13] 建筑施工组织. 危道军. 北京：中国建筑工业出版社，2017.

[14] 建筑施工技术. 魏瞿霖，王春梅. 北京：清华大学出版社，2017.

[15] 湖北省房屋建筑与装饰工程消耗量定额及全费用基价表. 湖北省建设工程标准定额管理总站，2018.

[16] 湖北省建设工程公共专业消耗量定额及全费用基价表. 湖北省建设工程标准定额管理总站，2018.

[17] 湖北省建筑安装工程费用定额. 湖北省建设工程标准定额管理总站，2018.

[18] 建筑工程制图. 危道军. 北京．高等教育出版社，2014.